新东方决胜考研系列

考研数学高分复习全书
（线性代数）

新东方国内大学项目事业部　编著

华中科技大学出版社
中国·武汉

图书在版编目(CIP)数据

考研数学高分复习全书. 线性代数/新东方国内大学项目事业部编著. —武汉：华中科技大学出版社，2020.10

ISBN 978-7-5680-6558-0

Ⅰ.①考… Ⅱ.①新… Ⅲ.①高等数学-研究生-入学考试-自学参考资料 Ⅳ.①O13

中国版本图书馆 CIP 数据核字(2020)第 191094 号

考研数学高分复习全书(线性代数)

Kaoyan Shuxue Gaofen Fuxi Quanshu(Xianxing Daishu)

新东方国内大学项目事业部 编著

策划编辑：谢燕群

责任编辑：谢燕群 刘艳花

责任校对：刘 竣

封面设计：原色设计

责任监印：徐 露

出版发行：华中科技大学出版社(中国·武汉) 电话：(027)81321913

武汉市东湖新技术开发区华工科技园 邮编：430223

录 排：武汉市洪山区佳年华文印部

印 刷：武汉科源印刷设计有限公司

开 本：787mm×1092mm 1/16

印 张：8.25

字 数：210 千字

版 次：2020 年 10 月第 1 版第 1 次印刷

定 价：25.80 元

本书编委会

策　划　周　雷
主　编　周　雷　高林显
编　者　龚紫云　刘　艳　常海龙
　　　　李文飞　张文婧　余结余

序

对每一位考研学子而言，无论是为了提升将来就业的竞争力，还是出于对某一专业的热爱而想继续深造，考研都是一次重要的人生抉择，是为了改变自己的前途和命运而进行的一场奋斗. 为了梦圆心仪的学校，许多考生卧薪尝胆，焚膏继晷，然而面对浩茫无涯的复习内容，难免会产生欲济无舟楫之感. 倘若此时，能够遇到一本贴心周到、内容精准的考研指导用书，或者得到一位经验丰富、声誉卓著的考研名师的点拨，可谓善莫大焉.

由新东方国内大学项目事业部推出的新东方决胜考研丛书可称得上这样的备考利器. 新东方国内大学项目事业部是新东方针对国内考试项目培训而设置的部门，不仅提供多个考研核心培训课程，通过面授和网络培训，每年帮助数以万计的考生实现了读研的梦想. 而且，新东方国内大学项目事业部设有专业的教研中心，集结了众多新东方国内考试名师，全面负责大学英语四六级考试、考研无忧计划、考研直通车、VIP 一对一、考研封闭集训营、考研全科等课程以及公务员考试的课程设计和相应课程配套教材的研发工作. 专业的研发，使得本系列图书能时刻把握考研的动态，保证图书内容的针对性和高效性.

新东方决胜考研丛书始于 2011 年上市的考研英语系列图书，其最大的特点是解析详尽，准确独到，以真正解决实际问题为原则，重视培养考生实际解题技能. 同时，渗透了当代语言教学与研究的最新成果，并采用先进的语料库技术对相关考点进行梳理. 面市当年，就赢得广大考生的青睐，成为考研英语图书市场的领军品牌. 经多年深耕，新东方决胜考研丛书从英语学科已延伸至政治、数学等学科领域，涵盖真题、模拟题、考点精编、专项突破等方面. 这套丛书的编撰者都是新东方教学一线的名师，他们学养深厚，经验丰富，熟谙所执教学科考试的重难点和命题规律，确保了本套丛书的专业性和权威性. 同时，部分内容基于新东方教师的课堂讲义，是新东方教师教学经验的总结反思，是教师沉淀的精华所在，并且经新东方学员多轮使用而不断完善，具有很强的指导意义.

近年来，随着考研难度的增加和考法的多变，像过去那种孤军奋战的复习方法已难以保证在考试中取得理想成绩. 从某种意义上来说，在备考过程中选对一本好的辅导书能达到事半功倍的效果. 这套丛书的编写宗旨是品质至上，服务一线教学. 它力求做到为学生着想，讲解深入透彻，确凿无误，将疏漏降至最低程度，在内容编排上注重由易到难，循序渐进，从而使非利足者而致千里，非能水者而绝江河.

新东方创立 20 余年来，一直处于中国教育培训行业领跑者的地位，享有很高的品牌号召力和影响力. 这是其坚定不移地以教学产品、教学质量为核心，以给客户创造价值、提供极致服务为核心的结果，也反映出新东方注重对教育教学产品的研发和投入，致力打造优质教育资源. 这套丛书正是这样的成果之一，我衷心希望广大考生借此登堂入室，从中获得最优化的学习内容和方法，在备考过程中少走弯路，顺利考入理想的学校，实现自己的人生理想.

周　雷

新东方国内大学项目事业部总经理

前 言

研究生入学考试全国统考数学从1987年开始至今已经过去了33个年头,在研究生入学考试的几门课程中,数学被考生公认为最难学、难考、难复习的一门课.而当下很多热门专业的学习都是需要数学作为基础的.本书是新东方国内大学事业部依托集团强大的师资力量,组织多位具有10年以上一线授课经验和阅卷经验的老师,以新东方多位老师的教学讲义为基础,结合历年真题知识点及其变化规律倾心编写而成,旨在帮助学生熟练掌握考研知识点,节省复习时间,提高效率,在短时间内高效地提高考试成绩.

本书具有以下几大特点.

(1) 本书采用了高等数学、线性代数、概率论与数理统计单独成册的形式,在每册中对数学一、数学二、数学三的考点进行区分,帮助考生准确找到定位.

(2) 本书每一章开头提供了考试内容提要,以教育部考试大纲为基础,对大纲的知识点进行了详细、全面的解释和点拨,保证考生掌握考试需要的全部知识点,进行全面的、系统的复习;对重要考点和易错知识点进行说明,让考生把握复习的重点和难点.

(3) 题目选取由易到难,从课本上的基础题到最新的考研真题,基础题可以让考生较易上手掌握知识点,同时又有真题让考生进一步拔高,提前适应真题难度和命题方式,让考生的复习过程循序渐进,不会产生畏难情绪,从经典的真题中发现命题思路和解题方法.

(4) 本书不同于其他复习全书,采用了一种全新的编写思路,省去了部分中学阶段的知识点,对于应掌握的知识点采取了通俗易懂的编写方式,便于考生理解和尽快掌握;在后续的典型例题中,将每一章的例题进行归类,在每一类例题后写了总体的解题思路,帮助考生总结题型,分析题型,掌握题型.

(5) 本书中的题目详解,由数位新东方具有多年授课经验的老师结合考纲编写而成,内容简洁明了,能够一针见血地解决问题,让考生可以迅速抓住题目的本质并尽快掌握,从而节省了宝贵的时间.同时,某些代表性习题解析后,老师也添加了“注”,帮助考生全方面了解知识点的普适性和注意事项.

为了同学们能够更高效地使用本书,本书编写团队依据多年的授课经验,给出以下复习的几点建议.

(1) 在使用本书之前,建议学生先回归课本,把基础打好是使用好本书的关键.通过对历年真题研究发现,考研数学的命题思路越来越灵活,但是很多题目还是考查对基本概念、基本定理、基本方法的理解和应用.很多同学在后期的复习过程中感觉比较吃力,究其原因,还是基础不扎实.考研数学题很多都是从课本中演化而来,有些甚至就是书中定理的原题.如2015年直接考了书中函数乘积求导公式的证明,2009年证明拉格朗日中值定理等.在前期充分打牢基础的前提下使用本书的效果更好.

(2) 建议同学们要对此书进行多次复习,第一次使用着重于基础,掌握好基础知识点,对考试知识点进行梳理和把握.第二次使用开始注重习题和典型例题,对知识点的把握进行拔高,同时结合典型例题了解命题形式和规律,总结解题方法.在第三次使用本书的时候要注意查漏补缺,多归纳,多总结,逐渐完善自己的知识体系和解题方法.

（3）本书在典型例题里对每章常考习题进行分类，同时给出详细的解题思路分析，学生在做习题的时候，务必先结合书中的思路独自做题，多分析，最后再看答案，以达到更好的复习效果.

希望本书能够给广大的考生带来帮助，对于书中的不足之处，恳请批评指正.

编　者

目　　录

第1章　行　列　式

考试内容

行列式的概念和基本性质，行列式按行（列）展开定理.

考试要求

(1) 了解行列式的概念，掌握行列式的性质.

(2) 会应用行列式的性质和行列式按行（列）展开定理计算行列式.

一、行列式的基本概念及理论

1. 全排列与逆序数

全排列：把 n 个不同的元素排在一列，称为这 n 个数的全排列.

逆序：如果一个大数排在一个小数之前，则称这两个数为一对逆序.

逆序数：一个排列的逆序总数称为这个排列的逆序数，逆序数为奇数的排列称为奇排列，逆序数为偶数的排列称为偶排列.

对换：在一个排列中，任意两个数的位置对调，其余元素位置不变，称为该排列的一次对换，一个排列中任意两个元素对换，排列改变奇偶性.

【例 1.1】 求排列 463251 的逆序数.

【解析】 4 前面没有比它大的数，故逆序为 0；

6 前面没有比它大的数，故逆序为 0；

3 前面比它大的数有 2 个，故逆序为 2；

2 前面比它大的数有 3 个，故逆序为 3；

5 前面比它大的数有 1 个，故逆序为 1；

1 前面比它大的数有 5 个，故逆序为 5；

故该排列的逆序数为 $0+0+2+3+1+5=11$.

2. n 阶行列式的概念

定义 1.1 设有 n^2 个数，排成如下 n 行 n 列的数表：

$$\begin{matrix} a_{11} & a_{12} & \cdots & a_{1n} \\ a_{21} & a_{22} & \cdots & a_{2n} \\ \vdots & \vdots & & \vdots \\ a_{n1} & a_{n2} & \cdots & a_{nn} \end{matrix}$$

作出表中位于不同行不同列的 n 个数的乘积，并冠以符号 $(-1)^t$，得到形如 $(-1)^t a_{1p_1}a_{2p_2}\cdots a_{np_n}$ 的项，其中 $p_1p_2\cdots p_n$ 为自然数 $1,2,\cdots,n$ 的一个排列，t 为列标排列 $p_1p_2\cdots p_n$ 的逆序数，由于这样的排列共有 $n!$ 个，因而有 $n!$ 项，所有这 $n!$ 项的代数和 $\sum(-1)^t a_{1p_1}a_{2p_2}\cdots a_{np_n}$ 称为 n 阶行列式，记作

$$D=\begin{vmatrix} a_{11} & a_{12} & \cdots & a_{1n} \\ a_{21} & a_{22} & \cdots & a_{2n} \\ \vdots & \vdots & & \vdots \\ a_{n1} & a_{n2} & \cdots & a_{nn} \end{vmatrix}=\sum(-1)^t a_{1p_1}a_{2p_2}\cdots a_{np_n},$$

简记作 $\det(a_{ij})$，其中数 a_{ij} 为行列式 D 的第 i 行第 j 列元素.

【注】 (1) $a_{1p_1}a_{2p_2}\cdots a_{np_n}$ 取得的规则：

① 依次从第一行到最后一行，每行取一个数；

② 取出来的数位于不同列.

(2) 每项有 n 个数相乘，总共有 $n!$ 项.

(3) t 为列标排列 $p_1p_2\cdots p_n$ 的逆序数.

(4) 行列式的行和列所含的元素个数相等，其结果是一个数.

【例 1.2】 计算二阶行列式 $D_2=\begin{vmatrix} 1 & 2 \\ 3 & 4 \end{vmatrix}$.

【解析】 **解法一** 利用行列式的定义.

$$D_2=\begin{vmatrix} 1 & 2 \\ 3 & 4 \end{vmatrix}=\sum(-1)^t a_{1p_1}a_{2p_2}=(-1)^0 1\times4+(-1)^1 2\times3=-2.$$

解法二 利用对角线法则.

$$D_2=\begin{vmatrix} 1 & 2 \\ 3 & 4 \end{vmatrix}=1\times4-2\times3=-2.$$

【注】 对角线法则：

$$\begin{vmatrix} a_{11} & a_{12} \\ a_{21} & a_{22} \end{vmatrix}=a_{11}a_{22}-a_{12}a_{21};$$

$$\begin{vmatrix} a_{11} & a_{12} & a_{13} \\ a_{21} & a_{22} & a_{23} \\ a_{31} & a_{32} & a_{33} \end{vmatrix}=a_{11}a_{22}a_{33}+a_{12}a_{23}a_{31}+a_{13}a_{21}a_{32}-a_{13}a_{22}a_{31}-a_{12}a_{21}a_{33}-a_{11}a_{23}a_{32}.$$

2 阶和 3 阶行列式可以利用对角线法则计算，4 阶及以上行列式没有对角线法则.

【例 1.3】 计算 3 阶行列式 $D=\begin{vmatrix} 1 & 2 & 0 \\ 2 & 2 & 4 \\ 2 & 4 & 5 \end{vmatrix}$.

【解析】 $D=\begin{vmatrix} 1 & 2 & 0 \\ 2 & 2 & 4 \\ 2 & 4 & 5 \end{vmatrix}$

$$=1\times2\times5+2\times4\times2+0\times2\times4-1\times4\times4-2\times2\times5-0\times2\times2$$

$=-10.$

3. 行列式的性质

性质 1.1 经过转置的行列式值不变，即$|\boldsymbol{A}^{\mathrm{T}}|=|\boldsymbol{A}|$.

$$|\boldsymbol{A}|=\begin{vmatrix} a_{11} & a_{12} & \cdots & a_{1n} \\ a_{21} & a_{22} & \cdots & a_{2n} \\ \vdots & \vdots & & \vdots \\ a_{n1} & a_{n2} & \cdots & a_{nn} \end{vmatrix},\quad |\boldsymbol{A}^{\mathrm{T}}|=\begin{vmatrix} a_{11} & a_{21} & \cdots & a_{n1} \\ a_{12} & a_{22} & \cdots & a_{n2} \\ \vdots & \vdots & & \vdots \\ a_{1n} & a_{2n} & \cdots & a_{nn} \end{vmatrix},$$

即行列位置互换.

【注】 行列式中行与列具有同等地位.

性质 1.2 互换行列式两行(列)，行列式改变符号.

【注】 若两行(列)元素相同，行列式的值为 0.

性质 1.3 行列式某行(列)如有公因子 k，可以将 k 提到行列式外面.

【注】 ① 某行(列)的元素全为 0，行列式的值为 0；

② 行列式某两行(列)的元素对应成比例，行列式的值为 0.

性质 1.4 如果行列式的某行(列)是两个元素之和，则可以把行列式拆成两个行列式之和.

例如，$\begin{vmatrix} a_1+b_1 & c_1 \\ a_2+b_2 & c_2 \end{vmatrix}=\begin{vmatrix} a_1 & c_1 \\ a_2 & c_2 \end{vmatrix}+\begin{vmatrix} b_1 & c_1 \\ b_2 & c_2 \end{vmatrix}$.

性质 1.5 行列式把某行(列)的 k 倍加至另外一行(列)，行列式的值不变.

【例 1.4】 计算 $D_4=\begin{vmatrix} 3 & 1 & -1 & 2 \\ -5 & 1 & 3 & -4 \\ 2 & 0 & 1 & -1 \\ 1 & -5 & 3 & -3 \end{vmatrix}$.

【解析】 $\begin{vmatrix} 3 & 1 & -1 & 2 \\ -5 & 1 & 3 & -4 \\ 2 & 0 & 1 & -1 \\ 1 & -5 & 3 & -3 \end{vmatrix}$

$$\xlongequal{c_1\leftrightarrow c_2}-\begin{vmatrix} 1 & 3 & -1 & 2 \\ 1 & -5 & 3 & -4 \\ 0 & 2 & 1 & -1 \\ -5 & 1 & 3 & -3 \end{vmatrix}\xlongequal[r_4+5r_1]{r_2-r_1}-\begin{vmatrix} 1 & 3 & -1 & 2 \\ 0 & -8 & 4 & -6 \\ 0 & 2 & 1 & -1 \\ 0 & 16 & -2 & 7 \end{vmatrix}$$

$$\xlongequal{r_2\leftrightarrow r_3}\begin{vmatrix} 1 & 3 & -1 & 2 \\ 0 & 2 & 1 & -1 \\ 0 & -8 & 4 & -6 \\ 0 & 16 & -2 & 7 \end{vmatrix}\xlongequal[r_4-8r_2]{r_3+4r_2}\begin{vmatrix} 1 & 3 & -1 & 2 \\ 0 & 2 & 1 & -1 \\ 0 & 0 & 8 & -10 \\ 0 & 0 & -10 & 15 \end{vmatrix}$$

$$\xrightarrow{r_4+\frac{5}{4}r_3}\begin{vmatrix}1&3&-1&2\\0&2&1&-1\\0&0&8&-10\\0&0&0&\frac{5}{2}\end{vmatrix}=1\times2\times8\times\frac{5}{2}=40.$$

【注】 利用行列式的性质，把数字型行列式化为上(下)三角行列式，从而求出行列式的值.此为计算行列式的第一种基本方法——三角化法.

二、几种特殊的行列式

1. 主对角线的三角行列式

$$\begin{vmatrix}a_{11}&&&\\&a_{22}&&\\&&\ddots&\\&&&a_{nn}\end{vmatrix}=\begin{vmatrix}a_{11}&a_{12}&\cdots&a_{1n}\\&a_{22}&\cdots&a_{2n}\\&&\ddots&\vdots\\&&&a_{nn}\end{vmatrix}=\begin{vmatrix}a_{11}&&&\\a_{21}&a_{22}&&\\\vdots&\vdots&\ddots&\\a_{n1}&a_{n2}&\cdots&a_{nn}\end{vmatrix}=a_{11}a_{22}\cdots a_{nn}.$$

2. 副对角线的三角行列式

$$\begin{vmatrix}&&a_{1n}\\&a_{2,n-1}&\\\iddots&&\\a_{n1}&&\end{vmatrix}=\begin{vmatrix}a_{11}&\cdots&a_{1,n-1}&a_{1n}\\a_2&\cdots&a_{2,n-1}&\\\vdots&\iddots&&\\a_{n1}&&&\end{vmatrix}=\begin{vmatrix}&&&a_{1n}\\&&a_{2,n-1}&a_{2n}\\&\iddots&\vdots&\vdots\\a_{n1}&\cdots&a_{n,n-1}&a_{nn}\end{vmatrix}$$

$$=(-1)^{\frac{n\cdot(n-1)}{2}}a_{1n}a_{2,n-1}\cdots a_{n1}.$$

3. 范德蒙行列式

$$\begin{vmatrix}1&1&\cdots&1\\x_1&x_2&\cdots&x_n\\x_1^2&x_2^2&\cdots&x_n^2\\\vdots&\vdots&&\vdots\\x_1^{n-1}&x_2^{n-1}&\cdots&x_n^{n-1}\end{vmatrix}=\prod_{1\leqslant j<i\leqslant n}(x_i-x_j).$$

【例 1.5】 计算行列式$\begin{vmatrix}1&1&1\\2&3&4\\4&9&16\end{vmatrix}=$______.

【解析】 此为范德蒙行列式，利用公式可得

$$\begin{vmatrix}1&1&1\\2&3&4\\4&9&16\end{vmatrix}=(3-2)(4-2)(4-3)=2.$$

4. 拉普拉斯展开式(分块矩阵行列式)

如果 $\boldsymbol{A},\boldsymbol{B}$ 分别为 m 阶,n 阶矩阵,则

(1) $\begin{vmatrix} \boldsymbol{A} & * \\ \boldsymbol{O} & \boldsymbol{B} \end{vmatrix} = \begin{vmatrix} \boldsymbol{A} & \boldsymbol{O} \\ * & \boldsymbol{B} \end{vmatrix} = \begin{vmatrix} \boldsymbol{A} & \boldsymbol{O} \\ \boldsymbol{O} & \boldsymbol{B} \end{vmatrix} = |\boldsymbol{A}|\,|\boldsymbol{B}|$;

(2) $\begin{vmatrix} * & \boldsymbol{A} \\ \boldsymbol{B} & \boldsymbol{O} \end{vmatrix} = \begin{vmatrix} \boldsymbol{O} & \boldsymbol{A} \\ \boldsymbol{B} & * \end{vmatrix} = \begin{vmatrix} \boldsymbol{O} & \boldsymbol{A} \\ \boldsymbol{B} & \boldsymbol{O} \end{vmatrix} = (-1)^{mn}|\boldsymbol{A}|\,|\boldsymbol{B}|$.

【例 1.6】 计算行列式 $\begin{vmatrix} 0 & a & b & 0 \\ c & 0 & 0 & d \\ 0 & c & d & 0 \\ a & 0 & 0 & b \end{vmatrix} =$______.

【解析】 交换第二行和第三行得

$$\begin{vmatrix} 0 & a & b & 0 \\ c & 0 & 0 & d \\ 0 & c & d & 0 \\ a & 0 & 0 & b \end{vmatrix} = -\begin{vmatrix} 0 & a & b & 0 \\ 0 & c & d & 0 \\ c & 0 & 0 & d \\ a & 0 & 0 & b \end{vmatrix}.$$

先交换第一列和第二列,再交换第三列与第二列得

$$-\begin{vmatrix} 0 & a & b & 0 \\ 0 & c & d & 0 \\ c & 0 & 0 & d \\ a & 0 & 0 & b \end{vmatrix} = \begin{vmatrix} a & 0 & b & 0 \\ c & 0 & d & 0 \\ 0 & c & 0 & d \\ 0 & a & 0 & b \end{vmatrix} = -\begin{vmatrix} a & b & 0 & 0 \\ c & d & 0 & 0 \\ 0 & 0 & c & d \\ 0 & 0 & a & b \end{vmatrix} = -\begin{vmatrix} a & b \\ c & d \end{vmatrix}\begin{vmatrix} c & d \\ a & b \end{vmatrix} = (ad-bc)^2.$$

三、行列式按行(列)展开定理

1. 余子式、代数余子式

余子式:在阶行列式 $D=\begin{vmatrix} a_{11} & a_{12} & \cdots & a_{1n} \\ a_{21} & a_{22} & \cdots & a_{2n} \\ \vdots & \vdots & & \vdots \\ a_{n1} & a_{n2} & \cdots & a_{nn} \end{vmatrix}$ 中,划去 a_{ij} 所在的行与列的元素,将剩下来的元素按照原来的顺序构成一个 $(n-1)$ 阶行列式,称为 a_{ij} 的余子式,记作 M_{ij}.

$$M_{ij} = \begin{vmatrix} a_{11} & a_{12} & \cdots & a_{1,j-1} & a_{1,j+1} & \cdots & a_{1n} \\ a_{21} & a_{22} & \cdots & a_{2,j-1} & a_{2,j+1} & \cdots & a_{2n} \\ \vdots & \vdots & & \vdots & \vdots & & \\ a_{i-1,1} & a_{i-1,2} & \cdots & a_{i-1,j-1} & a_{i-1,j+1} & \cdots & a_{i-1,n} \\ a_{i+1,1} & a_{i+1,2} & \cdots & a_{i+1,j-1} & a_{i+1,j+1} & \cdots & a_{i+1,n} \\ \vdots & \vdots & & \vdots & \vdots & & \vdots \\ a_{n1} & a_{n2} & \cdots & a_{n,j+1} & a_{n,j+1} & \cdots & a_{nn} \end{vmatrix}.$$

代数余子式：$(-1)^{i+j}M_{ij}$ 称为代数余子式，记作 A_{ij}，且 $A_{ij}=(-1)^{i+j}M_{ij}$.

【注】 A_{ij} 与 a_{ij} 的位置有关，与 a_{ij} 的值无关.

2. 行列式按行(列)展开定理

n 阶行列式的值等于它的任何一行(列)元素，与其对应的代数余子式乘积之和.

按行展开：$|\boldsymbol{A}|=\sum_{i=1}^{n}a_{ik}A_{ik}=a_{i1}A_{i1}+a_{i2}A_{i2}+\cdots+a_{in}A_{in},i=1,2,\cdots,n.$

按列展开：$|\boldsymbol{A}|=\sum_{i=1}^{n}a_{kj}A_{kj}=a_{1j}A_{1j}+a_{2j}A_{2j}+\cdots+a_{nj}A_{nj},j=1,2,\cdots,n.$

推论 1.1 行列式的任一行(列)元素与另一行(列)对应元素的代数余子式之和为 0，即

$$\sum_{i=1}^{n}a_{ik}A_{jk}=a_{i1}A_{j1}+a_{i2}A_{j2}+\cdots+a_{in}A_{jn}=0,i\neq j;$$

$$\sum_{i=1}^{n}a_{ki}A_{kj}=a_{1i}A_{1j}+a_{2i}A_{2j}+\cdots+a_{ni}A_{nj}=0,i\neq j.$$

【例 1.7】 已知 $|\boldsymbol{A}|=\begin{vmatrix}1&0&3\\-1&2&4\\1&5&9\end{vmatrix}$，求：

(1) $A_{12}-A_{22}+A_{32}$；

(2) $A_{31}+A_{32}+A_{33}$.

【解析】 (1) $A_{12}-A_{22}+A_{32}=1\cdot A_{12}+(-1)A_{22}+1\cdot A_{32}$

$$=\begin{vmatrix}1&1&3\\-1&-1&4\\1&1&9\end{vmatrix}=1\cdot A_{12}+(-1)A_{22}+1\cdot A_{32}=0;$$

(2) $A_{31}+A_{32}+A_{33}=1\cdot A_{31}+1\cdot A_{32}+1\cdot A_{33}$

$$=\begin{vmatrix}1&0&3\\-1&2&4\\1&1&1\end{vmatrix}=1\cdot A_{31}+1\cdot A_{32}+1\cdot A_{33}=-11.$$

【注】 本题还可以直接利用代数余子式的定义计算，但一般在低阶中使用，在高阶中使用太麻烦.

仅针对(1)写出解析过程.

$$A_{12}=(-1)^{1+2}\begin{vmatrix}-1&4\\1&9\end{vmatrix}=13,\quad A_{22}=(-1)^{2+2}\begin{vmatrix}1&3\\1&9\end{vmatrix}=6,\quad A_{32}=(-1)^{3+2}\begin{vmatrix}1&4\\-1&3\end{vmatrix}=-7,$$

$$A_{12}-A_{22}+A_{32}=13-6-7=0.$$

3. 伴随矩阵及逆矩阵

1) 伴随矩阵

定义 1.2 设 n 阶矩阵 $\boldsymbol{A}$，则 $\boldsymbol{A}^*$ 中的元素由 $\boldsymbol{A}$ 的代数余子式组成，即 $\boldsymbol{A}^*=$

$$\begin{pmatrix} A_{11} & A_{21} & \cdots & A_{n1} \\ A_{12} & A_{22} & \cdots & A_{n2} \\ \vdots & \vdots & & \vdots \\ A_{1n} & A_{2n} & \cdots & A_{nn} \end{pmatrix}$$,且有 $\boldsymbol{AA}^* = \boldsymbol{A}^*\boldsymbol{A} = |\boldsymbol{A}|\boldsymbol{E}$.

2）逆矩阵

定义 1.3 设 n 阶矩阵 $\boldsymbol{A},\boldsymbol{B}$,若满足 $\boldsymbol{AB}=\boldsymbol{BA}=\boldsymbol{E}$,则称 $\boldsymbol{A}$ 可逆,且 $\boldsymbol{B}=\boldsymbol{A}^{-1}$,则 $\boldsymbol{AA}^{-1}=\boldsymbol{A}^{-1}\boldsymbol{A}=\boldsymbol{E}$.

4. 抽象行列式计算公式

(1) 若 $\boldsymbol{A}$ 是 n 阶矩阵,$\boldsymbol{A}^{\mathrm{T}}$ 是 $\boldsymbol{A}$ 的转置矩阵,则 $|\boldsymbol{A}^{\mathrm{T}}|=|\boldsymbol{A}|$.

(2) 若 $\boldsymbol{A}$ 是 n 阶矩阵,则 $|k\boldsymbol{A}|=k^n|\boldsymbol{A}|$.

(3) 若 $\boldsymbol{A},\boldsymbol{B}$ 是 n 阶矩阵,则 $|\boldsymbol{AB}|=|\boldsymbol{A}||\boldsymbol{B}|$.

【注】 $|\boldsymbol{A}^n|=|\boldsymbol{A}|^n$.

(4) 若 $\boldsymbol{A}$ 是 n 阶矩阵,$\boldsymbol{A}^*$ 是 $\boldsymbol{A}$ 的伴随矩阵,$|\boldsymbol{A}^*|=|\boldsymbol{A}|^{n-1}$.

(5) 若 $\boldsymbol{A}$ 是 n 阶矩阵,$\boldsymbol{A}^{-1}$是 $\boldsymbol{A}$ 的逆矩阵,则 $|\boldsymbol{A}^{-1}|=\dfrac{1}{|\boldsymbol{A}|}$.

(6) 若 $\lambda_i(i=1,2,\cdots,n)$为 $\boldsymbol{A}$ 的特征值,则 $|\boldsymbol{A}|=\lambda_1\lambda_2\cdots\lambda_n$,$\lambda_1+\lambda_2+\cdots+\lambda_n=\mathrm{tr}(\boldsymbol{A})$.

【注】 $\mathrm{tr}(\boldsymbol{A})$为 $\boldsymbol{A}$ 的迹,即 $\boldsymbol{A}$ 的主对角线元素之和.

(7) 若矩阵 $\boldsymbol{A}$ 和 $\boldsymbol{B}$ 相似,则 $|\boldsymbol{A}|=|\boldsymbol{B}|$.

典型题型

题型一:特殊行列式计算

【解题思路总述】

(1) 利用行列式的性质和行列式按行(列)展开定理,化成上(下)三角行列式.

(2) 采用数学归纳法,找出 D_n 和 D_{n-1} 的递推关系式.

(3) 类似范德蒙行列式,进行适当变形,转化为范德蒙行列式的标准形式,然后计算.

1. 行(列)和相等

【解题思路】 该行列式的结构特点在于每行(列)元素之和相同,将第 $2,3,\cdots,n$ 行(列)都加至第 1 行(列),然后提取公因子,再用其余行(列)减去第一行(列),转化为三角行列式.

【例 1】 计算行列式 $D_4=\begin{vmatrix} a+x & a & a & a \\ a & a+x & a & a \\ a & a & a+x & a \\ a & a & a & a+x \end{vmatrix}=$______.

2. 两线一星

【解题思路】 按照星所在的行(列)进行代数余子式展开.

【例 2】 计算行列式 $D_{10}=\begin{vmatrix} 9 & 1 & 0 & \cdots & 0 & 0 \\ 0 & 9 & 1 & \cdots & 0 & 0 \\ 0 & 0 & 9 & \cdots & 0 & 0 \\ \vdots & \vdots & \vdots & & \vdots & \vdots \\ 0 & 0 & 0 & \cdots & 9 & 1 \\ 10^{10} & 0 & 0 & \cdots & 0 & 9 \end{vmatrix}=$______.

3. 锥子型

【解题思路】

(1) 正锥子型,方法主要是消掉对角线,从第一行开始乘以倍数加至第二行消掉对角线上的元素,以此类推直到第 $n-1$ 行.

(2) 倒锥子型,方法主要也是消掉对角线,从最后一行开始乘以倍数加至前一行消掉对角线上的元素,以此类推直到第 $n-1$ 行.

(3) 可以按照第一行进行代数余子式展开得到递推公式.

【例 3】 计算行列式 $D_n=\begin{vmatrix} a_1 & -1 & 0 & \cdots & 0 & 0 \\ a_2 & x & -1 & \cdots & 0 & 0 \\ a_3 & 0 & x & \cdots & 0 & 0 \\ \vdots & \vdots & \vdots & & \vdots & \vdots \\ a_{n-1} & 0 & 0 & \cdots & x & -1 \\ a_n & 0 & 0 & \cdots & 0 & x \end{vmatrix}=$______.

【例 4】 计算行列式 $D_n=\begin{vmatrix} 2 & 0 & \cdots & 0 & 2 \\ -1 & 2 & \cdots & 0 & 2 \\ \vdots & \vdots & & \vdots & \vdots \\ 0 & 0 & \cdots & 2 & 2 \\ 0 & 0 & \cdots & -1 & 2 \end{vmatrix}=$______.

4. 三对角线型

【解题思路】

(1) 化成三角行列式,从第一行开始乘以倍数加至后一行,即可化成上三角行列式.

(2) 按第一行(列)进行代数余子式展开,得到递推公式.

【例 5】 计算行列式 $D_4=\begin{vmatrix} 1 & a_1 & 0 & 0 \\ -1 & 1-a_1 & a_2 & 0 \\ 0 & -1 & 1-a_2 & a_3 \\ 0 & 0 & -1 & 1-a_3 \end{vmatrix}=$______.

【例 6】 计算行列式 $D_n=\begin{vmatrix} 5 & 3 & & & \\ 2 & 5 & 3 & & \\ & 2 & 5 & \ddots & \\ & & \ddots & \ddots & 3 \\ & & & 2 & 5 \end{vmatrix}=$______.

5. 范德蒙行列式

【解题思路】

(1) 简单型直接使用公式,找到第二行套公式.

$$\begin{vmatrix} 1 & 1 & \cdots & 1 & 1 \\ a_1 & a_2 & \cdots & a_{n-1} & a_n \\ a_1^2 & a_2^2 & \cdots & a_{n-1}^2 & a_n^2 \\ \vdots & \vdots & & \vdots & \vdots \\ a_1^{n-1} & a_2^{n-1} & \cdots & a_{n-1}^{n-1} & a_n^{n-1} \end{vmatrix} = \prod_{1 \leqslant i < j \leqslant n} (a_j - a_i) \quad (\text{其中 } a_1, a_2, \cdots, a_n \text{ 互不相同}).$$

(2) 有时候需要两行相加提取公因子,化简成范德蒙行列式,再利用公式求解.

(3) 范德蒙缺项型,可以通过升阶来处理.

(4) 有时候需要通过转置以及行列式的性质变化来化成范德蒙行列式.

【例 7】 计算行列式 $D_4 = \begin{vmatrix} 5 & 4 & 4^2 & 4^3 \\ 4 & 5 & 5^2 & 5^3 \\ 3 & 6 & 6^2 & 6^3 \\ 2 & 7 & 7^2 & 7^3 \end{vmatrix} =$ ______.

【例 8】 计算行列式 $D_4 = \begin{vmatrix} 8 & 27 & 64 & 125 \\ 4 & 9 & 16 & 25 \\ 2 & 3 & 4 & 5 \\ 1 & 1 & 1 & 1 \end{vmatrix} =$ ______.

【例 9】 计算行列式 $D_4 = \begin{vmatrix} 1 & 1 & 1 & 1 \\ 1 & 2 & 3 & 4 \\ 1 & 2^2 & 3^2 & 4^2 \\ 1 & 2^4 & 3^4 & 4^4 \end{vmatrix} =$ ______.

6. 爪型行列式

【解题思路】 利用对角线上的元素,将第一行(列)消去,变成上(下)三角行列式.

【例 10】 计算行列式 $D_n = \begin{vmatrix} a_1 & 1 & 1 & \cdots & 1 \\ 1 & a_2 & & & \\ 1 & & a_3 & & \\ \vdots & & & \ddots & \\ 1 & & & & a_n \end{vmatrix} =$ ______(其中 $a_1 a_2 \cdots a_n \neq 0$).

题型二:抽象型行列式计算

【解题思路总述】

(1) 含参数的可以利用行列式的性质化成三角行列式,也可以通过行列式取数原理找到对应的项来求解.

(2) 行列式与方阵之间的联系,注意伴随矩阵的行列式$|A^*|=|A|^{n-1}$,可逆矩阵的行列式$|A^{-1}|=\frac{1}{|A|}$,矩阵相乘的行列式$|AB|=|A||B|$.

(3) 行列式与向量之间的联系,可以通过行列式的性质化简求解,通常利用列变换.

(4) 行列式与特征值之间的关系,即$|A|=\lambda_1\lambda_2\cdots\lambda_n$.

(5) 行列式与相似之间的联系,若A,B相似,则$|A|=|B|$.

【例 11】 设多项式 $f(x)=\begin{vmatrix} x & 1 & 1 & 1 \\ 1 & x & 1 & 1 \\ 1 & 1 & 1 & x \\ 1 & 1 & 1 & 2x \end{vmatrix}$,求 x^3 的系数.

【例 12】 设 4 阶矩阵$A=[\alpha,\gamma_1,\gamma_2,\gamma_3]$,$B=[\beta,\gamma_1,\gamma_2,\gamma_3]$,其中$\alpha,\beta,\gamma_1,\gamma_2,\gamma_3$是 4 维列向量,且$|A|=3$,$|B|=-1$,则$|A+2B|=$______.

【例 13】 已知A是 3 阶矩阵,A^T是A的转置矩阵,A^*是A的伴随矩阵,如果$|A|=\frac{1}{4}$,则$\left|\left(\frac{2}{3}A\right)^{-1}-8A^*\right|=$______.

【例 14】 已知A,B均为n阶矩阵,若$|A|=3$,$|B|=2$,$|A^{-1}+B|=2$,则$|A+B^{-1}|=$______.

【例 15】 已知A是 3 阶矩阵,$\alpha_1,\alpha_2,\alpha_3$是 3 维线性无关的列向量,若$A\alpha_1=\alpha_1+\alpha_2$,$A\alpha_2=\alpha_2+\alpha_3$,$A\alpha_3=\alpha_3+\alpha_1$,则行列式$|A|=$______.

【例 16】 已知$A^T=-A$的矩阵称为反对称矩阵. 证明:若A是奇数阶反对称矩阵,则$|A|=0$.

【例 17】 已知A,B均为n阶非零矩阵,满足$AB=O$,证明:$|A|=0$.

【例 18】 已知ξ是n维列向量,且$\xi^T\xi=1$,若$A=E-\xi\xi^T$,证明:$|A|=0$.

题型三:代数余子式的线性组合

【解题思路总述】

(1) 直接利用代数余子式的定义进行求解,此方法一般适用于 2 阶和 3 阶行列式.

(2) 某一行(列)的代数余子式,与本行(列)的元素值无关. 将行列式的某一行(列)的元素换成所求代数余子式相应的系数,利用代数余子式与行列式的关系求解.

(3) 若代数余子式缺项,则可以通过补零来解决.

(4) 若含有参数,则可利用代数某行(列)余子式与另一行(列)相乘为零的性质构造方程组来求解.

【例 19】 若$|A|=\begin{vmatrix} 1 & 2 & 3 & 4 & 5 \\ 2 & 2 & 2 & 1 & 1 \\ 3 & 1 & 2 & 4 & 5 \\ 1 & 1 & 1 & 2 & 2 \\ 4 & 3 & 1 & 5 & 0 \end{vmatrix}$,则$A_{31}+A_{32}+A_{33}=$______.

【例 20】 若$|\boldsymbol{A}|=\begin{pmatrix}1&2&0&0\\3&5&0&0\\0&0&4&-6\\0&0&0&1\end{pmatrix}$,求

(1) $A_{11}+A_{22}+A_{33}+A_{44}$;

(2) $A_{21}+A_{22}+A_{23}+A_{24}$.

【例 21】 $D_4=\begin{vmatrix}1&a&b&4\\3&3&4&4\\1&c&d&7\\1&1&2&2\end{vmatrix}=-6$,试求 $A_{41}+A_{42}$ 与 $A_{43}+A_{44}$,其中 $A_{4j}(j=1,2,3,4)$是 D_4 的第四行第 j 列元素的代数余子式.

典型题型答案

题型一:特殊行列式计算

1. 行(列)和相等

【例 1】 解析:

解法一 利用行和相等,将第二列、第三列、第四列全部加至第一列得

$$D_4=\begin{vmatrix}a+x&a&a&a\\a&a+x&a&a\\a&a&a+x&a\\a&a&a&a+x\end{vmatrix}=(x+4a)\begin{vmatrix}1&a&a&a\\1&a+x&a&a\\1&a&a+x&a\\1&a&a&a+x\end{vmatrix},$$

第二行、第三行、第四行分别减去第一行得

$$(x+4a)\begin{vmatrix}1&a&a&a\\1&a+x&a&a\\1&a&a+x&a\\1&a&a&a+x\end{vmatrix}=(x+4a)\begin{vmatrix}1&a&a&a\\0&x&0&0\\0&0&x&0\\0&0&0&x\end{vmatrix}=(x+4a)x^3.$$

解法二 从第四行开始后一行减前一行得

$$D_4=\begin{vmatrix}a+x&a&a&a\\a&a+x&a&a\\a&a&a+x&a\\a&a&a&a+x\end{vmatrix}=\begin{vmatrix}a+x&a&a&a\\-x&x&0&0\\0&-x&x&0\\0&0&-x&x\end{vmatrix},$$

从第四列开始后一列依次加至前一列得

$$\begin{vmatrix}a+x&a&a&a\\-x&x&0&0\\0&-x&x&0\\0&0&-x&x\end{vmatrix}=\begin{vmatrix}4a+x&3a&2a&a\\0&x&0&0\\0&0&x&0\\0&0&0&x\end{vmatrix}=(x+4a)x^3.$$

【注】 本题还可以利用列和相等,将所有的行加至第一行.

2. 两线一星

【例 2】 解析：

按照第一列展开得

$$D_{10}=\begin{vmatrix}9&1&0&\cdots&0&0\\0&9&1&\cdots&0&0\\0&0&9&\cdots&0&0\\\vdots&\vdots&\vdots&&\vdots&\vdots\\0&0&0&\cdots&9&1\\10^{10}&0&0&\cdots&0&9\end{vmatrix}_{10\times10}$$

$$=9\begin{vmatrix}9&1&0&\cdots&0&0\\0&9&1&\cdots&0&0\\0&0&9&\cdots&0&0\\\vdots&\vdots&\vdots&&\vdots&\vdots\\0&0&0&\cdots&9&1\\0&0&0&\cdots&0&9\end{vmatrix}_{9\times9}+(-1)^{10+1}10^{10}\begin{vmatrix}1&0&0&\cdots&0&0\\9&1&0&\cdots&0&0\\0&9&1&\cdots&0&0\\\vdots&\vdots&\vdots&&\vdots&\vdots\\0&0&0&\cdots&1&0\\0&0&0&\cdots&9&1\end{vmatrix}_{9\times9}$$

$$=9^{10}-10^{10}.$$

3. 锥子型

【例 3】 解析：

从第一行开始依次乘以 x 加至下一行得

$$D_n=\begin{vmatrix}a_1&-1&0&\cdots&0&0\\a_2&x&-1&\cdots&0&0\\a_3&0&x&\cdots&0&0\\\vdots&\vdots&\vdots&&\vdots&\vdots\\a_{n-1}&0&0&\cdots&x&-1\\a_n&0&0&\cdots&0&x\end{vmatrix}=\begin{vmatrix}a_1&-1&0&\cdots&0&0\\a_1x+a_2&0&-1&\cdots&0&0\\a_3&0&x&\cdots&0&0\\\vdots&\vdots&\vdots&&\vdots&\vdots\\a_{n-1}&0&0&\cdots&x&-1\\a_n&0&0&\cdots&0&x\end{vmatrix}$$

$$=\begin{vmatrix}a_1&-1&0&\cdots&0&0\\a_1x+a_2&0&-1&\cdots&0&0\\a_1x^2+a_2x+a_3&0&0&\cdots&0&0\\\vdots&\vdots&\vdots&&\vdots&\vdots\\a_{n-1}&0&0&\cdots&x&-1\\a_n&0&0&\cdots&0&x\end{vmatrix}=\cdots$$

$$=\begin{vmatrix}a_1&-1&0&\cdots&0&0\\a_1x+a_2&0&-1&\cdots&0&0\\a_1x^2+a_2x+a_3&0&0&\cdots&0&0\\\vdots&\vdots&\vdots&&\vdots&\vdots\\a_1x^{n-2}+a_2x^{n-3}+\cdots+a_{n-1}&0&0&\cdots&0&-1\\a_1x^{n-1}+a_2x^{n-2}+\cdots+a_n&0&0&\cdots&0&0\end{vmatrix},$$

按 a_{n1} 所在的行，进行代数余子式展开得

$$(-1)^{n+1}(a_1x^{n-1}+a_2x^{n-2}+\cdots+a_n)\begin{vmatrix} -1 & & & & & \\ & -1 & & & & \\ & & \ddots & & & \\ & & & -1 & & \\ & & & & -1 & \\ & & & & & -1 \end{vmatrix}$$

$$=a_1x^{n-1}+a_2x^{n-2}+\cdots+a_n.$$

【例 4】 解析：

解法一 从最后一行开始每行乘以 2 加至前一行，消掉对角线得

$$D_n=\begin{vmatrix} 2 & 0 & \cdots & 0 & 2 \\ -1 & 2 & \cdots & 0 & 2 \\ \vdots & \vdots & & \vdots & \vdots \\ 0 & 0 & \cdots & 2 & 2 \\ 0 & 0 & \cdots & -1 & 2 \end{vmatrix}=\begin{vmatrix} 2 & 0 & \cdots & 0 & 2 \\ -1 & 2 & \cdots & 0 & 2 \\ \vdots & \vdots & & \vdots & \vdots \\ 0 & 0 & \cdots & 0 & 2+2^2 \\ 0 & 0 & \cdots & -1 & 2 \end{vmatrix}$$

$$=\begin{vmatrix} 0 & 0 & \cdots & 0 & 2+2^2+\cdots 2^n \\ -1 & 0 & \cdots & 0 & 2+2^2+\cdots 2^{n-1} \\ \vdots & \vdots & & \vdots & \vdots \\ 0 & 0 & \cdots & 0 & 2+2^2 \\ 0 & 0 & \cdots & -1 & 2 \end{vmatrix}=\begin{vmatrix} 0 & 0 & \cdots & 0 & 2+2^2+\cdots 2^{n-1} \\ -1 & 0 & \cdots & 0 & 2+2^2+\cdots 2^{n-2} \\ \vdots & \vdots & & \vdots & \vdots \\ 0 & 0 & \cdots & 0 & 2+2^2 \\ 0 & 0 & \cdots & -1 & 2 \end{vmatrix}$$

$$=(-1)^{1+n}(2+2^2+\cdots 2^n)\begin{vmatrix} -1 & & & & \\ & -1 & & & \\ & & \ddots & & \\ & & & -1 & \\ & & & & -1 \end{vmatrix}=2^{n+1}-2.$$

解法二 按照第一行展开得

$$D_n=\begin{vmatrix} 2 & 0 & \cdots & 0 & 2 \\ -1 & 2 & \cdots & 0 & 2 \\ \vdots & \vdots & & \vdots & \vdots \\ 0 & 0 & \cdots & 2 & 2 \\ 0 & 0 & \cdots & -1 & 2 \end{vmatrix}=2D_{n-1}+(-1)^{n+1}(-1)^{n-1}\cdot 2=2D_{n-1}+2,$$

则有 $D_n+2=2(D_{n-1}+2)=2^2(D_{n-2}+2)=2^{n-1}(D_1+2)=2^{n+1}$，$D_n=2^{n+1}-2$.

4. 三对角线型

【例 5】 解析：

从第二行开始将前一行加至后一行得

$$D_4=\begin{vmatrix}1&a_1&0&0\\-1&1-a_1&a_2&0\\0&-1&1-a_2&a_3\\0&0&-1&1-a_3\end{vmatrix}=\begin{vmatrix}1&a_1&0&0\\0&1&a_2&0\\0&-1&1-a_2&a_3\\0&0&-1&1-a_3\end{vmatrix}$$

$$=\begin{vmatrix}1&a_1&0&0\\0&1&a_2&0\\0&0&1&a_3\\0&0&-1&1-a_3\end{vmatrix}=\begin{vmatrix}1&a_1&0&0\\0&1&a_2&0\\0&0&1&a_3\\0&0&0&1\end{vmatrix}=1.$$

【例 6】 解析：

按照第一行展开得

$$D_n=\begin{vmatrix}5&3&&&\\2&5&3&&\\&2&5&\ddots&\\&&\ddots&\ddots&3\\&&&2&5\end{vmatrix}=5\begin{vmatrix}5&3&&\\2&5&\ddots&\\&\ddots&\ddots&3\\&&2&5\end{vmatrix}-3\begin{vmatrix}2&3&&\\0&5&\ddots&\\&\ddots&\ddots&3\\&&2&5\end{vmatrix}=5D_{n-1}-6D_{n-2},$$

则
$$D_n=5D_{n-1}-6D_{n-2}\Rightarrow D_n-2D_{n-1}=3(D_{n-1}-2D_{n-2}),$$
$$D_n-2D_{n-1}=3(D_{n-1}-2D_{n-2})=3^2(D_{n-2}-2D_{n-3})$$
$$=\cdots=3^{n-2}(D_2-2D_1)=9\times3^{n-2}=3^n,$$

则
$$D_n-2D_{n-1}=3^n\Rightarrow2D_{n-1}-2^2D_{n-2}=2\times3^{n-1}$$
$$\Rightarrow2^2D_{n-2}-2^3D_{n-3}=2^2\times3^{n-2}$$
$$\vdots$$
$$\Rightarrow2^{n-2}D_2-2^{n-1}D_1=2^{n-2}\times3^2.$$

以上式子相加可得

$$D_n-2^{n-1}D_1=3^n+2\times3^{n-1}+2^2\times3^{n-2}+\cdots+2^{n-2}\times3^2,$$
$$D_n=3^n+2\times3^{n-1}+2^2\times3^{n-2}+\cdots+2^{n-2}\times3^2+2^{n-1}\times3+2^n=\frac{3^{n+1}-2^{n+1}}{3-2}$$
$$=3^{n+1}-2^{n+1}.$$

5. 范德蒙行列式

【例 7】 解析：

将第二列加至第一列得

$$D_4=\begin{vmatrix}5&4&4^2&4^3\\4&5&5^2&5^3\\3&6&6^2&6^3\\2&7&7^2&7^3\end{vmatrix}=\begin{vmatrix}9&4&4^2&4^3\\9&5&5^2&5^3\\9&6&6^2&6^3\\9&7&7^2&7^3\end{vmatrix}=9\begin{vmatrix}1&4&4^2&4^3\\1&5&5^2&5^3\\1&6&6^2&6^3\\1&7&7^2&7^3\end{vmatrix}=9\begin{vmatrix}1&1&1&1\\4&5&6&7\\4^2&5^2&6^2&7^2\\4^3&5^3&6^3&7^3\end{vmatrix}$$
$$=9\times(5-4)\times(6-4)\times(7-4)\times(6-5)\times(7-5)\times(7-6)=108.$$

【例 8】 解析：

交换第一行与第四行的位置，交换第三行与第二行的位置，则

$$D_4=(-1)^2D=\begin{vmatrix}1&1&1&1\\2&3&4&5\\4&9&16&25\\8&27&64&125\end{vmatrix}$$

$$=(3-2)\times(4-2)\times(5-2)\times(4-3)\times(5-3)\times(5-4)=12.$$

【例 9】 解析:令

$$D=\begin{vmatrix}1&1&1&1&1\\1&2&3&4&x\\1&2^2&3^2&4^2&x^2\\1&2^3&3^3&4^3&x^3\\1&2^4&3^4&4^4&x^4\end{vmatrix},$$

则按第五列展开可知 x^3 前面的系数为 $(-1)^{4+5}D_4=-D_4$,又

$$D=\begin{vmatrix}1&1&1&1&1\\1&2&3&4&x\\1&2^2&3^2&4^2&x^2\\1&2^3&3^3&4^3&x^3\\1&2^4&3^4&4^4&x^4\end{vmatrix}=12(x-1)(x-2)(x-3)(x-4),$$

则 x^3 前面的系数为

$$12\times(-1-2-3-4)=-120,$$

故可得

$$-D_4=-120\Rightarrow D_4=120.$$

6. 爪型行列式

【例 10】 解析:

解法一 第一列减去第二列的$\frac{1}{a_2}$,得

$$D_n=\begin{vmatrix}a_1&1&1&\cdots&1\\1&a_2&&&\\1&&a_3&&\\\vdots&&&\ddots&\\1&&&&a_n\end{vmatrix}=\begin{vmatrix}a_1-\frac{1}{a_2}&1&1&\cdots&1\\0&a_2&&&\\1&&a_3&&\\\vdots&&&\ddots&\\1&&&&a_n\end{vmatrix},$$

以此类推可得

$$D_n=\begin{vmatrix}a_1-\frac{1}{a_2}-\cdots-\frac{1}{a_n}&1&1&\cdots&1\\0&a_2&&&\\0&&a_3&&\\\vdots&&&\ddots&\\0&&&&a_n\end{vmatrix}=\left(a_1-\frac{1}{a_2}-\frac{1}{a^3}\cdots-\frac{1}{a_n}\right)a_2a_3\cdots a_n.$$

解法二 用第一行减去第二行的$\frac{1}{a_2}$,得

$$D_n=\begin{vmatrix} a_1 & 1 & 1 & \cdots & 1 \\ 1 & a_2 & & & \\ 1 & & a_3 & & \\ \vdots & & & \ddots & \\ 1 & & & & a_n \end{vmatrix}=\begin{vmatrix} a_1-\frac{1}{a_2} & 0 & 1 & \cdots & 1 \\ 1 & a_2 & & & \\ 1 & & a_3 & & \\ \vdots & & & \ddots & \\ 1 & & & & a_n \end{vmatrix},$$

用第一行减去第三行的$\frac{1}{a_3}$,得

$$D_n=\begin{vmatrix} a_1-\frac{1}{a_2}-\frac{1}{a_3} & 0 & 0 & \cdots & 1 \\ 1 & a_2 & & & \\ 1 & & a_3 & & \\ \vdots & & & \ddots & \\ 1 & & & & a_n \end{vmatrix},$$

以此类推,分别再用第一行减去第 $i(i=4,5,\cdots,n)$行的$\frac{1}{a_i}$,得

$$D_n=\begin{vmatrix} a_1-\frac{1}{a_2}-\frac{1}{a_3}\cdots-\frac{1}{a_n} & 0 & 0 & \cdots & 0 \\ 1 & a_2 & & & \\ 1 & & a_3 & & \\ \vdots & & & \ddots & \\ 1 & & & & a_n \end{vmatrix}=a_2a_3\cdots a_n\left(a_1-\frac{1}{a_2}-\frac{1}{a_3}\cdots-\frac{1}{a_n}\right).$$

题型二:抽象型行列式计算

【例 11】 解析:

解法一 用第一列、第二列减去第三列得

$$f(x)=\begin{vmatrix} x & 1 & 1 & 1 \\ 1 & x & 1 & 1 \\ 1 & 1 & 1 & x \\ 1 & 1 & 1 & 2x \end{vmatrix}=\begin{vmatrix} x-1 & 0 & 1 & 1 \\ 0 & x-1 & 1 & 1 \\ 0 & 0 & 1 & x \\ 0 & 0 & 1 & 2x \end{vmatrix},$$

再用第四行减去第三行得

$$\begin{vmatrix} x-1 & 0 & 1 & 1 \\ 0 & x-1 & 1 & 1 \\ 0 & 0 & 1 & x \\ 0 & 0 & 1 & 2x \end{vmatrix}=\begin{vmatrix} x-1 & 0 & 1 & 1 \\ 0 & x-1 & 1 & 1 \\ 0 & 0 & 1 & x \\ 0 & 0 & 0 & x \end{vmatrix}=x\ (x-1)^2=x^3-2x^2+x.$$

故 x^3 的系数为 1.

解法二 根据行列式取数原理,要想得到 x^3,则必须有 $-x^3$ 为 $(-1)^1a_{11}a_{22}a_{34}a_{43}$,$2x^3$ 为

$(-1)^0 a_{11}a_{22}a_{33}a_{44}$，则 x^3 前的系数为 $-1+2=1$.

【注】 行列式取数原理即每一组元素处于不同行不同列.

【例 12】 解析：

$$\begin{aligned}|\boldsymbol{A}+2\boldsymbol{B}| &= |\boldsymbol{\alpha}+2\boldsymbol{\beta},3\boldsymbol{\gamma}_1,3\boldsymbol{\gamma}_2,3\boldsymbol{\gamma}_3| \\ &= |\boldsymbol{\alpha},3\boldsymbol{\gamma}_1,3\boldsymbol{\gamma}_2,3\boldsymbol{\gamma}_3| + |2\boldsymbol{\beta},3\boldsymbol{\gamma}_1,3\boldsymbol{\gamma}_2,3\boldsymbol{\gamma}_3| \\ &= 27|\boldsymbol{\alpha},\boldsymbol{\gamma}_1,\boldsymbol{\gamma}_2,\boldsymbol{\gamma}_3| + 54|\boldsymbol{\beta},\boldsymbol{\gamma}_1,\boldsymbol{\gamma}_2,\boldsymbol{\gamma}_3| \\ &= 27|\boldsymbol{A}|+54|\boldsymbol{B}| = 27.\end{aligned}$$

【例 13】 解析：

$$\boldsymbol{A}^* = |\boldsymbol{A}|\boldsymbol{A}^{-1} = \frac{1}{4}\boldsymbol{A}^{-1},$$

$$\begin{aligned}\left|\left(\frac{2}{3}\boldsymbol{A}\right)^{-1} - 8\boldsymbol{A}^*\right| &= \left|\frac{3}{2}\boldsymbol{A}^{-1} - 8\times\frac{1}{4}\boldsymbol{A}^{-1}\right| = \left|-\frac{1}{2}\boldsymbol{A}^{-1}\right| = \left(-\frac{1}{2}\right)^3|\boldsymbol{A}^{-1}| \\ &= -\frac{1}{8}\frac{1}{|\boldsymbol{A}|} = -\frac{1}{2}.\end{aligned}$$

【例 14】 解析：

$$\begin{aligned}|\boldsymbol{A}+\boldsymbol{B}^{-1}| &= |\boldsymbol{A}\boldsymbol{B}\boldsymbol{B}^{-1}+\boldsymbol{A}\boldsymbol{A}^{-1}\boldsymbol{B}^{-1}| = |\boldsymbol{A}(\boldsymbol{B}+\boldsymbol{A}^{-1})\boldsymbol{B}^{-1}| \\ &= |\boldsymbol{A}(\boldsymbol{A}^{-1}+\boldsymbol{B})\boldsymbol{B}^{-1}| = |\boldsymbol{A}|\,|\boldsymbol{A}^{-1}+\boldsymbol{B}|\,|\boldsymbol{B}^{-1}| \\ &= |\boldsymbol{A}|\,|\boldsymbol{A}^{-1}+\boldsymbol{B}|\frac{1}{|\boldsymbol{B}|} = 3.\end{aligned}$$

【例 15】 解析：

解法一

$$\boldsymbol{A}(\boldsymbol{\alpha}_1,\boldsymbol{\alpha}_2,\boldsymbol{\alpha}_3) = (\boldsymbol{\alpha}_1,\boldsymbol{\alpha}_2,\boldsymbol{\alpha}_3)\begin{pmatrix}1&0&1\\1&1&0\\0&1&1\end{pmatrix},$$

两边同时取行列式得

$$|\boldsymbol{A}|\,|\boldsymbol{\alpha}_1,\boldsymbol{\alpha}_2,\boldsymbol{\alpha}_3| = |\boldsymbol{\alpha}_1,\boldsymbol{\alpha}_2,\boldsymbol{\alpha}_3|\begin{vmatrix}1&0&1\\1&1&0\\0&1&1\end{vmatrix} \Rightarrow |\boldsymbol{A}| = \begin{vmatrix}1&0&1\\1&1&0\\0&1&1\end{vmatrix},$$

则

$$|\boldsymbol{A}| = 2.$$

解法二

$$\boldsymbol{A}(\boldsymbol{\alpha}_1,\boldsymbol{\alpha}_2,\boldsymbol{\alpha}_3) = (\boldsymbol{\alpha}_1,\boldsymbol{\alpha}_2,\boldsymbol{\alpha}_3)\begin{pmatrix}1&0&1\\1&1&0\\0&1&1\end{pmatrix},$$

则 $(\boldsymbol{\alpha}_1,\boldsymbol{\alpha}_2,\boldsymbol{\alpha}_3)^{-1}\boldsymbol{A}(\boldsymbol{\alpha}_1,\boldsymbol{\alpha}_2,\boldsymbol{\alpha}_3) = \begin{pmatrix}1&0&1\\1&1&0\\0&1&1\end{pmatrix}$，则 $\boldsymbol{A}$ 相似于 $\begin{pmatrix}1&0&1\\1&1&0\\0&1&1\end{pmatrix}$，则有

$$|\boldsymbol{A}| = \begin{vmatrix}1&0&1\\1&1&0\\0&1&1\end{vmatrix} = 2.$$

【例 16】 解析：

等式两边同时取行列式得

$$|A^{T}|=|-A|\Rightarrow|A|=(-1)^{n}|A|,$$

当 n 为奇数时，$|A|=-|A|\Rightarrow|A|=0$.

【例 17】 解析：

反证法. 假设 A 可逆，则有

$$A^{-1}(AB)=O\Rightarrow A^{-1}AB=O\Rightarrow B=O,\quad \text{矛盾}.$$

故 A 不可逆，则 $|A|=0$.

【例 18】 解析：

解法一

$$A^{2}=(E-\xi\xi^{T})(E-\xi\xi^{T})=E-2\xi\xi^{T}+\xi(\xi^{T}\xi)\xi^{T}$$
$$=E-2\xi\xi^{T}+\xi\xi^{T}=E-\xi\xi^{T},$$

即

$$A^{2}=A.$$

若 A 可逆，则有

$$A^{-1}(A^{2})=A^{-1}(A),$$

即

$$A=E,\quad \text{矛盾}.$$

故 A 不可逆，所以 $|A|=0$.

解法二

记 $B=\xi\xi^{T}$，则 $B^{2}=\xi\xi^{T}\xi\xi^{T}=\xi\xi^{T}=B$，设 B 的特征值为 λ，则

$$\lambda^{2}=\lambda\Rightarrow\lambda=0\quad \text{或}\quad \lambda=1.$$

又 $\xi^{T}\xi=1$，则 B 的特征值之和为 1，B 的特征值为 1,0,0，$E-B$ 的特征值为 0,1,1，故 A 的特征值为 0,1,1，即 $|A|=0$.

【注】 若 ξ 是 n 维列向量，$B=\xi\xi^{T}$，则对角线元素之和 $\mathrm{tr}(B)=\xi^{T}\xi$.

题型三：代数余子式的线性组合

【例 19】 解析：

$$A_{31}+A_{32}+A_{33}=1A_{31}+1A_{32}+1A_{33}+0A_{34}+0A_{35},$$

将行列式 $|A|$ 的第三行元素变成 1,1,1,0,0，得

$$|A_{1}|=\begin{vmatrix}1&2&3&4&5\\2&2&2&1&1\\1&1&1&0&0\\1&1&1&2&2\\4&3&1&5&0\end{vmatrix}\xlongequal{\text{按第三行展开}}A_{31}+A_{32}+A_{33},$$

用第三行乘以 (-2) 加至第二行，第三行乘以 (-1) 加至第四行，得

$$|A_{1}|=\begin{vmatrix}1&2&3&4&5\\0&0&0&1&1\\1&1&1&0&0\\0&0&0&2&2\\4&3&1&5&0\end{vmatrix}=0.$$

【例 20】 解析：

(1) $A_{11}=\begin{vmatrix}5&0&0\\0&4&-6\\0&0&1\end{vmatrix}=20, A_{22}=\begin{vmatrix}1&0&0\\0&4&-6\\0&0&1\end{vmatrix}=4$，$A_{33}=\begin{vmatrix}1&2&0\\3&5&0\\0&0&1\end{vmatrix}=-1, A_{44}=$ $\begin{vmatrix}1&2&0\\3&5&0\\0&0&4\end{vmatrix}=-4$,则 $A_{11}+A_{22}+A_{33}+A_{44}=19.$

(2) $A_{21}+A_{22}+A_{23}+A_{24}=\begin{vmatrix}1&2&0&0\\1&1&1&1\\0&0&4&-6\\0&0&0&1\end{vmatrix}$,用第二行减去第一行得

$$A_{21}+A_{22}+A_{23}+A_{24}=\begin{vmatrix}1&2&0&0\\0&-1&1&1\\0&0&4&-6\\0&0&0&1\end{vmatrix}=-4.$$

【注】 本题还可以先求出伴随矩阵,再进行计算.

【例 21】 解析:

解法一 用第四行减去第二行的$\frac{1}{2}$得

$$D_4=\begin{vmatrix}1&a&b&4\\3&3&4&4\\1&c&d&7\\-\frac{1}{2}&-\frac{1}{2}&0&0\end{vmatrix}=-6,$$

按照第四行进行展开得

$$D_4=-\frac{1}{2}A_{41}-\frac{1}{2}A_{42}=-6\Rightarrow A_{41}+A_{42}=12.$$

同理用第四行减去第二行的$\frac{1}{3}$得

$$D_4=\begin{vmatrix}1&a&b&4\\3&3&4&4\\1&c&d&7\\0&0&\frac{2}{3}&\frac{2}{3}\end{vmatrix}=-6.$$

按照第四行进行展开得

$$D_4=\frac{2}{3}A_{43}+\frac{2}{3}A_{44}=-6\Rightarrow A_{43}+A_{44}=-9.$$

解法二 按照第四行进行代数余子式展开得

$$A_{41}+A_{42}+2A_{43}+2A_{44}=-6, \tag{1}$$

将第四行元素变成 3,3,4,4 得

$$\begin{vmatrix} 1 & a & b & 4 \\ 3 & 3 & 4 & 4 \\ 1 & c & d & 7 \\ 3 & 3 & 4 & 4 \end{vmatrix} = 3A_{41} + 3A_{42} + 4A_{43} + 4A_{44} = 0, \tag{2}$$

由(1)(2)式可解得

$$A_{41} + A_{42} = 12, \quad A_{43} + A_{44} = -9.$$

第2章　矩　　阵

考试内容

矩阵的概念，矩阵的线性运算，矩阵的乘法，方阵的幂，方阵的行列式，矩阵的转置，逆矩阵的概念和性质，矩阵可逆的充分必要条件，伴随矩阵，矩阵的初等变换，初等矩阵，矩阵的秩，矩阵的等价，分块矩阵及其运算.

考试要求

(1) 理解矩阵的概念，了解单位矩阵、数量矩阵、对角矩阵、三角矩阵、对称矩阵和反对称矩阵，以及它们的性质.

(2) 掌握矩阵的运算、转置以及它们的运算规律，了解方阵的幂与方阵乘积的行列式的性质.

(3) 理解逆矩阵的概念，掌握逆矩阵的性质以及矩阵可逆的充分必要条件，理解伴随矩阵的概念，会用伴随矩阵求逆矩阵.

(4) 理解矩阵初等变换的概念，了解初等矩阵的性质和矩阵等价的概念，理解矩阵的秩的概念，掌握用初等变换求矩阵的秩和逆矩阵的方法.

(5) 了解分块矩阵及其运算.

一、矩阵的概念及运算

1. 矩阵的概念

1) 矩阵的定义

由 $m\times n$ 个数 $a_{ij}(i=1,2,\cdots,m;j=1,2,\cdots,n)$ 组成的 m 行 n 列的数表

$$\begin{pmatrix} a_{11} & a_{12} & \cdots & a_{1n} \\ a_{21} & a_{22} & \cdots & a_{2n} \\ \vdots & \vdots & & \vdots \\ a_{m1} & a_{m2} & \cdots & a_{mn} \end{pmatrix}$$

称为 $m\times n$ 矩阵，记为 $\boldsymbol{A}=(a_{ij})_{m\times n}$.

行数和列数都等于 n 的矩阵称为 n 阶矩阵或 n 阶**方阵**.

只有一行的矩阵 $\boldsymbol{A}=(a_1\quad a_2\quad \cdots\quad a_n)$ 称为**行矩阵**，又称行向量；只有一列的矩阵 $\boldsymbol{A}=(b_1\quad b_2\quad \cdots\quad b_n)^{\mathrm{T}}$ 称为**列矩阵**，又称为列向量.

矩阵 $\boldsymbol{A}$ 和 $\boldsymbol{B}$ 的行数、列数都相等，称它们是**同型矩阵**.

如果 $\boldsymbol{A}=(a_{ij})$ 和 $\boldsymbol{B}=(b_{ij})$ 是同型矩阵，并且它们的对应元素相等，称 $\boldsymbol{A}$ 和 $\boldsymbol{B}$ 是**相等矩阵**，记作 $\boldsymbol{A}=\boldsymbol{B}$.

元素都是零的矩阵称为**零矩阵**，记为 $\boldsymbol{O}$. 注意，不同型的零矩阵是不同的矩阵.

2）几个特殊矩阵

单位矩阵：主对角线上元素为 1，其他元素全为 0 的矩阵称为单位矩阵，记为 $\boldsymbol{E}$ 或 $\boldsymbol{I}$.

数量矩阵：数 k 与单位矩阵 $\boldsymbol{E}$ 的积 $k\boldsymbol{E}$ 称为数量矩阵.

对角矩阵：主对角线以外的元素全为零的方阵称为对角矩阵，记为 $\boldsymbol{\Lambda}$，即

$$\boldsymbol{\Lambda}=\begin{pmatrix}\lambda_1 & 0 & \cdots & 0\\ 0 & \lambda_2 & \cdots & 0\\ \vdots & \vdots & & \vdots\\ 0 & 0 & \cdots & \lambda_n\end{pmatrix}.$$

上（下）三角矩阵：主对角线以下（上）的元素全为零的方阵称为上（下）三角矩阵，形如 $\boldsymbol{A}=\begin{pmatrix}a_{11} & a_{12} & \cdots & a_{1n}\\ 0 & a_{22} & \cdots & a_{2n}\\ \vdots & \vdots & & \vdots\\ 0 & 0 & \cdots & a_{mn}\end{pmatrix}$ 为上三角矩阵，$\boldsymbol{A}=\begin{pmatrix}a_{11} & 0 & \cdots & 0\\ a_{21} & a_{22} & \cdots & 0\\ \vdots & \vdots & & \vdots\\ a_{m1} & a_{m2} & \cdots & a_{mn}\end{pmatrix}$ 为下三角矩阵.

对称矩阵与反对称矩阵：满足 $\boldsymbol{A}^{\mathrm{T}}=\boldsymbol{A}$ 的矩阵称为对称矩阵；满足 $\boldsymbol{A}^{\mathrm{T}}=-\boldsymbol{A}$ 的矩阵称为反对称矩阵.

2. 矩阵的运算

1）矩阵的加法

设 $\boldsymbol{A}=(a_{ij})_{m\times n}$，$\boldsymbol{B}=(b_{ij})_{m\times n}$，则 $\boldsymbol{C}=\boldsymbol{A}+\boldsymbol{B}=(a_{ij}+b_{ij})_{m\times n}$.

【注】 同型矩阵才能进行加法运算.

矩阵的加法运算律：

① $\boldsymbol{A}+\boldsymbol{B}=\boldsymbol{B}+\boldsymbol{A}$；　② $(\boldsymbol{A}+\boldsymbol{B})+\boldsymbol{C}=\boldsymbol{A}+(\boldsymbol{B}+\boldsymbol{C})$；

③ $\boldsymbol{A}+\boldsymbol{O}=\boldsymbol{A}$；　④ $\boldsymbol{A}-\boldsymbol{B}=\boldsymbol{A}+(-\boldsymbol{B})$.

2）矩阵的数乘

设 $\boldsymbol{A}=(a_{ij})_{m\times n}$，$\lambda$ 为实数，则 λ 与矩阵 $\boldsymbol{A}$ 的乘积为 $\lambda\boldsymbol{A}$ 或 $\boldsymbol{A}\lambda$，且

$$\lambda\boldsymbol{A}=\boldsymbol{A}\lambda=\begin{pmatrix}\lambda a_{11} & \lambda a_{12} & \cdots & \lambda a_{1n}\\ \lambda a_{21} & \lambda a_{22} & \cdots & \lambda a_{2n}\\ \vdots & \vdots & & \vdots\\ \lambda a_{m1} & \lambda a_{m2} & \cdots & \lambda a_{mn}\end{pmatrix}.$$

矩阵的数乘运算律：

① $(\lambda\mu)\boldsymbol{A}=\lambda(\mu\boldsymbol{A})$；　② $(\lambda+\mu)\boldsymbol{A}=\lambda\boldsymbol{A}+\mu\boldsymbol{A}$；

③ $\lambda(\boldsymbol{A}+\boldsymbol{B})=\lambda\boldsymbol{A}+\lambda\boldsymbol{B}$.

3）矩阵的乘法

设 $\boldsymbol{A}=(a_{ij})_{m\times n}$ 是 $m\times n$ 矩阵，$\boldsymbol{B}=(b_{ij})_{n\times s}$ 是 $n\times s$ 矩阵，那么矩阵 $\boldsymbol{A}$ 与矩阵 $\boldsymbol{B}$ 的乘积是一

个 $m \times s$ 矩阵 $\boldsymbol{C}=(c_{ij})_{m\times s}$，其中

$$c_{ij}=a_{i1}b_{1j}+a_{i2}b_{2j}+\cdots+a_{in}b_{nj} \quad (i=1,2,\cdots,m;j=1,2,\cdots,s).$$

矩阵的乘法运算律：

① $(\boldsymbol{AB})\boldsymbol{C}=\boldsymbol{A}(\boldsymbol{BC})$； ② $\boldsymbol{A}(\boldsymbol{B}+\boldsymbol{C})=\boldsymbol{AB}+\boldsymbol{AC}$；

③ $(\boldsymbol{B}+\boldsymbol{C})\boldsymbol{A}=\boldsymbol{BA}+\boldsymbol{BC}$.

【例 2.1】 已知 $\boldsymbol{A}=\begin{pmatrix}1&2&1\\2&2&3\end{pmatrix}$，$\boldsymbol{B}=\begin{pmatrix}1&1&0\\2&0&1\\1&1&1\end{pmatrix}$，求 $\boldsymbol{AB}$.

【解析】 $\boldsymbol{AB}=\begin{pmatrix}1&2&1\\2&2&3\end{pmatrix}\begin{pmatrix}1&1&0\\2&0&1\\1&1&1\end{pmatrix}=\begin{pmatrix}6&2&3\\9&5&5\end{pmatrix}$.

【注】 (1) 并不是所有的矩阵都能进行乘法运算，当第一个矩阵的列数等于第二个矩阵行数时，两矩阵才能进行乘法运算.

(2) 由 $\boldsymbol{A}\neq\boldsymbol{O},\boldsymbol{B}\neq\boldsymbol{O}$，不能推出 $\boldsymbol{AB}\neq\boldsymbol{O}$，例如，$\boldsymbol{A}=\begin{pmatrix}1&1\\0&0\end{pmatrix}$，$\boldsymbol{B}=\begin{pmatrix}1&0\\-1&0\end{pmatrix}$，但 $\boldsymbol{AB}=\boldsymbol{O}$. 特别地，$\boldsymbol{A}\neq\boldsymbol{O}$，不能推出 $\boldsymbol{A}^k\neq\boldsymbol{O}$，例如，$\boldsymbol{A}=\begin{pmatrix}0&1&1\\0&0&1\\0&0&0\end{pmatrix}\neq\boldsymbol{O}$，但 $\boldsymbol{A}^3=\boldsymbol{O}$.

(3) 矩阵乘法一般不满足交换律，即 $\boldsymbol{AB}\neq\boldsymbol{BA}$. 如果矩阵 $\boldsymbol{A}$ 和 $\boldsymbol{B}$ 满足 $\boldsymbol{AB}=\boldsymbol{BA}$，称 $\boldsymbol{A}$ 和 $\boldsymbol{B}$ 是可交换的，例如，$\boldsymbol{A}=\begin{pmatrix}1&1\\1&1\end{pmatrix}$，$\boldsymbol{B}=\begin{pmatrix}1&1\\-1&-1\end{pmatrix}$，$\boldsymbol{AB}=\boldsymbol{O}$，$\boldsymbol{BA}=\begin{pmatrix}2&2\\-2&-2\end{pmatrix}$，显然 $\boldsymbol{AB}\neq\boldsymbol{BA}$.

(4) 矩阵乘法一般不满足消去律，即由 $\boldsymbol{AB}=\boldsymbol{AC}$ 不能推出 $\boldsymbol{B}=\boldsymbol{C}$，例如，$\boldsymbol{A}=\begin{pmatrix}1&1&1\\0&0&0\\0&0&0\end{pmatrix}$，$\boldsymbol{B}=\begin{pmatrix}1&0&-1\\-1&0&0\\0&0&1\end{pmatrix}$，$\boldsymbol{C}=\begin{pmatrix}-1&2&0\\1&-2&0\\0&0&0\end{pmatrix}$，显然 $\boldsymbol{AB}=\boldsymbol{AC}$，但 $\boldsymbol{B}\neq\boldsymbol{C}$（除非 $\boldsymbol{A}$ 可逆，则 $\boldsymbol{B}=\boldsymbol{C}$）.

4）矩阵的转置

设矩阵 $\boldsymbol{A}=(a_{ij})_{m\times n}$，将 $\boldsymbol{A}$ 的行与列的元素位置交换，得到的矩阵称为矩阵 $\boldsymbol{A}$ 的转置，记为 $\boldsymbol{A}^{\mathrm{T}}=(a_{ji})_{n\times m}$.

矩阵的转置运算律：

① $(\boldsymbol{A}^{\mathrm{T}})^{\mathrm{T}}=\boldsymbol{A}$； ② $(\boldsymbol{A}+\boldsymbol{B})^{\mathrm{T}}=\boldsymbol{A}^{\mathrm{T}}+\boldsymbol{B}^{\mathrm{T}}$；

③ $(k\boldsymbol{A})^{\mathrm{T}}=k\boldsymbol{A}^{\mathrm{T}}$； ④ $(\boldsymbol{AB})^{\mathrm{T}}=\boldsymbol{B}^{\mathrm{T}}\boldsymbol{A}^{\mathrm{T}}$.

【例 2.2】 设 $\boldsymbol{A}=\begin{pmatrix}2\\1\\4\end{pmatrix}$，$\boldsymbol{B}=\begin{pmatrix}-2\\1\\3\end{pmatrix}$，求 $\boldsymbol{A}^{\mathrm{T}}\boldsymbol{B}$ 与 $\boldsymbol{AB}^{\mathrm{T}}$.

【解析】 $\boldsymbol{A}^{\mathrm{T}}\boldsymbol{B}=(2\ \ 1\ \ 4)\begin{pmatrix}-2\\1\\3\end{pmatrix}=9$，$\boldsymbol{AB}^{\mathrm{T}}=\begin{pmatrix}2\\1\\4\end{pmatrix}(-2\ \ 1\ \ 3)=\begin{pmatrix}-4&2&6\\-2&1&3\\-8&4&12\end{pmatrix}$.

5）方阵的幂

设 $A=(a_{ij})_{n\times n}$，则 $A^k=\overbrace{A\cdot A\cdots A}^{k}$.

方阵的幂运算律：

① $A^m\cdot A^n=A^{m+n}$；② $(A^m)^n=A^{mn}$；③ $(AB)^k\neq A^k\cdot B^k$.

【例 2.3】 设 $\boldsymbol{\alpha}=(1\quad 2\quad 3)^{\mathrm{T}}$，$\boldsymbol{\beta}=\left(1\quad \frac{1}{2}\quad \frac{1}{3}\right)^{\mathrm{T}}$，又 $A=\boldsymbol{\alpha\beta}^{\mathrm{T}}$，求 A^n.

【解析】 由 $A^2=\boldsymbol{\alpha\beta}^{\mathrm{T}}\boldsymbol{\alpha\beta}^{\mathrm{T}}=3\boldsymbol{\alpha\beta}^{\mathrm{T}}=3A$ 得 $A^n=3^{n-1}A$，而

$$A=\boldsymbol{\alpha\beta}^{\mathrm{T}}=\begin{pmatrix}1\\2\\3\end{pmatrix}\left(1\quad \frac{1}{2}\quad \frac{1}{3}\right)=\begin{pmatrix}1&\frac{1}{2}&\frac{1}{3}\\2&1&\frac{2}{3}\\3&\frac{3}{2}&1\end{pmatrix},$$

故

$$A^n=3^{n-1}\begin{pmatrix}1&\frac{1}{2}&\frac{1}{3}\\2&1&\frac{2}{3}\\3&\frac{3}{2}&1\end{pmatrix}.$$

【例 2.4】 设 $A=\begin{pmatrix}1&0&1\\0&2&0\\1&0&1\end{pmatrix}$，求 $A^n-2A^{n-1}\ (n\geqslant 2)$.

【解析】 由于 $A^2=\begin{pmatrix}1&0&1\\0&2&0\\1&0&1\end{pmatrix}\begin{pmatrix}1&0&1\\0&2&0\\1&0&1\end{pmatrix}=\begin{pmatrix}2&0&2\\0&4&0\\2&0&2\end{pmatrix}=2\begin{pmatrix}1&0&1\\0&2&0\\1&0&1\end{pmatrix}=2A$，故 $A^n=2^{n-1}A$，$A^{n-1}=2^{n-2}A$，故 $A^n-2^{n-1}A=2^{n-1}A-2\cdot 2^{n-2}A=O$.

6）方阵的行列式

由 n 阶方阵 A 的元素构成的 n 阶行列式（各元素的位置不变）称为方阵 A 的行列式，记为 $|A|$ 或 $\det A$.

方阵行列式性质.

性质 2.1　$|A^{\mathrm{T}}|=|A|$.

性质 2.2　$|kA|=k^n|A|$.

性质 2.3　$|AB|=|A||B|$.

【例 2.5】 设 A 为 n 阶方阵，$A^{\mathrm{T}}A=E$，$|A|<0$，证明：$|E+A|=0$.

【解析】 因 $A^{\mathrm{T}}A=E$，所以 $|A^{\mathrm{T}}||A|=1$，即 $|A|^2=1$，又因 $|A|<0$，故 $|A|=-1$，又 $|E+A|=|A^{\mathrm{T}}A+A|=|A^{\mathrm{T}}+E||A|=-|A^{\mathrm{T}}+E|=-|(E+A)^{\mathrm{T}}|=-|E+A|$，从而 $|E+A|=0$.

二、逆矩阵与伴随矩阵

(1) 逆矩阵的定义.

设 $\boldsymbol{A}$ 为 n 阶方阵,若存在一个 n 阶方阵 $\boldsymbol{B}$,使得 $\boldsymbol{AB}=\boldsymbol{BA}=\boldsymbol{E}$,则称 $\boldsymbol{A}$ 为可逆矩阵,$\boldsymbol{B}$ 为 $\boldsymbol{A}$ 的逆矩阵,记作 $\boldsymbol{B}=\boldsymbol{A}^{-1}$.

【注】 只有方阵才可能有逆矩阵.

【例 2.6】 设 $\boldsymbol{A},\boldsymbol{B}$ 为 n 阶方阵,$\boldsymbol{B}$ 可逆,且 $\boldsymbol{A}^2+\boldsymbol{AB}-\boldsymbol{B}=\boldsymbol{O}$,证明 $\boldsymbol{A}$ 可逆.

【证明】 由 $\boldsymbol{A}^2+\boldsymbol{AB}-\boldsymbol{B}=\boldsymbol{O}$ 知 $\boldsymbol{A}(\boldsymbol{A}+\boldsymbol{B})=\boldsymbol{B}$,又 $\boldsymbol{B}$ 可逆,故 $\boldsymbol{A}(\boldsymbol{A}+\boldsymbol{B})\boldsymbol{B}^{-1}=\boldsymbol{E}$,由定义可知矩阵 $\boldsymbol{A}$ 可逆,其逆矩阵为 $(\boldsymbol{A}+\boldsymbol{B})\boldsymbol{B}^{-1}$.

(2) 矩阵 $\boldsymbol{A}$ 为可逆矩阵的充要条件为

$$\boldsymbol{A}\text{ 可逆}\Leftrightarrow|\boldsymbol{A}|\neq 0.$$

(3) 伴随矩阵的定义.

设 $\boldsymbol{A}=(a_{ij})_{n\times n}$ 为 n 阶矩阵,$|\boldsymbol{A}|$ 为矩阵 $\boldsymbol{A}$ 对应的行列式,设 $|\boldsymbol{A}|$ 中元素 a_{ij} 的代数余子式为 A_{ij},令 $\boldsymbol{A}^*=\begin{pmatrix}A_{11}&A_{21}&\cdots&A_{n1}\\A_{12}&A_{22}&\cdots&A_{n2}\\\vdots&\vdots&&\vdots\\A_{1n}&A_{2n}&\cdots&A_{nn}\end{pmatrix}$,$\boldsymbol{A}^*$ 为矩阵 $\boldsymbol{A}$ 的伴随矩阵.

伴随矩阵的性质.

性质 2.4 $\boldsymbol{AA}^*=\boldsymbol{A}^*\boldsymbol{A}=|\boldsymbol{A}|\boldsymbol{E}$.

性质 2.5 若 $\boldsymbol{A}$ 可逆,则 $\boldsymbol{A}^*=|\boldsymbol{A}|\boldsymbol{A}^{-1}$.

性质 2.6 $|\boldsymbol{A}^*|=|\boldsymbol{A}|^{n-1}$.

性质 2.7 $(\boldsymbol{A}^*)^*=|\boldsymbol{A}|^{n-2}\boldsymbol{A}(n\geqslant 2)$.

性质 2.8 若 $\boldsymbol{A},\boldsymbol{B}$ 可逆,则 $(\boldsymbol{AB})^*=\boldsymbol{B}^*\boldsymbol{A}^*$.

性质 2.9 若 $\boldsymbol{A}$ 可逆,则 $(k\boldsymbol{A})^*=k^{n-1}\boldsymbol{A}^*(n\geqslant 2)$.

性质 2.10 $(\boldsymbol{A}+\boldsymbol{B})^*\neq\boldsymbol{A}^*+\boldsymbol{B}^*$(一般不相等).

性质 2.11 若 $\boldsymbol{A}$ 可逆,则 $(\boldsymbol{A}^*)^{\mathrm{T}}=(\boldsymbol{A}^{\mathrm{T}})^*$.

(4) 用伴随矩阵求逆矩阵的公式为

$$\boldsymbol{A}^{-1}=\frac{1}{|\boldsymbol{A}|}\boldsymbol{A}^*.$$

【例 2.7】 设 $\boldsymbol{A}=\begin{pmatrix}1&2&3\\2&2&1\\3&4&3\end{pmatrix}$,判断 $\boldsymbol{A}$ 是否可逆,若可逆,求其逆矩阵.

【解析】 因 $|\boldsymbol{A}|=\begin{vmatrix}1&2&3\\2&2&1\\3&4&3\end{vmatrix}=2\neq 0$,故 $\boldsymbol{A}$ 可逆,又由于其余子式为

$$M_{11}=\begin{vmatrix}2&1\\4&3\end{vmatrix}=2,\quad M_{12}=\begin{vmatrix}2&1\\3&3\end{vmatrix}=3,\quad M_{13}=\begin{vmatrix}2&2\\3&4\end{vmatrix}=2,$$

$$M_{21}=\begin{vmatrix}2&3\\4&3\end{vmatrix}=-6,\quad M_{22}=\begin{vmatrix}1&3\\3&3\end{vmatrix}=-6,\quad M_{23}=\begin{vmatrix}1&2\\3&4\end{vmatrix}=-2,$$

$$M_{31}=\begin{vmatrix}2&3\\2&1\end{vmatrix}=-4,\quad M_{32}=\begin{vmatrix}1&3\\2&1\end{vmatrix}=-5,\quad M_{33}=\begin{vmatrix}1&2\\2&2\end{vmatrix}=-2,$$

故

$$A^* = \begin{pmatrix} M_{11} & -M_{21} & M_{31} \\ -M_{12} & M_{22} & -M_{32} \\ M_{13} & -M_{23} & M_{33} \end{pmatrix} = \begin{pmatrix} 2 & 6 & -4 \\ -3 & -6 & 5 \\ 2 & 2 & -2 \end{pmatrix},$$

$$A^{-1} = \frac{A^*}{|A|} = \begin{pmatrix} 1 & 3 & -2 \\ -\frac{3}{2} & -3 & \frac{5}{2} \\ 1 & 1 & -1 \end{pmatrix}.$$

(5) 可逆矩阵的性质.

性质 2.12 若 A 可逆,则 A^{-1} 也可逆,且 $(A^{-1})^{-1}=A$.

性质 2.13 若 A 可逆,$k\neq0$,则 kA 可逆,且 $(kA)^{-1}=\frac{1}{k}A^{-1}$.

性质 2.14 若 A,B 均可逆,则 AB 也可逆,且 $(AB)^{-1}=B^{-1}A^{-1}$.

性质 2.15 若 A 可逆,则 A^{T} 也可逆,且 $(A^{\mathrm{T}})^{-1}=(A^{-1})^{\mathrm{T}}$.

性质 2.16 若 A 可逆,则 A^* 也可逆,且 $(A^*)^{-1}=(A^{-1})^*=\frac{1}{|A|}A$.

性质 2.17 若 A 可逆,$|A^{-1}|=\frac{1}{|A|}$.

【注】 $(A+B)^{-1}\neq A^{-1}+B^{-1}$.

【例 2.8】 已知 A 为 3 阶方阵且 $|A|=\frac{1}{2}$,求 $|(2A)^{-1}+(2A)^*|$.

【解析】

$$\begin{aligned}|(2A)^{-1}+(2A)^*| &= \left|\frac{1}{2}A^{-1}+2^2A^*\right| = \left|\frac{1}{2}A^{-1}+2^2|A|A^{-1}\right| \\ &= \left|\frac{5}{2}A^{-1}\right| = \left(\frac{5}{2}\right)^3|A^{-1}| = \frac{125}{4}.\end{aligned}$$

三、初等变换与初等矩阵

1. 矩阵的初等变换

1) 初等行变换

(1) 交换两行(对调 i,j 行,记作 $r_i\leftrightarrow r_j$);

(2) 某行乘以一个不为零的常数 k(第 i 行乘 k,记作 $r_i\times k$);

(3) 某行的 k 倍加到另一行(第 j 行的 k 倍加到第 i 行,记作 r_i+kr_j).

以上三种变换称为矩阵的初等行变换.

2) 初等列变换

(1) 交换两列(对调 i,j 列,记作 $c_i\leftrightarrow c_j$);

(2) 某列乘以一个不为零的常数 k(第 i 列乘 k,记作 $c_i\times k$);

(3) 某列的 k 倍加到另一列(第 j 列的 k 倍加到第 i 列,记作 c_i+kc_j).

以上三种变换称为矩阵的初等列变换.

矩阵的初等行变换和初等列变换统称为矩阵的初等变换.

2. 初等矩阵

1）初等矩阵的定义

将 n 阶单位阵 $\boldsymbol{E}$ 进行一次初等变换得到的矩阵称为初等矩阵.

(1) $\boldsymbol{E}(i,j)$:交换 $\boldsymbol{E}$ 的第 i,j 两行(列)所得矩阵;

(2) $\boldsymbol{E}(i(k))$:用非零常数 k 乘以 $\boldsymbol{E}$ 的第 i 行(列)所得矩阵;

(3) $\boldsymbol{E}(ij(k))$:$\boldsymbol{E}$ 的第 j 行的 k 倍加到第 i 行或 $\boldsymbol{E}$ 的第 i 列的 k 倍加到第 j 列所得矩阵.

2）初等矩阵的逆矩阵

初等矩阵是可逆矩阵,且其逆矩阵仍为同型的初等矩阵.

$$[\boldsymbol{E}(i,j)]^{-1}=\boldsymbol{E}(i,j),\quad [\boldsymbol{E}(i(k))]^{-1}=\boldsymbol{E}\left(i\left(\frac{1}{k}\right)\right),\quad [\boldsymbol{E}(ij(k))]^{-1}=\boldsymbol{E}(ij(-k)).$$

3）初等矩阵的行列式

$$|\boldsymbol{E}(i,j)|=-1,\quad |\boldsymbol{E}(i(k))|=k,\quad |\boldsymbol{E}(ij(k))|=1.$$

4）初等矩阵的作用

用初等矩阵 $\boldsymbol{E}_m(i,j)$ 左乘矩阵 $\boldsymbol{A}_{m\times n}$,其结果相当于将矩阵 $\boldsymbol{A}_{m\times n}$ 的第 i,j 两行对调;

用初等矩阵 $\boldsymbol{E}_n(i,j)$ 右乘矩阵 $\boldsymbol{A}_{m\times n}$,其结果相当于将矩阵 $\boldsymbol{A}_{m\times n}$ 的第 i,j 两列对调.

用初等矩阵 $\boldsymbol{E}_m(i(k))$ 左乘矩阵 $\boldsymbol{A}_{m\times n}$,其结果相当于以数 k 乘矩阵 $\boldsymbol{A}_{m\times n}$ 的第 i 行;

用初等矩阵 $\boldsymbol{E}_n(i(k))$ 右乘矩阵 $\boldsymbol{A}_{m\times n}$,其结果相当于以数 k 乘矩阵 $\boldsymbol{A}_{m\times n}$ 的第 i 列.

用初等矩阵 $\boldsymbol{E}_m(ij(k))$ 左乘矩阵 $\boldsymbol{A}_{m\times n}$,其结果相当于把矩阵 $\boldsymbol{A}_{m\times n}$ 的第 j 行的 k 倍加到第 i 行上;

用初等矩阵 $\boldsymbol{E}_n(ij(k))$ 右乘矩阵 $\boldsymbol{A}_{m\times n}$,其结果相当于把矩阵 $\boldsymbol{A}_{m\times n}$ 的第 i 列的 k 倍加到第 j 列上.

对矩阵 $\boldsymbol{A}$ 施行一次初等行变换相当于在矩阵 $\boldsymbol{A}$ 的左侧乘以一个相应的初等矩阵,对 $\boldsymbol{A}$ 实施一次列变换相当于在矩阵的右侧乘以一个相应的初等矩阵(遵循“左行右列”的原则).

如 $\begin{pmatrix}0&1&0\\1&0&0\\0&0&1\end{pmatrix}\begin{pmatrix}1&2&3\\4&5&6\\7&8&9\end{pmatrix}$ 利用矩阵的乘法可得结果为 $\begin{pmatrix}4&5&6\\1&2&3\\7&8&9\end{pmatrix}$,根据上面的理论,这个过程相当于矩阵 $\begin{pmatrix}1&2&3\\4&5&6\\7&8&9\end{pmatrix}$ 左乘初等矩阵 $\begin{pmatrix}0&1&0\\1&0&0\\0&0&1\end{pmatrix}$,交换矩阵 $\begin{pmatrix}1&2&3\\4&5&6\\7&8&9\end{pmatrix}$ 的第一行与第二行,结果也为 $\begin{pmatrix}4&5&6\\1&2&3\\7&8&9\end{pmatrix}$.

再如 $\begin{pmatrix}1&2&3\\4&5&6\\7&8&9\end{pmatrix}\begin{pmatrix}1&0&0\\2&1&0\\0&0&1\end{pmatrix}$ 利用矩阵的乘法可得结果为 $\begin{pmatrix}5&2&3\\14&5&6\\23&8&9\end{pmatrix}$,根据上面的理论,这

个过程相当于矩阵$\begin{pmatrix}1&2&3\\4&5&6\\7&8&9\end{pmatrix}$右乘初等矩阵$\begin{pmatrix}1&0&0\\2&1&0\\0&0&1\end{pmatrix}$，将$\begin{pmatrix}1&2&3\\4&5&6\\7&8&9\end{pmatrix}$的第二列的2倍加到第一列，结果也为$\begin{pmatrix}5&2&3\\14&5&6\\23&8&9\end{pmatrix}$.

5）行阶梯形矩阵、行最简形矩阵及标准形矩阵

行阶梯形矩阵：若非零矩阵满足可画出一条从第一行某元左方的竖线开始，到最后一列某元下方的横线结束的阶梯线，它的左下方的元全为0，每段竖线的高度为一行，则称此矩阵为行阶梯形矩阵．如

$$\begin{pmatrix}1&2&3&4\\0&0&2&5\\0&0&0&0\end{pmatrix}.$$

【注】 竖线的右方的第一个元为非零元，称为该非零行的首非零元．

行最简形矩阵：若 $\boldsymbol{A}$ 是行阶梯形矩阵，并且满足非零行的首非零元为1，首非零元所在的列的其他元均为零，则称 $\boldsymbol{A}$ 为行最简形矩阵．如

$$\begin{pmatrix}1&2&0&4\\0&0&1&5\\0&0&0&0\end{pmatrix}.$$

标准形矩阵：将行最简形矩阵再施以初等列变换，变成$\begin{pmatrix}\boldsymbol{E}_r&\boldsymbol{O}\\\boldsymbol{O}&\boldsymbol{O}\end{pmatrix}_{m\times n}$，称为标准形矩阵．如

$$\begin{pmatrix}1&0&0&0\\0&1&0&0\\0&0&0&0\end{pmatrix}.$$

【例 2.9】 将矩阵$\begin{pmatrix}1&2&3\\2&3&4\\1&1&1\end{pmatrix}$化为行最简形矩阵和标准形矩阵．

【解析】 $\begin{pmatrix}1&2&3\\2&3&4\\1&1&1\end{pmatrix}\xrightarrow{r_1\leftrightarrow r_3}\begin{pmatrix}1&1&1\\2&3&4\\1&2&3\end{pmatrix}\xrightarrow[r_3-r_1]{r_2-2r_1}\begin{pmatrix}1&1&1\\0&1&2\\0&1&2\end{pmatrix}\xrightarrow[r_3-r_2]{r_1-r_2}\begin{pmatrix}1&0&-1\\0&1&2\\0&0&0\end{pmatrix}$为行最简形矩阵，$\begin{pmatrix}1&0&-1\\0&1&2\\0&0&0\end{pmatrix}\xrightarrow[c_3-2c_2]{c_3+c_1}\begin{pmatrix}1&0&0\\0&1&0\\0&0&0\end{pmatrix}$为标准形矩阵．

【例 2.10】 $\boldsymbol{P}_1=\begin{pmatrix}1&0&0\\0&0&1\\0&1&0\end{pmatrix}$，$\boldsymbol{P}_2=\begin{pmatrix}1&0&0\\0&1&0\\-2&0&1\end{pmatrix}$，则 $\boldsymbol{P}_1^{2019}\boldsymbol{P}_2^{-1}=$______.

【解析】 $\boldsymbol{P}_1^{2019}=(\boldsymbol{E}(2,3))^{2019}=\boldsymbol{E}(2,3)$，$\boldsymbol{P}_2{}^{-1}=(\boldsymbol{E}(31(-2)))^{-1}=\boldsymbol{E}(31(2))$，

$$P_1^{2019}P_2^{-1}=E(2,3)E(31(2))=\begin{pmatrix}1&0&0\\0&0&1\\0&1&0\end{pmatrix}\begin{pmatrix}1&0&0\\0&1&0\\2&0&1\end{pmatrix}=\begin{pmatrix}1&0&0\\2&0&1\\0&1&0\end{pmatrix}.$$

【例 2.11】 设 A 为 3 阶可逆矩阵，把 A 的第二行的 -3 倍加到第 1 行得 B，再将 B 的第一列的 3 倍加到第二列得 C. 记 $P=\begin{pmatrix}1&-3&0\\0&1&0\\0&0&1\end{pmatrix}$，则（　　）.

(A) $C^{-1}=PA^{-1}P^{-1}$　　(B) $C^{-1}=PA^{-1}P^{T}$

(C) $C^{-1}=P^{-1}A^{-1}P$　　(D) $C^{-1}=P^{T}A^{-1}P$

【解析】 由题意可得 $B=E(12(-3))A$，$C=BE(12(3))$，则

$C=E(12(-3))AE(12(3))$，

$C^{-1}=E^{-1}(12(3))A^{-1}E^{-1}(12(-3))=E(12(-3))A^{-1}E(12(3))=PA^{-1}P^{-1}$.

故应选(A).

3. 矩阵等价

1) 矩阵等价的定义

定义 2.1 若矩阵 A 经过有限次初等行变换变到矩阵 B，则称 A 与 B 初等行等价，记作 $A\overset{r}{\sim}B$.

定义 2.2 若矩阵 A 经过有限次初等列变换变到矩阵 B，则称 A 与 B 初等列等价，记作 $A\overset{c}{\sim}B$.

定义 2.3 若矩阵 A 经过有限次初等变换变到矩阵 B，则称 A 与 B 等价，记作 $A\sim B$.

2) 矩阵等价的性质

性质 2.18 反身性：$A\sim A$.

性质 2.19 对称性：若 $A\sim B$，则 $B\sim A$.

性质 2.20 传递性：若 $A\sim B$，$B\sim C$，则 $A\sim C$.

3) 矩阵 A 与 B 等价的三种等价说法

(1) A 经过一系列初等变换变到 B.

(2) 存在一些初等矩阵 $P_1,P_2,\cdots,P_s,Q_1,Q_2,\cdots,Q_t$，使得 $P_1P_2\cdots P_sAQ_1Q_2\cdots Q_t=B$.

(3) 存在可逆矩阵 P,Q，使得 $PAQ=B$.

4) 方阵 A 可逆与初等矩阵的关系

(1) 设 A 为任意的 $m\times n$ 矩阵，则一定存在有限个 m 阶初等矩阵 $P_1,P_2,\cdots,P_s$ 和 n 阶初等矩阵 $Q_1,Q_2,\cdots,Q_t$，使得 $P_1,P_2,\cdots,P_s,Q_1,Q_2,\cdots,Q_t$ 为标准形矩阵，但只经过行变换不一定能变成标准形矩阵.

(2) 设 A 为 n 阶可逆方阵，则一定存在有限个 n 阶初等矩阵 $P_1,P_2,\cdots,P_s$ 和 $Q_1,Q_2,\cdots,Q_t$，使得 $P_1,P_2,\cdots,P_s,Q_1,Q_2,\cdots,Q_t$ 为单位矩阵.

(3) 方阵 A 可逆 $\Leftrightarrow$ 存在有限个初等矩阵 $P_1,P_2,\cdots,P_s$，使 $A=P_1P_2\cdots P_s$.

(4) 方阵 A 可逆的充分必要条件是 $A\sim E$.

5）利用初等变换求逆矩阵和解矩阵方程

利用初等变换法求 $\boldsymbol{A}$ 的逆矩阵：

$$(\boldsymbol{A} \vdots \boldsymbol{E}) \xrightarrow{r} (\boldsymbol{E} \vdots \boldsymbol{A}^{-1}).$$

含有未知矩阵的等式称为矩阵方程.矩阵方程经过化简可变为 $\boldsymbol{AX}=\boldsymbol{B}$ 或 $\boldsymbol{XA}=\boldsymbol{B}$ 或 $\boldsymbol{AXB}=\boldsymbol{C}$.

当 $\boldsymbol{A}$ 可逆时，利用初等变换法解矩阵方程 $\boldsymbol{AX}=\boldsymbol{B}$：

$$(\boldsymbol{A} \vdots \boldsymbol{B}) \xrightarrow{r} (\boldsymbol{E} \vdots \boldsymbol{A}^{-1}\boldsymbol{B}).$$

【例 2.12】 已知 $\boldsymbol{A}=\begin{pmatrix} 1 & 2 & 1 \\ -3 & 0 & 2 \\ -1 & 1 & 1 \end{pmatrix}$，求 $\boldsymbol{A}^{-1}$.

【解析】 $(\boldsymbol{A} \vdots \boldsymbol{E})=\left(\begin{array}{ccc:ccc} 1 & 2 & 1 & 1 & 0 & 0 \\ -3 & 0 & 2 & 0 & 1 & 0 \\ -1 & 1 & 1 & 0 & 0 & 1 \end{array}\right) \to \left(\begin{array}{ccc:ccc} 1 & 2 & 1 & 1 & 0 & 0 \\ 0 & 6 & 5 & 3 & 1 & 0 \\ 0 & 3 & 2 & 1 & 0 & 1 \end{array}\right)$

$$\to \left(\begin{array}{ccc:ccc} 1 & 2 & 1 & 1 & 0 & 0 \\ 0 & 3 & 2 & 1 & 0 & 1 \\ 0 & 0 & 1 & 1 & 1 & -2 \end{array}\right) \to \left(\begin{array}{ccc:ccc} 1 & 2 & 0 & 0 & -1 & 2 \\ 0 & 3 & 0 & -1 & -2 & 5 \\ 0 & 0 & 1 & 1 & 1 & -2 \end{array}\right)$$

$$\to \left(\begin{array}{ccc:ccc} 1 & 2 & 0 & 0 & -1 & 2 \\ 0 & 1 & 0 & -\frac{1}{3} & -\frac{2}{3} & \frac{5}{3} \\ 0 & 0 & 1 & 1 & 1 & -2 \end{array}\right) \to \left(\begin{array}{ccc:ccc} 1 & 0 & 0 & \frac{2}{3} & \frac{1}{3} & -\frac{4}{3} \\ 0 & 1 & 0 & -\frac{1}{3} & -\frac{2}{3} & \frac{5}{3} \\ 0 & 0 & 1 & 1 & 1 & -2 \end{array}\right),$$

故

$$\boldsymbol{A}^{-1}=\begin{pmatrix} \frac{2}{3} & \frac{1}{3} & -\frac{4}{3} \\ -\frac{1}{3} & -\frac{2}{3} & \frac{5}{3} \\ 1 & 1 & -2 \end{pmatrix}.$$

【例 2.13】 设 $\boldsymbol{A}=\begin{pmatrix} 1 & 2 & 3 & 4 \\ 2 & 3 & 4 & 5 \\ 5 & 4 & 3 & 2 \end{pmatrix}$ 的行最简形矩阵为 $\boldsymbol{F}$，求 $\boldsymbol{F}$，并求一个可逆矩阵 $\boldsymbol{P}$，使得 $\boldsymbol{PA}=\boldsymbol{F}$.

【解析】 $\boldsymbol{P}(\boldsymbol{A},\boldsymbol{E})=(\boldsymbol{PA},\boldsymbol{P})=(\boldsymbol{F},\boldsymbol{P})$，即

$$\begin{pmatrix} 1 & 2 & 3 & 4 & 1 & 0 & 0 \\ 2 & 3 & 4 & 5 & 0 & 1 & 0 \\ 5 & 4 & 3 & 2 & 0 & 0 & 1 \end{pmatrix} \to \begin{pmatrix} 1 & 2 & 3 & 4 & 1 & 0 & 0 \\ 0 & -1 & -2 & -3 & -2 & 1 & 0 \\ 0 & -6 & -12 & -18 & -5 & 0 & 1 \end{pmatrix}$$

$$\to \begin{pmatrix} 1 & 0 & -1 & -2 & -3 & 2 & 0 \\ 0 & 1 & 2 & 3 & 2 & -1 & 0 \\ 0 & 0 & 0 & 0 & 7 & -6 & 1 \end{pmatrix},$$

故 $\boldsymbol{P}=\begin{pmatrix}-3 & 2 & 0\\ 2 & -1 & 0\\ 7 & -6 & 1\end{pmatrix}$，且 $\boldsymbol{A}$ 的行最简形为

$$\boldsymbol{PA}=\begin{pmatrix}1 & 0 & -1 & -2\\ 0 & 1 & 2 & 3\\ 0 & 0 & 0 & 0\end{pmatrix}.$$

【例 2.14】 设 $\boldsymbol{X}=\boldsymbol{AX}+\boldsymbol{B}$，其中 $\boldsymbol{A}=\begin{pmatrix}0 & 1 & 0\\ -1 & 1 & 1\\ -1 & 0 & -1\end{pmatrix}$，$\boldsymbol{B}=\begin{pmatrix}1 & -1\\ 2 & 0\\ 5 & -3\end{pmatrix}$，求 $\boldsymbol{X}$.

【解析】 由 $\boldsymbol{X}=\boldsymbol{AX}+\boldsymbol{B}$ 得

$$(\boldsymbol{E}-\boldsymbol{A})\boldsymbol{X}=\boldsymbol{B},\quad \boldsymbol{E}-\boldsymbol{A}=\begin{pmatrix}1 & -1 & 0\\ 1 & 0 & -1\\ 1 & 0 & 2\end{pmatrix},$$

由于 $|\boldsymbol{E}-\boldsymbol{A}|=3\neq 0$，所以 $\boldsymbol{E}-\boldsymbol{A}$ 可逆，于是 $\boldsymbol{X}=(\boldsymbol{E}-\boldsymbol{A})^{-1}\boldsymbol{B}$，由

$$(\boldsymbol{E}-\boldsymbol{A} \mid \boldsymbol{B})=\left(\begin{array}{ccc|cc}1 & -1 & 0 & 1 & -1\\ 1 & 0 & -1 & 2 & 0\\ 1 & 0 & 2 & 5 & -3\end{array}\right)\rightarrow\left(\begin{array}{ccc|cc}1 & -1 & 0 & 1 & -1\\ 0 & 1 & -1 & 1 & 1\\ 0 & 1 & 2 & 4 & -2\end{array}\right)$$

$$\rightarrow\left(\begin{array}{ccc|cc}1 & -1 & 0 & 1 & -1\\ 0 & 1 & -1 & 1 & 1\\ 0 & 0 & 3 & 3 & -3\end{array}\right)\rightarrow\left(\begin{array}{ccc|cc}1 & -1 & 0 & 1 & -1\\ 0 & 1 & -1 & 1 & 1\\ 0 & 0 & 1 & 1 & -1\end{array}\right)$$

$$\rightarrow\left(\begin{array}{ccc|cc}1 & 0 & 0 & 3 & -1\\ 0 & 1 & 0 & 2 & 0\\ 0 & 0 & 1 & 1 & -1\end{array}\right),$$

得

$$\boldsymbol{X}=(\boldsymbol{E}-\boldsymbol{A})^{-1}\boldsymbol{B}=\begin{pmatrix}3 & -1\\ 2 & 0\\ 1 & -1\end{pmatrix}.$$

四、矩阵的秩

1. 矩阵秩的定义

1）子式的定义

在 $m\times n$ 矩阵 $\boldsymbol{A}$ 中，任取 k 行与 k 列（$k\leqslant m, k\leqslant n$），位于这些行列交叉处的 k^2 个元素，不改变它们在 $\boldsymbol{A}$ 中所处的位置次序而得到的 k 阶行列式，称为矩阵 $\boldsymbol{A}$ 的 k 阶子式.

一般地，$m\times n$ 矩阵 $\boldsymbol{A}$ 中所有的 k 阶子式共有 $C_m^k C_n^k$ 个.

2）秩的定义

设矩阵 $\boldsymbol{A}$ 中有一个不等于 0 的 r 阶子式，且所有 $r+1$ 阶子式（如果存在的话）全部等于 0，

那么称为矩阵 $\boldsymbol{A}$ 的最高阶非零子式，数 r 称为矩阵 $\boldsymbol{A}$ 的秩，记为 $r(\boldsymbol{A})$. 如 $\boldsymbol{B}=\begin{pmatrix}2&-1&0&3&-2\\0&3&1&-2&5\\0&0&0&4&-3\\0&0&0&0&0\end{pmatrix}$，因 $\begin{vmatrix}2&-1&3\\0&3&-2\\0&0&4\end{vmatrix}=24\neq0$ 且 4 阶子式均为 0，故 $r(\boldsymbol{B})=3$.

3）矩阵可逆的判定

若 $\boldsymbol{A}$ 是 n 阶矩阵，$\boldsymbol{A}$ 可逆 $\Leftrightarrow r(\boldsymbol{A})=n\Leftrightarrow|\boldsymbol{A}|\neq0$；$\boldsymbol{A}$ 不可逆 $\Leftrightarrow r(\boldsymbol{A})<n\Leftrightarrow|\boldsymbol{A}|=0$.

2. 矩阵秩的计算

定理 2.1 设 $\boldsymbol{A},\boldsymbol{B}$ 是同型矩阵，则 $\boldsymbol{A},\boldsymbol{B}$ 等价的充分必要条件是 $r(\boldsymbol{A})=r(\boldsymbol{B})$.

说明：(1) 此定理说明初等变换不改变矩阵的秩；

(2) 根据此定理，为求矩阵的秩，只要把矩阵用初等行变换化为行阶梯形矩阵，行阶梯形矩阵中非零行的行数即为矩阵的秩.

【例 2.15】 设 $\boldsymbol{A}=\begin{pmatrix}3&2&0&5&0\\3&-2&3&6&-1\\2&0&1&5&-3\\1&6&-4&-1&4\end{pmatrix}$，求矩阵 $\boldsymbol{A}$ 的秩，并求 $\boldsymbol{A}$ 的一个最高阶非零子式.

【解析】 $\boldsymbol{A}=\begin{pmatrix}3&2&0&5&0\\3&-2&3&6&-1\\2&0&1&5&-3\\1&6&-4&-1&4\end{pmatrix}\to\begin{pmatrix}1&6&-4&-1&4\\0&-4&3&1&-1\\0&-12&9&7&-11\\0&-16&12&8&-12\end{pmatrix}$

$$\to\begin{pmatrix}1&6&-4&-1&4\\0&-4&3&1&-1\\0&0&0&4&-8\\0&0&0&4&-8\end{pmatrix}\to\begin{pmatrix}1&6&-4&-1&4\\0&-4&3&1&-1\\0&0&0&4&-8\\0&0&0&0&0\end{pmatrix},$$

故 $r(\boldsymbol{A})=3$.

最高阶非零子式为

$$\begin{vmatrix}3&2&5\\3&-2&6\\2&0&5\end{vmatrix}=-16\neq0.$$

3. 矩阵秩的性质

性质 2.21 $r(\boldsymbol{A}_{m\times n})\leqslant\min\{m,n\}$.

性质 2.22 $r(\boldsymbol{A}^{\mathrm{T}})=r(\boldsymbol{A})=r(\boldsymbol{A}\boldsymbol{A}^{\mathrm{T}})=r(\boldsymbol{A}^{\mathrm{T}}\boldsymbol{A})$.

性质 2.23 $r(\boldsymbol{A}+\boldsymbol{B})\leqslant r(\boldsymbol{A})+r(\boldsymbol{B})$.

性质 2.24 $r(\boldsymbol{A}\boldsymbol{B})\leqslant\min\{r(\boldsymbol{A}),r(\boldsymbol{B})\}$.

性质 2.25 若 $\boldsymbol{P},\boldsymbol{Q}$ 可逆，则 $r(\boldsymbol{P}\boldsymbol{A})=r(\boldsymbol{A})$，$r(\boldsymbol{A}\boldsymbol{Q})=r(\boldsymbol{A})$，$r(\boldsymbol{P}\boldsymbol{A}\boldsymbol{Q})=r(\boldsymbol{A})$.

性质 2.26 若矩阵 $\boldsymbol{A}_{m\times n},\boldsymbol{B}_{n\times s}$满足 $\boldsymbol{AB}=\boldsymbol{O}$,则 $r(\boldsymbol{A})+r(\boldsymbol{B})\leqslant n$.

性质 2.27 $r(\boldsymbol{A})=1\Leftrightarrow$存在非零向量 $\boldsymbol{\alpha},\boldsymbol{\beta}$,使得 $\boldsymbol{A}=\boldsymbol{\alpha}\boldsymbol{\beta}^{\mathrm{T}}$.

性质 2.28 若 $\boldsymbol{A}$ 为 n 阶方阵,则 $r(\boldsymbol{A}^*)=\begin{cases}n, r(\boldsymbol{A})=n,\\1, r(\boldsymbol{A})=n-1,\\0, r(\boldsymbol{A})\leqslant n-2.\end{cases}$

性质 2.29 $\max\{r(\boldsymbol{A}),r(\boldsymbol{B})\}\leqslant r\begin{pmatrix}\boldsymbol{A}\\\boldsymbol{B}\end{pmatrix}\leqslant r(\boldsymbol{A})+r(\boldsymbol{B})$.

性质 2.30 $\max\{r(\boldsymbol{A}),r(\boldsymbol{B})\}\leqslant r(\boldsymbol{A},\boldsymbol{B})\leqslant r(\boldsymbol{A})+r(\boldsymbol{B})$.

性质 2.31 $r\begin{pmatrix}\boldsymbol{A}&\boldsymbol{O}\\\boldsymbol{O}&\boldsymbol{B}\end{pmatrix}=r(\boldsymbol{A})+r(\boldsymbol{B})$.

【例 2.16】 设 $\boldsymbol{A}=\begin{pmatrix}1&2&-2\\4&t&3\\3&-1&1\end{pmatrix}$,设 $\boldsymbol{B}$ 为非零矩阵且 $\boldsymbol{AB}=\boldsymbol{O}$,则 $t=$______.

【解析】 由 $\boldsymbol{AB}=\boldsymbol{O}$ 得 $r(\boldsymbol{A})+r(\boldsymbol{B})\leqslant 3$,又因为 $\boldsymbol{B}$ 为非零矩阵,所以 $r(\boldsymbol{B})\geqslant 1$,因此 $r(\boldsymbol{A})\leqslant 2$,故 $|\boldsymbol{A}|=0$. 而 $|\boldsymbol{A}|=\begin{vmatrix}1&2&-2\\4&t&3\\3&-1&1\end{vmatrix}=7(t+3)=0$,解得 $t=-3$.

【例 2.17】 设 n 阶矩阵 $\boldsymbol{A}$ 满足 $\boldsymbol{A}^2=\boldsymbol{A}$,$\boldsymbol{E}$ 为 n 阶单位矩阵. 证明:$r(\boldsymbol{A})+r(\boldsymbol{A}-\boldsymbol{E})=n$.

【证明】 由 $\boldsymbol{A}^2=\boldsymbol{A}$ 得 $\boldsymbol{A}(\boldsymbol{A}-\boldsymbol{E})=\boldsymbol{O}$,再由性质 2.26 得 $r(\boldsymbol{A})+r(\boldsymbol{A}-\boldsymbol{E})\leqslant n$;由性质 2.23 得

$$r(\boldsymbol{A})+r(\boldsymbol{A}-\boldsymbol{E})=r(\boldsymbol{A})+r(\boldsymbol{E}-\boldsymbol{A})\geqslant r[\boldsymbol{A}+(\boldsymbol{E}-\boldsymbol{A})]=r(\boldsymbol{E})=n.$$

因此,$r(\boldsymbol{A})+r(\boldsymbol{A}-\boldsymbol{E})=n$.

五、分块矩阵

1. 矩阵分块的概念

用一些横线和竖线把矩阵分成若干小块,这种操作称为对矩阵进行分块,每一个小块称为子块;这样处理矩阵的方法称为分块法;矩阵分块后,以子块为元素的矩阵称为分块矩阵.

2. 分块矩阵的运算

(1) 设 $\boldsymbol{A},\boldsymbol{B}$ 为同型矩阵,采用相同的分法有

$$\boldsymbol{A}=\begin{pmatrix}\boldsymbol{A}_{11}&\cdots&\boldsymbol{A}_{1t}\\\boldsymbol{A}_{21}&\cdots&\boldsymbol{A}_{2t}\\\vdots&&\vdots\\\boldsymbol{A}_{s1}&\cdots&\boldsymbol{A}_{st}\end{pmatrix},\quad \boldsymbol{B}=\begin{pmatrix}\boldsymbol{B}_{11}&\cdots&\boldsymbol{B}_{1t}\\\boldsymbol{B}_{21}&\cdots&\boldsymbol{B}_{2t}\\\vdots&&\vdots\\\boldsymbol{B}_{s1}&\cdots&\boldsymbol{B}_{st}\end{pmatrix},$$

则

$$\boldsymbol{A}+\boldsymbol{B}=(\boldsymbol{A}_{ij}+\boldsymbol{B}_{ij})\ (i=1,2,\cdots,s;j=1,2,\cdots,t).$$

(2) $k\boldsymbol{A}=(k\boldsymbol{A}_{ij})\ (i=1,2,\cdots,s;j=1,2,\cdots,t)$.

(3) 设$\boldsymbol{A}=(a_{ij})_{mn}$,$\boldsymbol{B}=(b_{ij})_{np}$,分块成

$$\boldsymbol{A}=\begin{pmatrix}\boldsymbol{A}_{11} & \cdots & \boldsymbol{A}_{1t}\\ \vdots & & \vdots\\ \boldsymbol{A}_{s1} & \cdots & \boldsymbol{A}_{st}\end{pmatrix},\quad \boldsymbol{B}=\begin{pmatrix}\boldsymbol{B}_{11} & \cdots & \boldsymbol{B}_{1r}\\ \vdots & & \vdots\\ \boldsymbol{B}_{t1} & \cdots & \boldsymbol{B}_{tr}\end{pmatrix},$$

其中$\boldsymbol{A}_{i1},\boldsymbol{A}_{i2},\cdots,\boldsymbol{A}_{it}$的列数分别等于$\boldsymbol{B}_{1j},\boldsymbol{B}_{2j},\cdots,\boldsymbol{B}_{tj}$的行数,则$\boldsymbol{AB}=\boldsymbol{C}=(c_{ij})_{sr}$,其中

$$\boldsymbol{C}_{ij}=\sum_{k=1}^{t}\boldsymbol{A}_{ik}\boldsymbol{B}_{kj}\quad(i=1,2,\cdots,s;j=1,2,\cdots,r).$$

(4) 分块矩阵的转置.

设矩阵$\boldsymbol{A}$分块后得$\boldsymbol{A}=\begin{pmatrix}\boldsymbol{A}_{11} & \boldsymbol{A}_{12} & \cdots & \boldsymbol{A}_{1s}\\ \boldsymbol{A}_{21} & \boldsymbol{A}_{22} & \cdots & \boldsymbol{A}_{2s}\\ \vdots & \vdots & & \vdots\\ \boldsymbol{A}_{t1} & \boldsymbol{A}_{t2} & \cdots & \boldsymbol{A}_{ts}\end{pmatrix}$,则$\boldsymbol{A}^{\mathrm{T}}=\begin{pmatrix}\boldsymbol{A}_{11}^{\mathrm{T}} & \boldsymbol{A}_{21}^{\mathrm{T}} & \cdots & \boldsymbol{A}_{t1}^{\mathrm{T}}\\ \boldsymbol{A}_{12}^{\mathrm{T}} & \boldsymbol{A}_{22}^{\mathrm{T}} & \cdots & \boldsymbol{A}_{t2}^{\mathrm{T}}\\ \vdots & \vdots & & \vdots\\ \boldsymbol{A}_{1s}^{\mathrm{T}} & \boldsymbol{A}_{2s}^{\mathrm{T}} & \cdots & \boldsymbol{A}_{ts}^{\mathrm{T}}\end{pmatrix}$.

说明:分块矩阵的转置,把行写成同序号的列,并且每个子块转置.

3. 分块对角矩阵

(1) 设$\boldsymbol{A}$为n阶矩阵,若$\boldsymbol{A}$的分块矩阵只有在对角线上有非零子块,其余子块全部为零矩阵,且在对角线上的子块都是方阵,即

$$\boldsymbol{A}=\begin{pmatrix}\boldsymbol{A}_1 & & & \\ & \boldsymbol{A}_2 & & \\ & & \ddots & \\ & & & \boldsymbol{A}_s\end{pmatrix}.$$

$\boldsymbol{A}_i(i=1,2,\cdots,s)$为$n_i$阶方阵,称$\boldsymbol{A}$为分块对角矩阵.

(2) 分块对角矩阵的行列式及逆矩阵.

① 设$\boldsymbol{A}=\begin{pmatrix}\boldsymbol{A}_1 & & & \\ & \boldsymbol{A}_2 & & \\ & & \ddots & \\ & & & \boldsymbol{A}_s\end{pmatrix}$,则$|\boldsymbol{A}|=|\boldsymbol{A}_1||\boldsymbol{A}_2|\cdots|\boldsymbol{A}_s|$;

② 若每个$\boldsymbol{A}_i$可逆,则$\boldsymbol{A}$可逆,且$\boldsymbol{A}^{-1}=\begin{pmatrix}\boldsymbol{A}_1^{-1} & & & \\ & \boldsymbol{A}_2^{-1} & & \\ & & \ddots & \\ & & & \boldsymbol{A}_s^{-1}\end{pmatrix}$.

(3) 特殊的分块矩阵.

① $\boldsymbol{A}=\begin{pmatrix} & \boldsymbol{A}_1\\ \boldsymbol{A}_2 & \end{pmatrix}$,若$\boldsymbol{A}_1,\boldsymbol{A}_2$可逆,则$\boldsymbol{A}^{-1}=\begin{pmatrix} & \boldsymbol{A}_2^{-1}\\ \boldsymbol{A}_1^{-1} & \end{pmatrix}$.

② $\boldsymbol{A}=\begin{pmatrix}\boldsymbol{B} & \boldsymbol{D}\\ \boldsymbol{O} & \boldsymbol{C}\end{pmatrix}$,$|\boldsymbol{B}|\neq 0$,$|\boldsymbol{C}|\neq 0$,则$|\boldsymbol{A}|=|\boldsymbol{B}||\boldsymbol{C}|\neq 0$,且$\boldsymbol{A}^{-1}=\begin{pmatrix}\boldsymbol{B}^{-1} & -\boldsymbol{B}^{-1}\boldsymbol{D}\boldsymbol{C}^{-1}\\ \boldsymbol{O} & \boldsymbol{C}^{-1}\end{pmatrix}$.

③ $\boldsymbol{A}=\begin{pmatrix}\boldsymbol{B} & \boldsymbol{O}\\ \boldsymbol{D} & \boldsymbol{C}\end{pmatrix}$,$|\boldsymbol{B}|\neq 0$,$|\boldsymbol{C}|\neq 0$,则$\boldsymbol{A}^{-1}=\begin{pmatrix}\boldsymbol{B}^{-1} & \boldsymbol{O}\\ -\boldsymbol{C}^{-1}\boldsymbol{D}\boldsymbol{B}^{-1} & \boldsymbol{C}^{-1}\end{pmatrix}$.

【例 2.18】 已知$\boldsymbol{A}=\begin{pmatrix}1&0&0&0\\0&1&0&0\\1&0&1&0\\0&-3&0&8\end{pmatrix}$,求$|\boldsymbol{A}|$及$\boldsymbol{A}^{-1}$.

【解析】 令$\boldsymbol{A}=\begin{pmatrix}\boldsymbol{B}&\boldsymbol{O}\\\boldsymbol{C}&\boldsymbol{D}\end{pmatrix}$,其中$\boldsymbol{B}=\begin{pmatrix}1&0\\0&1\end{pmatrix}$,$\boldsymbol{C}=\begin{pmatrix}1&0\\0&-3\end{pmatrix}$,$\boldsymbol{D}=\begin{pmatrix}1&0\\0&8\end{pmatrix}$,则

$$|\boldsymbol{A}|=\begin{vmatrix}1&0&0&0\\0&1&0&0\\1&0&1&0\\0&-3&0&8\end{vmatrix}=\begin{vmatrix}\boldsymbol{B}&\boldsymbol{O}\\\boldsymbol{C}&\boldsymbol{D}\end{vmatrix}=|\boldsymbol{B}|\,|\boldsymbol{D}|=\begin{vmatrix}1&0\\0&1\end{vmatrix}\begin{vmatrix}1&0\\0&8\end{vmatrix}=8;$$

$$\boldsymbol{A}^{-1}=\begin{pmatrix}\boldsymbol{B}&\boldsymbol{O}\\\boldsymbol{C}&\boldsymbol{D}\end{pmatrix}^{-1}=\begin{pmatrix}\boldsymbol{B}^{-1}&\boldsymbol{O}\\-\boldsymbol{D}^{-1}\boldsymbol{C}\boldsymbol{B}^{-1}&\boldsymbol{D}^{-1}\end{pmatrix}=\begin{pmatrix}1&0&0&0\\0&1&0&0\\-1&0&1&0\\0&\frac{3}{8}&0&\frac{1}{8}\end{pmatrix}.$$

六、矩阵多项式

1. 矩阵多项式的定义

设$\varphi(x)=a_nx^n+a_{n-1}x^{n-1}+\cdots+a_1x+a_0$为$x$的多项式,$\boldsymbol{A}$为$n$阶矩阵,则

$$\varphi(\boldsymbol{A})=a_n\boldsymbol{A}^n+a_{n-1}\boldsymbol{A}^{n-1}+\cdots+a_1\boldsymbol{A}+a_0\boldsymbol{E}$$

称为矩阵$\boldsymbol{A}$的n次多项式.如$\boldsymbol{A}^2+\boldsymbol{A}-2\boldsymbol{E}$,$\boldsymbol{A}^n-\boldsymbol{E}$等.

2. 矩阵多项式的性质

矩阵$\boldsymbol{A}$的两个多项式$\varphi(\boldsymbol{A})$和$f(\boldsymbol{A})$是可交换的,即$\varphi(\boldsymbol{A})f(\boldsymbol{A})=f(\boldsymbol{A})\varphi(\boldsymbol{A})$,且$\boldsymbol{A}$的多项式可以相乘或因式分解.如

$$\boldsymbol{A}^2+\boldsymbol{A}-2\boldsymbol{E}=(\boldsymbol{A}+2\boldsymbol{E})(\boldsymbol{A}-\boldsymbol{E})=(\boldsymbol{A}-\boldsymbol{E})(\boldsymbol{A}+2\boldsymbol{E});$$

$$\boldsymbol{A}^n-\boldsymbol{E}=(\boldsymbol{A}-\boldsymbol{E})(\boldsymbol{A}^{n-1}+\boldsymbol{A}^{n-2}+\cdots+\boldsymbol{A}+\boldsymbol{E})=(\boldsymbol{A}^{n-1}+\boldsymbol{A}^{n-2}+\cdots+\boldsymbol{A}+\boldsymbol{E})(\boldsymbol{A}-\boldsymbol{E}).$$

典型题型

题型一:矩阵的基本运算

【解题思路总述】

(1) 对抽象矩阵的行列式,首先应该弄清楚矩阵加减法、数乘与行列式加减法、数乘的区别,先对矩阵进行加法运算,再按照行列式运算法则进行计算.

(2) 特殊矩阵:非零列向量$\boldsymbol{\alpha}$与非零行向量$\boldsymbol{\beta}^{\mathrm{T}}$构成的矩阵$\boldsymbol{A}=\boldsymbol{\alpha}\boldsymbol{\beta}^{\mathrm{T}}$,该矩阵的迹(矩阵的主对角线元素之和)等于$\boldsymbol{\alpha}^{\mathrm{T}}\boldsymbol{\beta}$.

【例 1】 设 $\boldsymbol{\alpha},\boldsymbol{\beta},\boldsymbol{\gamma}_1,\boldsymbol{\gamma}_2,\boldsymbol{\gamma}_3$ 为 4 维列向量，$\boldsymbol{A}=(\boldsymbol{\alpha},\boldsymbol{\gamma}_1,\boldsymbol{\gamma}_2,\boldsymbol{\gamma}_3)$，$\boldsymbol{B}=(\boldsymbol{\beta},\boldsymbol{\gamma}_1,3\boldsymbol{\gamma}_2,\boldsymbol{\gamma}_3)$，已知 $|\boldsymbol{A}|=2$，$|\boldsymbol{B}|=9$，求 $|\boldsymbol{A}+\boldsymbol{B}|$.

【例 2】 设 $\boldsymbol{\alpha}$ 为 3 维列向量，且 $\boldsymbol{\alpha}\boldsymbol{\alpha}^{\mathrm{T}}=\begin{pmatrix}1&-1&1\\-1&1&-1\\1&-1&1\end{pmatrix}$，求 $\boldsymbol{\alpha}^{\mathrm{T}}\boldsymbol{\alpha}$.

题型二:方阵的幂

【解题思路总述】 求 $\boldsymbol{A}^n$ 的方法归纳如下.

(1) 归纳法.依次求出 $\boldsymbol{A}^2,\boldsymbol{A}^3$ 等，找规律.

(2) 当 $r(\boldsymbol{A})=1$ 时，可令 $\boldsymbol{A}=\boldsymbol{\alpha}\boldsymbol{\beta}^{\mathrm{T}}$，其中 $\boldsymbol{\alpha},\boldsymbol{\beta}$ 均为非零列向量，则

$$\boldsymbol{A}^n=\boldsymbol{\alpha}\boldsymbol{\beta}^{\mathrm{T}}\boldsymbol{\alpha}\boldsymbol{\beta}^{\mathrm{T}}\cdots\boldsymbol{\alpha}\boldsymbol{\beta}^{\mathrm{T}}=k^{n-1}\boldsymbol{A}(k=\boldsymbol{\beta}^{\mathrm{T}}\boldsymbol{\alpha}).$$

(3) 利用矩阵相似.如已知 $\boldsymbol{A}=\boldsymbol{P}^{-1}\boldsymbol{B}\boldsymbol{P}$，则 $\boldsymbol{A}^n=\boldsymbol{P}^{-1}\boldsymbol{B}\boldsymbol{P}\boldsymbol{P}^{-1}\boldsymbol{B}\boldsymbol{P}\cdots\boldsymbol{P}^{-1}\boldsymbol{B}\boldsymbol{P}=\boldsymbol{P}^{-1}\boldsymbol{B}^n\boldsymbol{P}$，特别地，当 $\boldsymbol{B}$ 为对角阵时，常用此方法.

(4) 利用分块矩阵的性质 $\begin{pmatrix}\boldsymbol{B}&\boldsymbol{O}\\\boldsymbol{O}&\boldsymbol{C}\end{pmatrix}^n=\begin{pmatrix}\boldsymbol{B}^n&\boldsymbol{O}\\\boldsymbol{O}&\boldsymbol{C}^n\end{pmatrix}$.

(5) 二项式展开.令 $\boldsymbol{A}^n=(\boldsymbol{E}+\boldsymbol{B})^n$，则 $\boldsymbol{B}^n$ 有规律可循.

【例 3】 设 $\boldsymbol{A}=\begin{pmatrix}0&-1&0\\1&0&0\\0&0&-1\end{pmatrix}$，$\boldsymbol{B}=\boldsymbol{P}^{-1}\boldsymbol{A}\boldsymbol{P}$，$\boldsymbol{P}$ 为可逆矩阵，则 $\boldsymbol{B}^{2004}-2\boldsymbol{A}^2=$______.

【例 4】 设 $\boldsymbol{\alpha}=(1,0,-1)^{\mathrm{T}}$，令 $\boldsymbol{A}=\boldsymbol{\alpha}\boldsymbol{\alpha}^{\mathrm{T}}$，则 $|a\boldsymbol{E}-\boldsymbol{A}^n|=$______.

【例 5】 已知 $\boldsymbol{A}=\begin{pmatrix}2&-1&5\\0&2&3\\0&0&2\end{pmatrix}$，则 $\boldsymbol{A}^n=$______.

【例 6】 设 $\boldsymbol{A}=\begin{pmatrix}1&1&0&0\\1&1&0&0\\0&0&1&0\\0&0&1&1\end{pmatrix}$，则 $\boldsymbol{A}^n=$______.

题型三:逆矩阵与伴随矩阵

【解题思路总述】 求逆矩阵的方法通常有以下四种.

(1) 定义法：利用逆矩阵定义 n 阶矩阵 $\boldsymbol{A}$ 和 $\boldsymbol{B}$，满足 $\boldsymbol{A}\boldsymbol{B}=\boldsymbol{E}$，则 $\boldsymbol{A}$ 可逆且 $\boldsymbol{A}^{-1}=\boldsymbol{B}$.

(2) 利用伴随矩阵求逆矩阵：

$$\boldsymbol{A}^{-1}=\frac{\boldsymbol{A}^*}{|\boldsymbol{A}|}.$$

特别地，2 阶方阵 $\boldsymbol{A}=\begin{pmatrix}a&b\\c&d\end{pmatrix}$ 的逆矩阵为

$$\boldsymbol{A}^{-1}=\frac{1}{ad-bc}\begin{pmatrix}d&-b\\-c&a\end{pmatrix}.$$

(3) 利用矩阵初等行变换求逆矩阵：

$$(\boldsymbol{A} \vdots \boldsymbol{E}) \xrightarrow{r} (\boldsymbol{E} \vdots \boldsymbol{A}^{-1}).$$

3 阶及以上矩阵可采用初等行变换法.

(4) 利用分块矩阵求逆矩阵：

$$\begin{pmatrix} \boldsymbol{A} & \boldsymbol{O} \\ \boldsymbol{O} & \boldsymbol{B} \end{pmatrix}^{-1} = \begin{pmatrix} \boldsymbol{A}^{-1} & \boldsymbol{O} \\ \boldsymbol{O} & \boldsymbol{B}^{-1} \end{pmatrix};$$

$$\begin{pmatrix} \boldsymbol{O} & \boldsymbol{A} \\ \boldsymbol{B} & \boldsymbol{O} \end{pmatrix}^{-1} = \begin{pmatrix} \boldsymbol{O} & \boldsymbol{B}^{-1} \\ \boldsymbol{A}^{-1} & \boldsymbol{O} \end{pmatrix}.$$

【例 7】 设 n 维向量 $\boldsymbol{\alpha} = \begin{pmatrix} a \\ 0 \\ \vdots \\ 0 \\ a \end{pmatrix}$，$a>0$，矩阵 $\boldsymbol{A} = \boldsymbol{E} - \boldsymbol{\alpha}\boldsymbol{\alpha}^{\mathrm{T}}$，$\boldsymbol{B} = \boldsymbol{E} + \frac{1}{a}\boldsymbol{\alpha}\boldsymbol{\alpha}^{\mathrm{T}}$，其中 $\boldsymbol{A}$ 的逆矩阵为 $\boldsymbol{B}$，则 $a=$______.

【例 8】 设 $\boldsymbol{A} = (a_{ij})$ 是 3 阶非零矩阵，$|\boldsymbol{A}|$ 为 $\boldsymbol{A}$ 的行列式，A_{ij} 为 a_{ij} 的代数余子式. 若 $a_{ij} + A_{ij} = 0(i,j=1,2,3)$，则 $|\boldsymbol{A}| =$______.

【例 9】 设 $\boldsymbol{A}$，$\boldsymbol{B}$ 是 n 阶可逆矩阵，$\boldsymbol{A}^*$，$\boldsymbol{B}^*$ 分别是 $\boldsymbol{A}$，$\boldsymbol{B}$ 的伴随矩阵，则分块矩阵 $\boldsymbol{C} = \begin{pmatrix} \boldsymbol{A} & \boldsymbol{O} \\ \boldsymbol{O} & \boldsymbol{B} \end{pmatrix}$ 的伴随矩阵 $\boldsymbol{C}^* =$(　　).

(A) $\begin{pmatrix} |\boldsymbol{A}|\boldsymbol{A}^* & \boldsymbol{O} \\ \boldsymbol{O} & |\boldsymbol{B}|\boldsymbol{B}^* \end{pmatrix}$　　(B) $\begin{pmatrix} |\boldsymbol{B}|\boldsymbol{B}^* & \boldsymbol{O} \\ \boldsymbol{O} & |\boldsymbol{A}|\boldsymbol{A}^* \end{pmatrix}$

(C) $\begin{pmatrix} |\boldsymbol{A}|\boldsymbol{B}^* & \boldsymbol{O} \\ \boldsymbol{O} & |\boldsymbol{B}|\boldsymbol{A}^* \end{pmatrix}$　　(D) $\begin{pmatrix} |\boldsymbol{B}|\boldsymbol{A}^* & \boldsymbol{O} \\ \boldsymbol{O} & |\boldsymbol{A}|\boldsymbol{B}^* \end{pmatrix}$

【例 10】 设 $\boldsymbol{A}^* = \begin{pmatrix} 1 & 0 & 0 & 0 \\ 0 & 1 & 0 & 0 \\ 1 & 0 & 1 & 0 \\ 0 & -3 & 0 & 8 \end{pmatrix}$，且 $\boldsymbol{A}\boldsymbol{B}\boldsymbol{A}^{-1} = \boldsymbol{B}\boldsymbol{A}^{-1} + 3\boldsymbol{E}$，求矩阵 $\boldsymbol{B}$.

题型四：初等变换和初等矩阵

【解题思路总述】

(1)做此类题目时，需掌握初等矩阵与初等变换之间的关系，注意是行变换还是列变换，所乘矩阵是左乘还是右乘，关键在于“左行右列”性质的应用.

(2) 记住初等矩阵的逆矩阵以及初等矩阵行列式的相关公式.

【例 11】 设 4 阶矩阵 $\boldsymbol{A} = \begin{pmatrix} a_{11} & a_{12} & a_{13} & a_{14} \\ a_{21} & a_{22} & a_{23} & a_{24} \\ a_{31} & a_{32} & a_{33} & a_{34} \\ a_{41} & a_{42} & a_{43} & a_{44} \end{pmatrix}$，$\boldsymbol{B} = \begin{pmatrix} a_{14} & a_{13} & a_{12} & a_{11} \\ a_{24} & a_{23} & a_{22} & a_{21} \\ a_{34} & a_{33} & a_{32} & a_{31} \\ a_{44} & a_{43} & a_{42} & a_{41} \end{pmatrix}$，又矩阵 $\boldsymbol{P}_1 =$

$\begin{pmatrix}0&0&0&1\\0&1&0&0\\0&0&1&0\\1&0&0&0\end{pmatrix}$, $P_2=\begin{pmatrix}1&0&0&0\\0&0&1&0\\0&1&0&0\\0&0&0&1\end{pmatrix}$,其中 $\boldsymbol{A}$ 可逆,则 $\boldsymbol{B}^{-1}=($　　).

(A) $\boldsymbol{A}^{-1}\boldsymbol{P}_1\boldsymbol{P}_2$　　(B) $\boldsymbol{P}_1\boldsymbol{A}^{-1}\boldsymbol{P}_2$　　(C) $\boldsymbol{P}_1\boldsymbol{P}_2\boldsymbol{A}^{-1}$　　(D) $\boldsymbol{P}_2\boldsymbol{A}^{-1}\boldsymbol{P}_1$

【例 12】 设 $\boldsymbol{A}$ 是 3 阶可逆矩阵,交换 $\boldsymbol{A}$ 的第一行和第二行得到 $\boldsymbol{B}$,则 $\boldsymbol{B}^*$ 可由(　　).

(A) $\boldsymbol{A}^*$ 的第一列与第二列互换得到　　(B) $\boldsymbol{A}^*$ 的第一行与第二行互换得到

(C) $-\boldsymbol{A}^*$ 的第一列与第二列互换得到　　(D) $-\boldsymbol{A}^*$ 的第一行与第二行互换得到

【例 13】 设 $\boldsymbol{A},\boldsymbol{P}$ 均为 3 阶矩阵,$\boldsymbol{P}^{\mathrm{T}}\boldsymbol{A}\boldsymbol{P}=\begin{pmatrix}1&0&0\\0&1&0\\0&0&2\end{pmatrix}$,若 $\boldsymbol{P}=(\boldsymbol{\alpha}_1,\boldsymbol{\alpha}_2,\boldsymbol{\alpha}_3)$,$\boldsymbol{Q}=(\boldsymbol{\alpha}_1+\boldsymbol{\alpha}_2,\boldsymbol{\alpha}_2,\boldsymbol{\alpha}_3)$,则 $\boldsymbol{Q}^{\mathrm{T}}\boldsymbol{A}\boldsymbol{Q}=($　　).

(A) $\begin{pmatrix}2&1&0\\1&1&0\\0&0&2\end{pmatrix}$　　(B) $\begin{pmatrix}1&1&0\\1&2&0\\0&0&2\end{pmatrix}$　　(C) $\begin{pmatrix}2&0&0\\0&1&0\\0&0&2\end{pmatrix}$　　(D) $\begin{pmatrix}1&0&0\\0&2&0\\0&0&2\end{pmatrix}$

题型五:矩阵的秩

【解题思路总述】 与矩阵的秩有关的问题,主要从以下三个方面进行思考.

(1) 矩阵秩的定义:矩阵 $\boldsymbol{A}$ 的秩表示矩阵 $\boldsymbol{A}$ 的最高阶非零子式的阶数,非零矩阵 $\boldsymbol{A}$ 的秩 $r(\boldsymbol{A})\geqslant 1$.

(2) 矩阵秩的性质:具体有关性质的公式参见前面的内容.

(3) 题目中出现与 $\boldsymbol{A}^*$ 有关的秩的问题,肯定要用到 $r(\boldsymbol{A})$ 与 $r(\boldsymbol{A}^*)$ 的关系:

$$r(\boldsymbol{A}^*)=\begin{cases}n, & r(\boldsymbol{A})=n,\\1, & r(\boldsymbol{A})=n-1,\\0, & r(\boldsymbol{A})\leqslant n-2.\end{cases}$$

【例 14】 设矩阵 $\boldsymbol{A}=\begin{pmatrix}a&b&b\\b&a&b\\b&b&a\end{pmatrix}$,若 $r(\boldsymbol{A}^*)=1$,则有(　　).

(A) $a=b$ 或 $a+2b=0$　　(B) $a=b$ 或 $a+2b\neq 0$

(C) $a\neq b$ 且 $a+2b=0$　　(D) $a\neq b$ 且 $a+2b\neq 0$

【例 15】 设 $\boldsymbol{A}$ 为 $m\times n$ 矩阵,$\boldsymbol{B}$ 为 $n\times m$ 矩阵,$\boldsymbol{E}$ 为 m 阶单位矩阵,若 $\boldsymbol{AB}=\boldsymbol{E}$,则(　　).

(A) $r(\boldsymbol{A})=m,r(\boldsymbol{B})=m$　　(B) $r(\boldsymbol{A})=m,r(\boldsymbol{B})=n$

(C) $r(\boldsymbol{A})=n,r(\boldsymbol{B})=m$　　(D) $r(\boldsymbol{A})=n,r(\boldsymbol{B})=n$

【例 16】 设 $\boldsymbol{Q}=\begin{pmatrix}1&2&3\\2&4&t\\3&6&9\end{pmatrix}$,$\boldsymbol{P}$ 为 3 阶非零矩阵,且满足 $\boldsymbol{PQ}=\boldsymbol{O}$,则(　　).

(A) $t=6$ 时 $\boldsymbol{P}$ 的秩必为 1　　(B) $t=6$ 时 $\boldsymbol{P}$ 的秩必为 2

(C) $t\neq 6$ 时 $\boldsymbol{P}$ 的秩必为 1　　(D) $t\neq 6$ 时 $\boldsymbol{P}$ 的秩必为 2

【例 17】 若 $\boldsymbol{A}$ 为 n 阶方阵，证明：$r(\boldsymbol{A})=1$ 的充分必要条件是 $\boldsymbol{A}=\boldsymbol{\alpha}\boldsymbol{\beta}^{\mathrm{T}}$，其中 $\boldsymbol{\alpha},\boldsymbol{\beta}$ 均为 n 阶非零列向量.

典型题型答案

题型一：矩阵的基本运算

【例 1】 解析：

$$\begin{aligned}|\boldsymbol{A}+\boldsymbol{B}|&=|\boldsymbol{\alpha}+\boldsymbol{\beta},2\boldsymbol{\gamma}_1,4\boldsymbol{\gamma}_2,2\boldsymbol{\gamma}_3|=16|\boldsymbol{\alpha}+\boldsymbol{\beta},\boldsymbol{\gamma}_1,\boldsymbol{\gamma}_2,\boldsymbol{\gamma}_3|\\&=16(|\boldsymbol{\alpha},\boldsymbol{\gamma}_1,\boldsymbol{\gamma}_2,\boldsymbol{\gamma}_3|+|\boldsymbol{\beta},\boldsymbol{\gamma}_1,\boldsymbol{\gamma}_2,\boldsymbol{\gamma}_3|)\\&=16(|\boldsymbol{A}|+|\boldsymbol{B}|)=16(2+9)=176.\end{aligned}$$

【例 2】 解析：

解法一 由 $\boldsymbol{\alpha}\boldsymbol{\alpha}^{\mathrm{T}}=\begin{pmatrix}1&-1&1\\-1&1&-1\\1&-1&1\end{pmatrix}=\begin{pmatrix}1\\-1\\1\end{pmatrix}(1\quad -1\quad 1)$，得 $\boldsymbol{\alpha}=\begin{pmatrix}1\\-1\\1\end{pmatrix}$. 故

$$\boldsymbol{\alpha}^{\mathrm{T}}\boldsymbol{\alpha}=(1\quad -1\quad 1)\begin{pmatrix}1\\-1\\1\end{pmatrix}=3.$$

解法二 设 $\boldsymbol{A}=\boldsymbol{\alpha}\boldsymbol{\alpha}^{\mathrm{T}}$，令 $\boldsymbol{\alpha}^{\mathrm{T}}\boldsymbol{\alpha}=k$，则 $\boldsymbol{A}^2=\boldsymbol{\alpha}\boldsymbol{\alpha}^{\mathrm{T}}\boldsymbol{\alpha}\boldsymbol{\alpha}^{\mathrm{T}}=k\boldsymbol{A}$，又

$$\boldsymbol{A}^2=\begin{pmatrix}3&-3&3\\-3&3&-3\\3&-3&3\end{pmatrix}=3\begin{pmatrix}1&-1&1\\-1&1&-1\\1&-1&1\end{pmatrix}=3\boldsymbol{A},$$

故

$$k=\boldsymbol{\alpha}^{\mathrm{T}}\boldsymbol{\alpha}=3.$$

【注】 本题考察的是矩阵的乘法运算，特别是考察 $\boldsymbol{\alpha}^{\mathrm{T}}\boldsymbol{\alpha}$ 与 $\boldsymbol{\alpha}\boldsymbol{\alpha}^{\mathrm{T}}$ 的区别. 若 $\boldsymbol{\alpha}$ 为列向量，则 $\boldsymbol{\alpha}\boldsymbol{\alpha}^{\mathrm{T}}$ 是秩为 1 的矩阵，而 $\boldsymbol{\alpha}^{\mathrm{T}}\boldsymbol{\alpha}$ 是个数，且这个数是矩阵 $\boldsymbol{\alpha}\boldsymbol{\alpha}^{\mathrm{T}}$ 的迹（矩阵主对角线元素之和）.

题型二：方阵的幂

【例 3】 解析：

$$\boldsymbol{A}^2=\begin{pmatrix}0&-1&0\\1&0&0\\0&0&-1\end{pmatrix}\begin{pmatrix}0&-1&0\\1&0&0\\0&0&-1\end{pmatrix}=\begin{pmatrix}-1&0&0\\0&-1&0\\0&0&1\end{pmatrix},$$

则

$$\boldsymbol{A}^{2004}=\begin{pmatrix}-1&0&0\\0&-1&0\\0&0&1\end{pmatrix}^{1002}=\begin{pmatrix}1&0&0\\0&1&0\\0&0&1\end{pmatrix}=\boldsymbol{E},$$

$$\boldsymbol{B}^{2004}=\boldsymbol{P}^{-1}\boldsymbol{A}\boldsymbol{P}\cdot\boldsymbol{P}^{-1}\boldsymbol{A}\boldsymbol{P}\cdots\boldsymbol{P}^{-1}\boldsymbol{A}\boldsymbol{P}=\boldsymbol{P}^{-1}\boldsymbol{A}^{2004}\boldsymbol{P}=\boldsymbol{E},$$

$$\boldsymbol{B}^{2004}-2\boldsymbol{A}^2=\begin{pmatrix}1&0&0\\0&1&0\\0&0&1\end{pmatrix}-2\begin{pmatrix}-1&0&0\\0&-1&0\\0&0&1\end{pmatrix}=\begin{pmatrix}3&0&0\\0&3&0\\0&0&-1\end{pmatrix}.$$

【例 4】 解析:

解法一 $A=\begin{pmatrix}1&0&-1\\0&0&0\\-1&0&1\end{pmatrix}$,由 $A^2=\alpha\alpha^T\alpha\alpha^T=2A$ 得

$$A^n=2^{n-1}A=\begin{pmatrix}2^{n-1}&0&-2^{n-1}\\0&0&0\\-2^{n-1}&0&2^{n-1}\end{pmatrix},$$

$$|aE-A^n|=\begin{vmatrix}a-2^{n-1}&0&2^{n-1}\\0&a&0\\2^{n-1}&0&a-2^{n-1}\end{vmatrix}=a^2(a-2^n).$$

解法二 $A=\begin{pmatrix}1&0&-1\\0&0&0\\-1&0&1\end{pmatrix}$的特征值为 0,0,2,则 $aE-A^n$ 的特征值为 $a,a,a-2^n$,

由矩阵特征值的性质得

$$|aE-A^n|=a^2(a-2^n).$$

【例 5】 解析:

显然矩阵 A 是上三角矩阵,且主对角线元素相等,则可拆成单位矩阵和特殊矩阵之和的形式,再利用二项式展开进行求解.

$$A=2E+B=\begin{pmatrix}2&0&0\\0&2&0\\0&0&2\end{pmatrix}+\begin{pmatrix}0&-1&5\\0&0&3\\0&0&0\end{pmatrix},$$

$$B^2=\begin{pmatrix}0&0&-3\\0&0&0\\0&0&0\end{pmatrix},B^3=B^4=\cdots=B^n=O,$$

所以
$$\begin{aligned}A^n&=(2E+B)^n=(2E)^n+C_n^1(2E)^{n-1}B+C_n^2(2E)^{n-2}B^2+O\\&=\begin{pmatrix}2^n&0&0\\0&2^n&0\\0&0&2^n\end{pmatrix}+n\cdot 2^{n-1}\begin{pmatrix}0&-1&5\\0&0&3\\0&0&0\end{pmatrix}+\frac{1}{2}n(n-1)\cdot 2^{n-2}\begin{pmatrix}0&0&-3\\0&0&0\\0&0&0\end{pmatrix}\\&=\begin{pmatrix}2^n&-n\cdot 2^{n-1}&5n\cdot 2^{n-1}-3n(n-1)2^{n-3}\\0&2^n&3n\cdot 2^{n-1}\\0&0&2^n\end{pmatrix}.\end{aligned}$$

【例 6】 解析:

将 A 进行分块:$A=\begin{pmatrix}B&O\\O&C\end{pmatrix}$,其中 $B=\begin{pmatrix}1&1\\1&1\end{pmatrix}$,$C=\begin{pmatrix}1&0\\1&1\end{pmatrix}$,由于

$$B^n=\left(\begin{pmatrix}1\\1\end{pmatrix}(1,1)\right)^n=2^{n-1}B,$$

$$C^n=\left(\begin{pmatrix}1&0\\0&1\end{pmatrix}+\begin{pmatrix}0&0\\1&0\end{pmatrix}\right)^n=\begin{pmatrix}1&0\\0&1\end{pmatrix}^n+n\begin{pmatrix}1&0\\0&1\end{pmatrix}^{n-1}\begin{pmatrix}0&0\\1&0\end{pmatrix}+O=\begin{pmatrix}1&0\\n&1\end{pmatrix},$$

则

$$A^n=\begin{pmatrix}B & O\\ O & C\end{pmatrix}^n=\begin{pmatrix}B^n & O\\ O & C^n\end{pmatrix}=\begin{pmatrix}2^{n-1} & 2^{n-1} & 0 & 0\\ 2^{n-1} & 2^{n-1} & 0 & 0\\ 0 & 0 & 1 & 0\\ 0 & 0 & n & 1\end{pmatrix}.$$

题型三:逆矩阵与伴随矩阵

【例 7】 解析:

$$AB=(E-\alpha\alpha^{T})\left(E+\frac{1}{a}\alpha\alpha^{T}\right)=E+\frac{1}{a}\alpha\alpha^{T}-\alpha\alpha^{T}-\alpha\alpha^{T}\cdot\frac{1}{a}\alpha\alpha^{T}$$

$$=E+\left(\frac{1}{a}-1-\frac{1}{a}\cdot 2a^2\right)\alpha\alpha^{T}=E$$

所以$\frac{1}{a}-1-2a=0$,解得

$$a=\frac{1}{2}\quad 或\quad -1(舍去).$$

答案为$\frac{1}{2}$.

【例 8】 解析:

由 $a_{ij}+A_{ij}=0(i,j=1,2,3)$及伴随矩阵的定义可得 $A^{T}=-A^{*}$,两边同时取行列式得

$$|A^{T}|=|-A^{*}|=(-1)^3|A^{*}|=-|A|^2,$$

即

$$|A|=0\quad 或\quad -1.$$

又 $A=(a_{ij})$是 3 阶非零矩阵,不妨设 $a_{11}\neq 0$,则

$$|A|=a_{11}A_{11}+a_{12}A_{12}+a_{13}A_{13}=-a_{11}{}^2-a_{12}{}^2-a_{13}{}^2<0,$$

故$|A|=-1$.

【例 9】 解析:

$$C^{*}=|C|C^{-1}=\begin{vmatrix}A & O\\ O & B\end{vmatrix}\begin{pmatrix}A & O\\ O & B\end{pmatrix}^{-1}=|A||B|\begin{pmatrix}A^{-1} & O\\ O & B^{-1}\end{pmatrix}$$

$$=\begin{pmatrix}|B|A^{*} & O\\ O & |A|B^{*}\end{pmatrix},$$

故应选(D).

【例 10】 解析:

由 $ABA^{-1}=BA^{-1}+3E$ 得

$$B=3\,(E-A^{-1})^{-1}.$$

又$|A^{*}|=|A|^3=8$,所以$|A|=2$,A 可逆且

$$A^{-1}=\frac{A^{*}}{|A|}=\frac{1}{2}\begin{pmatrix}1 & 0 & 0 & 0\\ 0 & 1 & 0 & 0\\ 1 & 0 & 1 & 0\\ 0 & -3 & 0 & 8\end{pmatrix},$$

$$(\boldsymbol{E}-\boldsymbol{A}^{-1})^{-1}=\begin{pmatrix}\frac{1}{2}&0&0&0\\0&\frac{1}{2}&0&0\\-\frac{1}{2}&0&\frac{1}{2}&0\\0&\frac{3}{2}&0&-3\end{pmatrix}^{-1}=\begin{pmatrix}2&0&0&0\\0&2&0&0\\2&0&2&0\\0&1&0&-\frac{1}{3}\end{pmatrix},$$

故
$$\boldsymbol{B}=3(\boldsymbol{E}-\boldsymbol{A}^{-1})^{-1}=\begin{pmatrix}6&0&0&0\\0&6&0&0\\6&0&6&0\\0&3&0&-1\end{pmatrix}.$$

题型四:初等变换和初等矩阵

【例 11】 解析:

由 $\boldsymbol{B}=\boldsymbol{A}\boldsymbol{P}_2\boldsymbol{P}_1$ 得 $\boldsymbol{B}^{-1}=(\boldsymbol{A}\boldsymbol{P}_2\boldsymbol{P}_1)^{-1}=\boldsymbol{P}_1{}^{-1}\boldsymbol{P}_2{}^{-1}\boldsymbol{A}^{-1}=\boldsymbol{P}_1\boldsymbol{P}_2\boldsymbol{A}^{-1}$,故应选(C).

【例 12】 解析:

由题意得

$$\boldsymbol{B}=\boldsymbol{E}(1,2)\boldsymbol{A}\Rightarrow\boldsymbol{B}^{-1}=\boldsymbol{A}^{-1}\boldsymbol{E}^{-1}(1,2)=\boldsymbol{A}^{-1}\boldsymbol{E}(1,2),$$
$$\boldsymbol{B}^*=|\boldsymbol{B}|\boldsymbol{B}^{-1}=-|\boldsymbol{A}|\boldsymbol{A}^{-1}\boldsymbol{E}(1,2)=-\boldsymbol{A}^*\boldsymbol{E}(1,2).$$

故应选(C).

【例 13】 解析:

注意到

$$\boldsymbol{Q}=(\boldsymbol{\alpha}_1+\boldsymbol{\alpha}_2,\boldsymbol{\alpha}_2,\boldsymbol{\alpha}_3)=(\boldsymbol{\alpha}_1,\boldsymbol{\alpha}_2,\boldsymbol{\alpha}_3)\begin{pmatrix}1&0&0\\1&1&0\\0&0&0\end{pmatrix}=\boldsymbol{P}\begin{pmatrix}1&0&0\\1&1&0\\0&0&0\end{pmatrix},$$

则
$$\boldsymbol{Q}^{\mathrm{T}}\boldsymbol{A}\boldsymbol{Q}=\begin{pmatrix}1&0&0\\1&1&0\\0&0&1\end{pmatrix}^{\mathrm{T}}\boldsymbol{P}^{\mathrm{T}}\boldsymbol{A}\boldsymbol{P}\begin{pmatrix}1&0&0\\1&1&0\\0&0&1\end{pmatrix}=\begin{pmatrix}1&1&0\\0&1&0\\0&0&1\end{pmatrix}\begin{pmatrix}1&0&0\\0&1&0\\0&0&2\end{pmatrix}\begin{pmatrix}1&0&0\\1&1&0\\0&0&1\end{pmatrix}$$
$$=\begin{pmatrix}1&1&0\\0&1&0\\0&0&2\end{pmatrix}\begin{pmatrix}1&0&0\\1&1&0\\0&0&1\end{pmatrix}=\begin{pmatrix}2&1&0\\1&1&0\\0&0&2\end{pmatrix}.$$

故应选(A).

题型五:矩阵的秩

【例 14】 解析:

由 $r(\boldsymbol{A}^*)=1$ 得 $r(\boldsymbol{A})=2$,所以

$$|\boldsymbol{A}|=\begin{vmatrix}a&b&b\\b&a&b\\b&b&a\end{vmatrix}=(a+2b)\begin{vmatrix}1&1&1\\b&a&b\\b&b&a\end{vmatrix}=(a+2b)\begin{vmatrix}1&1&1\\0&a-b&0\\0&0&a-b\end{vmatrix}$$

$$=(a+2b)(a-b)^2=0,$$

故
$$a+2b=0 \quad 或 \quad a=b.$$

当 $a+2b=0$ 时，$\boldsymbol{A}=\begin{pmatrix} a & b & b \\ b & a & b \\ b & b & a \end{pmatrix} \to \begin{pmatrix} 0 & 0 & 0 \\ b & a & b \\ b & b & a \end{pmatrix} \to \begin{pmatrix} b & a & b \\ 0 & b-a & a-b \\ 0 & 0 & 0 \end{pmatrix}$，$r(\boldsymbol{A})=2$；

当 $a=b$ 时，$\boldsymbol{A}=\begin{pmatrix} a & b & b \\ b & a & b \\ b & b & a \end{pmatrix} \to \begin{pmatrix} a & a & a \\ 0 & 0 & 0 \\ 0 & 0 & 0 \end{pmatrix}$，$r(\boldsymbol{A})=1$，应舍去.

故应选(C).

【例 15】 解析：

由 $\boldsymbol{AB}=\boldsymbol{E}$ 得
$$r(\boldsymbol{A})\geqslant r(\boldsymbol{E})=m, \quad r(\boldsymbol{B})\geqslant r(\boldsymbol{E})=m,$$
而 $\boldsymbol{A}$ 为 $m\times n$ 矩阵，$\boldsymbol{B}$ 为 $n\times m$ 矩阵，所以
$$r(\boldsymbol{A})\leqslant m, \quad r(\boldsymbol{B})\leqslant m,$$
所以 $r(\boldsymbol{A})=m$，$r(\boldsymbol{B})=m$. 应选(A).

【例 16】 解析：

由 $\boldsymbol{PQ}=\boldsymbol{O}$ 可知 $r(\boldsymbol{P})+r(\boldsymbol{Q})\leqslant 3$.

当 $t=6$ 时，$r(\boldsymbol{Q})=1$，则 $r(\boldsymbol{P})\leqslant 2$；

当 $t\neq 6$ 时，$r(\boldsymbol{Q})=2$，则 $r(\boldsymbol{P})\leqslant 1$；

又 $\boldsymbol{P}$ 为 3 阶非零矩阵，$r(\boldsymbol{P})\geqslant 1$，所以 $r(\boldsymbol{P})=1$，应选(C).

【例 17】 证明：

必要性 由于 $r(\boldsymbol{A})=1$，则 $\boldsymbol{A}$ 为非零矩阵且 $\boldsymbol{A}$ 的每行元素都成比例，令
$$\boldsymbol{A}=\begin{pmatrix} a_1b_1 & a_1b_2 & \cdots & a_1b_n \\ a_2b_1 & a_2b_2 & \cdots & a_2b_n \\ \vdots & \vdots & & \vdots \\ a_nb_1 & a_nb_2 & \cdots & a_nb_n \end{pmatrix}=\begin{pmatrix} a_1 \\ a_2 \\ \vdots \\ a_n \end{pmatrix}(b_1 \quad b_2 \quad \cdots \quad b_n),$$

令
$$\boldsymbol{\alpha}=\begin{pmatrix} a_1 \\ a_2 \\ \vdots \\ a_n \end{pmatrix}, \quad \boldsymbol{\beta}=\begin{pmatrix} b_1 \\ b_2 \\ \vdots \\ b_n \end{pmatrix},$$

则 $\boldsymbol{A}=\boldsymbol{\alpha\beta}^{\mathrm{T}}$，显然 $\boldsymbol{\alpha}$，$\boldsymbol{\beta}$ 为 n 阶非零列向量.

充分性 若 $\boldsymbol{A}=\boldsymbol{\alpha\beta}^{\mathrm{T}}$，其中 $\boldsymbol{\alpha}$，$\boldsymbol{\beta}$ 为非零列向量，则由 $\boldsymbol{A}$ 为非零矩阵知 $r(\boldsymbol{A})\geqslant 1$，又 $r(\boldsymbol{A})=r(\boldsymbol{\alpha\beta}^{\mathrm{T}})\leqslant r(\boldsymbol{\alpha})=1$，故 $r(\boldsymbol{A})=1$.

【注】 该充要条件很常用，可作为结论记住.

第3章　向　　量

考试内容

向量的概念，向量的线性组合与线性表示，向量组的线性相关与线性无关，向量组的极大线性无关组，等价向量组，向量组的秩，向量组的秩与矩阵的秩之间的关系，向量空间及其相关概念，n 维向量空间的基变换和坐标变换，过渡矩阵，向量的内积，线性无关向量组的正交规范化方法，规范正交基，正交矩阵及其性质.

考试要求

(1) 理解 n 维向量、向量的线性组合与线性表示的概念.

(2) 理解向量组线性相关、线性无关的概念，掌握向量组线性相关、线性无关的有关性质及判别法.

(3) 理解向量组的极大线性无关组和向量组的秩的概念，会求向量组的极大线性无关组及秩.

(4) 理解向量组等价的概念，理解矩阵的秩与其行(列)向量组的秩之间的关系.

(5) 了解内积的概念，掌握线性无关向量组正交规范化的施密特(Schmidt)方法.

(6) 了解 n 维向量空间、子空间、基底、维数、坐标等概念.

(7) 了解基变换和坐标变换公式，会求过渡矩阵.

(8) 了解规范正交基、正交矩阵的概念以及它们的性质.

一、向量的概念与运算

1. 基本概念

1) 向量的定义

n 个数 $a_1,a_2,\cdots,a_n$ 所组成的有序数组

$$\boldsymbol{\alpha}=(a_1,a_2,\cdots,a_n) \quad 或 \quad \boldsymbol{\alpha}=(a_1,a_2,\cdots,a_n)^{\mathrm{T}}$$

称为 n **维行或列向量**. 构成向量的所有元素皆为零的向量称为**零向量**.

2) 向量组与矩阵的关系

若干个同维数的列向量(或行向量)所组成的集合称为**向量组**.

设矩阵 $\mathbf{A}=(a_{ij})_{m\times n}$，则 $\mathbf{A}$ 可以看成是由 n 个 m 维列向量组 $\boldsymbol{\alpha}_1,\boldsymbol{\alpha}_2,\cdots,\boldsymbol{\alpha}_n$ 构成的矩阵，记作 $\mathbf{A}=(\boldsymbol{\alpha}_1,\boldsymbol{\alpha}_2,\cdots,\boldsymbol{\alpha}_n)$；也可以看成由 m 个 n 维行向量组 $\boldsymbol{\beta}_1,\boldsymbol{\beta}_2,\cdots,\boldsymbol{\beta}_m$ 构成的矩阵，记作 $\mathbf{A}=\begin{pmatrix}\boldsymbol{\beta}_1\\ \boldsymbol{\beta}_2\\ \vdots\\ \boldsymbol{\beta}_m\end{pmatrix}$. 反之，一个含有有限个同维数的向量组也可以构成一个矩阵.

2. 基本运算

设 n 维向量 $\boldsymbol{\alpha}=(a_1,a_2,\cdots,a_n)^{\mathrm{T}}$，$\boldsymbol{\beta}=(b_1,b_2,\cdots,b_n)^{\mathrm{T}}$，则满足以下基本运算.

(1) 向量的加法：$\boldsymbol{\alpha}+\boldsymbol{\beta}=(a_1+b_1,a_2+b_2,\cdots,a_n+b_n)^{\mathrm{T}}$.

(2) 向量的数乘：$k\boldsymbol{\alpha}=(ka_1,ka_2,\cdots,ka_n)^{\mathrm{T}}$.

(3) 向量的内积：$(\boldsymbol{\alpha},\boldsymbol{\beta})=\boldsymbol{\alpha}^{\mathrm{T}}\boldsymbol{\beta}=\boldsymbol{\beta}^{\mathrm{T}}\boldsymbol{\alpha}=a_1b_1+a_2b_2+\cdots+a_nb_n$.

【注】 ① $(\boldsymbol{\alpha},\boldsymbol{\beta})=\boldsymbol{\alpha}^{\mathrm{T}}\boldsymbol{\beta}=\boldsymbol{\beta}^{\mathrm{T}}\boldsymbol{\alpha}$.

② $|\boldsymbol{\alpha}|=\sqrt{(\boldsymbol{\alpha},\boldsymbol{\alpha})}=\sqrt{a_1^2+a_2^2+\cdots+a_n^2}$ 称为向量 $\boldsymbol{\alpha}$ 的模长. 模长为 1 的向量称为**单位向量**.

③ 若 $(\boldsymbol{\alpha},\boldsymbol{\beta})=0$，则称 $\boldsymbol{\alpha},\boldsymbol{\beta}$ 正交. 其中零向量与任何向量正交.

(4) 向量内积的性质.

性质 3.1 $(\boldsymbol{\alpha},\boldsymbol{\beta})=(\boldsymbol{\beta},\boldsymbol{\alpha})$.

性质 3.2 $(k\boldsymbol{\alpha},\boldsymbol{\beta})=(\boldsymbol{\alpha},k\boldsymbol{\beta})=k(\boldsymbol{\alpha},\boldsymbol{\beta})$.

性质 3.3 $(\boldsymbol{\alpha}+\boldsymbol{\beta},\boldsymbol{\gamma})=(\boldsymbol{\alpha},\boldsymbol{\gamma})+(\boldsymbol{\beta},\boldsymbol{\gamma})$.

二、向量的线性表示与向量组的线性相关性

1. 基本概念

1) 线性组合

设 $\boldsymbol{\alpha}_1,\boldsymbol{\alpha}_2,\cdots,\boldsymbol{\alpha}_s$ 是 n 维向量，$k_1,k_2,\cdots,k_s$ 是一组数，称 $k_1\boldsymbol{\alpha}_1+k_2\boldsymbol{\alpha}_2+\cdots+k_s\boldsymbol{\alpha}_s$ 是向量组 $\boldsymbol{\alpha}_1,\boldsymbol{\alpha}_2,\cdots,\boldsymbol{\alpha}_s$ 的**线性组合**.

2) 线性表示

对 n 维向量 $\boldsymbol{\alpha}_1,\boldsymbol{\alpha}_2,\cdots,\boldsymbol{\alpha}_s$ 和 $\boldsymbol{\beta}$，若存在一组数 $k_1,k_2,\cdots,k_s$ 使

$$k_1\boldsymbol{\alpha}_1+k_2\boldsymbol{\alpha}_2+\cdots+k_s\boldsymbol{\alpha}_s=\boldsymbol{\beta},$$

则称 $\boldsymbol{\beta}$ 是向量组 $\boldsymbol{\alpha}_1,\boldsymbol{\alpha}_2,\cdots,\boldsymbol{\alpha}_s$ 的线性组合，或者说 $\boldsymbol{\beta}$ 可由 $\boldsymbol{\alpha}_1,\boldsymbol{\alpha}_2,\cdots,\boldsymbol{\alpha}_s$ **线性表示**.

3) 线性相关与线性无关

设 $\boldsymbol{\alpha}_1,\boldsymbol{\alpha}_2,\cdots,\boldsymbol{\alpha}_s$ 是 n 维向量，若存在一组不全为零的数 $k_1,k_2,\cdots,k_s$，使

$$k_1\boldsymbol{\alpha}_1+k_2\boldsymbol{\alpha}_2+\cdots+k_s\boldsymbol{\alpha}_s=\mathbf{0},$$

则称向量组 $\boldsymbol{\alpha}_1,\boldsymbol{\alpha}_2,\cdots,\boldsymbol{\alpha}_s$ **线性相关**. 否则，称向量组 $\boldsymbol{\alpha}_1,\boldsymbol{\alpha}_2,\cdots,\boldsymbol{\alpha}_s$ **线性无关**.

【注】 向量组 $\boldsymbol{\alpha}_1,\boldsymbol{\alpha}_2,\cdots,\boldsymbol{\alpha}_s$ 线性无关的等价描述如下.

① 不存在一组不全为零的数 $k_1,k_2,\cdots,k_s$，使 $k_1\boldsymbol{\alpha}_1+k_2\boldsymbol{\alpha}_2+\cdots+k_s\boldsymbol{\alpha}_s=\mathbf{0}$.

② 若 $k_1,k_2,\cdots,k_s$ 不全为零，则必有 $k_1\boldsymbol{\alpha}_1+k_2\boldsymbol{\alpha}_2+\cdots+k_s\boldsymbol{\alpha}_s\neq\mathbf{0}$.

③ 若 $k_1\boldsymbol{\alpha}_1+k_2\boldsymbol{\alpha}_2+\cdots+k_s\boldsymbol{\alpha}_s=\mathbf{0}$，则必有 $k_1=k_2=\cdots=k_s=0$.

2. 线性表示与线性相关性的判定

1) 线性表示的判定

向量 $\boldsymbol{\beta}$ 可由向量组 $\boldsymbol{\alpha}_1,\boldsymbol{\alpha}_2,\cdots,\boldsymbol{\alpha}_s$ 线性表示

$\Leftrightarrow$非齐次线性方程组 $x_1\boldsymbol{\alpha}_1+x_2\boldsymbol{\alpha}_2+\cdots+x_s\boldsymbol{\alpha}_s=\boldsymbol{\beta}$ 有解,令矩阵 $\mathbf{A}=(\boldsymbol{\alpha}_1,\boldsymbol{\alpha}_2,\cdots,\boldsymbol{\alpha}_s)$

$\Leftrightarrow r(\mathbf{A})=r(\mathbf{A},\boldsymbol{\beta})$.

2）线性相关的判定

向量组 $\boldsymbol{\alpha}_1,\boldsymbol{\alpha}_2,\cdots,\boldsymbol{\alpha}_s(s\geqslant 2)$线性相关

$\Leftrightarrow$存在一组不全为零的实数 $x_1,x_2,\cdots,x_s$,使得 $x_1\boldsymbol{\alpha}_1+x_2\boldsymbol{\alpha}_2+\cdots+x_s\boldsymbol{\alpha}_s=\mathbf{0}$

$\Leftrightarrow$齐次线性方程组 $x_1\boldsymbol{\alpha}_1+x_2\boldsymbol{\alpha}_2+\cdots+x_s\boldsymbol{\alpha}_s=\mathbf{0}$ 有非零解,令矩阵 $\mathbf{A}=(\boldsymbol{\alpha}_1,\boldsymbol{\alpha}_2,\cdots,\boldsymbol{\alpha}_s)$

$\Leftrightarrow r(\mathbf{A})<s$.

3）线性无关的判定

向量组 $\boldsymbol{\alpha}_1,\boldsymbol{\alpha}_2,\cdots,\boldsymbol{\alpha}_s(s\geqslant 2)$线性无关

$\Leftrightarrow$只存在一组全为零的实数 $x_1,x_2,\cdots,x_s$,使得 $x_1\boldsymbol{\alpha}_1+x_2\boldsymbol{\alpha}_2+\cdots+x_s\boldsymbol{\alpha}_s=\mathbf{0}$

$\Leftrightarrow$齐次线性方程组 $x_1\boldsymbol{\alpha}_1+x_2\boldsymbol{\alpha}_2+\cdots+x_s\boldsymbol{\alpha}_s=\mathbf{0}$ 只有零解,令矩阵 $\mathbf{A}=(\boldsymbol{\alpha}_1,\boldsymbol{\alpha}_2,\cdots,\boldsymbol{\alpha}_s)$

$\Leftrightarrow r(\mathbf{A})=s$.

【注】 关于线性方程组解的情况详见第 4 章.

【例 3.1】 设 $\boldsymbol{\alpha}_1=\begin{pmatrix}1\\-1\\1\end{pmatrix},\boldsymbol{\alpha}_2=\begin{pmatrix}2\\-3\\1\end{pmatrix},\boldsymbol{\alpha}_3=\begin{pmatrix}1\\1\\2\end{pmatrix}$,将 $\boldsymbol{\alpha}=\begin{pmatrix}1\\4\\4\end{pmatrix}$ 用 $\boldsymbol{\alpha}_1,\boldsymbol{\alpha}_2,\boldsymbol{\alpha}_3$ 线性表示.

【解题思路】 根据向量的线性表示判定法,转化成求非齐次线性方程组,利用矩阵初等变换进行求解,其解即为线性表示的系数.

【解析】 令

$$x_1\boldsymbol{\alpha}_1+x_2\boldsymbol{\alpha}_2+x_3\boldsymbol{\alpha}_3=\boldsymbol{\alpha},$$

$$\overline{\mathbf{A}}=(\boldsymbol{\alpha}_1,\boldsymbol{\alpha}_2,\boldsymbol{\alpha}_3,\boldsymbol{\alpha})=\begin{pmatrix}1&2&1&1\\-1&-3&1&4\\1&1&2&4\end{pmatrix}\to\begin{pmatrix}1&2&1&1\\0&-1&2&5\\0&-1&1&3\end{pmatrix}$$

$$\to\begin{pmatrix}1&2&1&1\\0&-1&2&5\\0&0&-1&-2\end{pmatrix}\to\begin{pmatrix}1&2&0&-1\\0&-1&0&1\\0&0&1&2\end{pmatrix}$$

$$\to\begin{pmatrix}1&0&0&1\\0&1&0&-1\\0&0&1&2\end{pmatrix},$$

于是 $x_1=1,x_2=-1,x_3=2$,故

$$\boldsymbol{\alpha}=\boldsymbol{\alpha}_1-\boldsymbol{\alpha}_2+2\boldsymbol{\alpha}_3.$$

【例 3.2】 设 $\boldsymbol{\alpha}_1,\boldsymbol{\alpha}_2,\cdots,\boldsymbol{\alpha}_s$ 均为 n 维向量,下列结论不正确的是(　　).

(A) 若对于任意一组不全为零的数 $k_1,k_2,\cdots,k_s$ 都有 $k_1\boldsymbol{\alpha}_1+k_2\boldsymbol{\alpha}_2+\cdots+k_s\boldsymbol{\alpha}_s\neq\mathbf{0}$,则 $\boldsymbol{\alpha}_1,\boldsymbol{\alpha}_2,\cdots,\boldsymbol{\alpha}_s$ 线性无关

(B) 若 $\boldsymbol{\alpha}_1,\boldsymbol{\alpha}_2,\cdots,\boldsymbol{\alpha}_s$ 线性相关,则对于任意一组不全为零的数 $k_1,k_2,\cdots,k_s$ 都有 $k_1\boldsymbol{\alpha}_1+k_2\boldsymbol{\alpha}_2+\cdots+k_s\boldsymbol{\alpha}_s=\mathbf{0}$

(C) $\boldsymbol{\alpha}_1,\boldsymbol{\alpha}_2,\cdots,\boldsymbol{\alpha}_s$ 线性无关的充要条件是此向量组的秩为 s

(D) $\boldsymbol{\alpha}_1,\boldsymbol{\alpha}_2,\cdots,\boldsymbol{\alpha}_s$ 线性无关的必要条件是其中任意两个向量线性无关

【解题思路】 本题考察的是线性相关和线性无关的定义,需要深刻理解定义.

【解析】 根据向量组线性相关的定义,若 $\boldsymbol{\alpha}_1,\boldsymbol{\alpha}_2,\cdots,\boldsymbol{\alpha}_s$ 线性相关,则存在一组不全为零的实数 $k_1,k_2,\cdots,k_s$,使得

$$k_1\boldsymbol{\alpha}_1+k_2\boldsymbol{\alpha}_2+\cdots+k_s\boldsymbol{\alpha}_s=\mathbf{0}.$$

并不是对于任意一组不全为零的数 $k_1,k_2,\cdots,k_s$ 都有 $k_1\boldsymbol{\alpha}_1+k_2\boldsymbol{\alpha}_2+\cdots+k_s\boldsymbol{\alpha}_s=\mathbf{0}$. 故应选(B).

3. 线性相关与线性无关的性质

1) 线性相关的性质

性质 3.4 若向量组 $\boldsymbol{\alpha}_1,\boldsymbol{\alpha}_2,\cdots,\boldsymbol{\alpha}_s$ 线性相关,则至少有一个向量 $\boldsymbol{\alpha}_i(i=1,2,\cdots,s)$ 可由其余的 $s-1$ 个向量线性表示.

推论 3.1 若一个向量组中含有零向量,则该向量组线性相关.

推论 3.2 两个向量组线性相关的充要条件是这两个向量对应的分量成比例.

性质 3.5 设 $\boldsymbol{\alpha}_1,\boldsymbol{\alpha}_2,\cdots,\boldsymbol{\alpha}_s$ 线性无关,$\boldsymbol{\alpha}_1,\boldsymbol{\alpha}_2,\cdots,\boldsymbol{\alpha}_s,\boldsymbol{\beta}$ 线性相关,则 $\boldsymbol{\beta}$ 可由 $\boldsymbol{\alpha}_1,\boldsymbol{\alpha}_2,\cdots,\boldsymbol{\alpha}_s$ 线性表示,且表示方法唯一.

性质 3.6 设向量组 $\boldsymbol{\alpha}_1,\boldsymbol{\alpha}_2,\cdots,\boldsymbol{\alpha}_s$ 的一个部分向量组线性相关,则向量组 $\boldsymbol{\alpha}_1,\boldsymbol{\alpha}_2,\cdots,\boldsymbol{\alpha}_s$ 线性相关.

性质 3.7 n 维向量组 $\boldsymbol{\alpha}_1,\boldsymbol{\alpha}_2,\cdots,\boldsymbol{\alpha}_n$ 线性相关$\Leftrightarrow|\boldsymbol{\alpha}_1,\boldsymbol{\alpha}_2,\cdots,\boldsymbol{\alpha}_n|=0$.

性质 3.8 若一个向量组所含向量的个数大于维数,则此向量组一定线性相关.

性质 3.9 设 $\boldsymbol{\alpha}_1,\boldsymbol{\alpha}_2,\cdots,\boldsymbol{\alpha}_s$ 是 m 维列向量,$\boldsymbol{\beta}_1,\boldsymbol{\beta}_2,\cdots,\boldsymbol{\beta}_s$ 是 n 维列向量,令

$$\boldsymbol{\gamma}_1=\begin{pmatrix}\boldsymbol{\alpha}_1\\\boldsymbol{\beta}_1\end{pmatrix},\boldsymbol{\gamma}_2=\begin{pmatrix}\boldsymbol{\alpha}_2\\\boldsymbol{\beta}_2\end{pmatrix},\cdots,\boldsymbol{\gamma}_s=\begin{pmatrix}\boldsymbol{\alpha}_s\\\boldsymbol{\beta}_s\end{pmatrix},$$

若 $\boldsymbol{\gamma}_1,\boldsymbol{\gamma}_2,\cdots,\boldsymbol{\gamma}_s$ 线性相关,则 $\boldsymbol{\alpha}_1,\boldsymbol{\alpha}_2,\cdots,\boldsymbol{\alpha}_s$ 线性相关,即相关组的缩短组仍相关.

2) 线性无关的性质

性质 3.10 若向量组 $\boldsymbol{\alpha}_1,\boldsymbol{\alpha}_2,\cdots,\boldsymbol{\alpha}_s(s\geqslant2)$ 线性无关,则任意一个向量 $\boldsymbol{\alpha}_i(i=1,2,\cdots,s)$ 都不能由其余的 $s-1$ 个向量线性表示.

性质 3.11 设 $\boldsymbol{\alpha}_1,\boldsymbol{\alpha}_2,\cdots,\boldsymbol{\alpha}_s$ 线性无关,$\boldsymbol{\alpha}_1,\boldsymbol{\alpha}_2,\cdots,\boldsymbol{\alpha}_s,\boldsymbol{\beta}$ 也线性无关,则 $\boldsymbol{\beta}$ 不能由 $\boldsymbol{\alpha}_1,\boldsymbol{\alpha}_2,\cdots,\boldsymbol{\alpha}_s$ 线性表示.

性质 3.12 设向量组 $\boldsymbol{\alpha}_1,\boldsymbol{\alpha}_2,\cdots,\boldsymbol{\alpha}_s$ 线性无关,则向量组 $\boldsymbol{\alpha}_1,\boldsymbol{\alpha}_2,\cdots,\boldsymbol{\alpha}_s$ 的任一部分向量组线性无关.

性质 3.13 n 维向量组 $\boldsymbol{\alpha}_1,\boldsymbol{\alpha}_2,\cdots,\boldsymbol{\alpha}_n$ 线性无关$\Leftrightarrow|\boldsymbol{\alpha}_1,\boldsymbol{\alpha}_2,\cdots,\boldsymbol{\alpha}_n|\neq0$.

性质 3.14 设 $\boldsymbol{\alpha}_1,\boldsymbol{\alpha}_2,\cdots,\boldsymbol{\alpha}_s$ 是 m 维列向量,$\boldsymbol{\beta}_1,\boldsymbol{\beta}_2,\cdots,\boldsymbol{\beta}_s$ 是 n 维列向量,令

$$\boldsymbol{\gamma}_1=\begin{pmatrix}\boldsymbol{\alpha}_1\\\boldsymbol{\beta}_1\end{pmatrix},\boldsymbol{\gamma}_2=\begin{pmatrix}\boldsymbol{\alpha}_2\\\boldsymbol{\beta}_2\end{pmatrix},\cdots,\boldsymbol{\gamma}_s=\begin{pmatrix}\boldsymbol{\alpha}_s\\\boldsymbol{\beta}_s\end{pmatrix},$$

若 $\boldsymbol{\alpha}_1,\boldsymbol{\alpha}_2,\cdots,\boldsymbol{\alpha}_s$ 线性无关,则 $\boldsymbol{\gamma}_1,\boldsymbol{\gamma}_2,\cdots,\boldsymbol{\gamma}_s$ 线性无关,即无关组的延长组仍无关.

【例 3.3】 设向量组 $\boldsymbol{\alpha},\boldsymbol{\beta},\boldsymbol{\gamma}$ 线性无关,$\boldsymbol{\alpha},\boldsymbol{\beta},\boldsymbol{\delta}$ 线性相关,则(　　).

(A) $\boldsymbol{\alpha}$ 必可由 $\boldsymbol{\beta},\boldsymbol{\gamma},\boldsymbol{\delta}$ 线性表示　　(B) $\boldsymbol{\beta}$ 必不可由 $\boldsymbol{\alpha},\boldsymbol{\gamma},\boldsymbol{\delta}$ 线性表示

(C) $\boldsymbol{\delta}$ 必可由 $\boldsymbol{\alpha},\boldsymbol{\beta},\boldsymbol{\gamma}$ 线性表示　　(D) $\boldsymbol{\delta}$ 必不可由 $\boldsymbol{\alpha},\boldsymbol{\beta},\boldsymbol{\gamma}$ 线性表示

【解题思路】 用整体与部分的关系.

【解析】 因为 $\boldsymbol{\alpha},\boldsymbol{\beta},\boldsymbol{\gamma}$ 线性无关,所以 $\boldsymbol{\alpha},\boldsymbol{\beta}$ 线性无关,又因为 $\boldsymbol{\alpha},\boldsymbol{\beta},\boldsymbol{\delta}$ 线性无关,所以 $\boldsymbol{\delta}$ 可由 $\boldsymbol{\alpha},\boldsymbol{\beta}$ 线性表示,从而 $\boldsymbol{\delta}$ 可由 $\boldsymbol{\alpha},\boldsymbol{\beta},\boldsymbol{\gamma}$ 线性表示. 故选(C).

三、向量组的秩与向量组等价

1. 基本概念

1) 向量组的极大线性无关组与秩

在向量组 $\boldsymbol{\alpha}_1,\boldsymbol{\alpha}_2,\cdots,\boldsymbol{\alpha}_s$ 中,若存在含 $r(r\leqslant s)$ 个向量的线性无关的子向量组,且任意 $r+1$ 个向量构成的子向量组(如果有)线性相关,则称含 r 个线性无关的子向量组为向量组 $\boldsymbol{\alpha}_1,\boldsymbol{\alpha}_2,\cdots,\boldsymbol{\alpha}_s$ 的**极大线性无关组**,r 称为向量组 $\boldsymbol{\alpha}_1,\boldsymbol{\alpha}_2,\cdots,\boldsymbol{\alpha}_s$ 的**秩**,记为 $r(\boldsymbol{\alpha}_1,\boldsymbol{\alpha}_2,\cdots,\boldsymbol{\alpha}_s)=r$.

2) 向量组等价

若向量组 $\boldsymbol{\beta}_1,\boldsymbol{\beta}_2,\cdots,\boldsymbol{\beta}_t$ 的每个向量都可由向量组 $\boldsymbol{\alpha}_1,\boldsymbol{\alpha}_2,\cdots,\boldsymbol{\alpha}_s$ 线性表示,即存在一组数 k_{ij} $(1\leqslant i\leqslant t,1\leqslant j\leqslant s)$使得

$$\begin{cases}\boldsymbol{\beta}_1=k_{11}\boldsymbol{\alpha}_1+k_{12}\boldsymbol{\alpha}_2+\cdots+k_{1s}\boldsymbol{\alpha}_s,\\ \boldsymbol{\beta}_2=k_{21}\boldsymbol{\alpha}_1+k_{22}\boldsymbol{\alpha}_2+\cdots+k_{2s}\boldsymbol{\alpha}_s,\\ \quad\vdots\\ \boldsymbol{\beta}_t=k_{t1}\boldsymbol{\alpha}_1+k_{t2}\boldsymbol{\alpha}_2+\cdots+k_{ts}\boldsymbol{\alpha}_s,\end{cases}$$

则称向量组 $\boldsymbol{\beta}_1,\boldsymbol{\beta}_2,\cdots,\boldsymbol{\beta}_t$ 可由向量组 $\boldsymbol{\alpha}_1,\boldsymbol{\alpha}_2,\cdots,\boldsymbol{\alpha}_s$ 线性表示. 若两个向量组 $\boldsymbol{\alpha}_1,\boldsymbol{\alpha}_2,\cdots,\boldsymbol{\alpha}_s$ 与 $\boldsymbol{\beta}_1,\boldsymbol{\beta}_2,\cdots,\boldsymbol{\beta}_t$ 可以相互线性表示,则称这两个**向量组等价**.

【注】 ① 等价的两个向量组所含的向量的个数不一定相等.

② 一个线性无关的向量组的极大线性无关组是该向量组本身.

③ 向量组的极大线性无关组一般不唯一,但其极大线性无关组所含向量的个数相同.

④ 一个向量组与它的任意一个极大线性无关组等价.

2. 向量组秩的性质

性质 3.15 矩阵 $\boldsymbol{A}$ 的秩=矩阵 $\boldsymbol{A}$ 的行向量组的秩=矩阵 $\boldsymbol{A}$ 的列向量组的秩.

性质 3.16 向量组 $\boldsymbol{\alpha}_1,\boldsymbol{\alpha}_2,\cdots,\boldsymbol{\alpha}_s$ 线性相关的充要条件是 $r(\boldsymbol{\alpha}_1,\boldsymbol{\alpha}_2,\cdots,\boldsymbol{\alpha}_s)<s$;

向量组 $\boldsymbol{\alpha}_1,\boldsymbol{\alpha}_2,\cdots,\boldsymbol{\alpha}_s$ 线性无关的充要条件是 $r(\boldsymbol{\alpha}_1,\boldsymbol{\alpha}_2,\cdots,\boldsymbol{\alpha}_s)=s$.

性质 3.17 若向量组 $\boldsymbol{\beta}_1,\boldsymbol{\beta}_2,\cdots,\boldsymbol{\beta}_t$ 可由向量组 $\boldsymbol{\alpha}_1,\boldsymbol{\alpha}_2,\cdots,\boldsymbol{\alpha}_s$ 线性表示,则

$$r(\boldsymbol{\beta}_1,\boldsymbol{\beta}_2,\cdots,\boldsymbol{\beta}_t)\leqslant r(\boldsymbol{\alpha}_1,\boldsymbol{\alpha}_2,\cdots,\boldsymbol{\alpha}_s).$$

性质 3.18 若向量组 $\boldsymbol{\beta}_1,\boldsymbol{\beta}_2,\cdots,\boldsymbol{\beta}_t$ 与向量组 $\boldsymbol{\alpha}_1,\boldsymbol{\alpha}_2,\cdots,\boldsymbol{\alpha}_s$ 等价,则

$$r(\boldsymbol{\alpha}_1,\boldsymbol{\alpha}_2,\cdots,\boldsymbol{\alpha}_s)=r(\boldsymbol{\beta}_1,\boldsymbol{\beta}_2,\cdots,\boldsymbol{\beta}_t)=r(\boldsymbol{\alpha}_1,\boldsymbol{\alpha}_2,\cdots,\boldsymbol{\alpha}_s,\boldsymbol{\beta}_1,\boldsymbol{\beta}_2,\cdots,\boldsymbol{\beta}_t).$$

性质 3.19 等价的向量组有相等的秩. 反之,秩相等的两个向量组不一定等价.

性质 3.20 若 $\boldsymbol{\beta}_1,\boldsymbol{\beta}_2,\cdots,\boldsymbol{\beta}_t$ 可由 $\boldsymbol{\alpha}_1,\boldsymbol{\alpha}_2,\cdots,\boldsymbol{\alpha}_s$ 线性表示,且 $t>s$,则 $\boldsymbol{\beta}_1,\boldsymbol{\beta}_2,\cdots,\boldsymbol{\beta}_t$ 线性相关;若 $\boldsymbol{\beta}_1,\boldsymbol{\beta}_2,\cdots,\boldsymbol{\beta}_t$ 可由 $\boldsymbol{\alpha}_1,\boldsymbol{\alpha}_2,\cdots,\boldsymbol{\alpha}_s$ 线性表示,且 $\boldsymbol{\beta}_1,\boldsymbol{\beta}_2,\cdots,\boldsymbol{\beta}_t$ 线性无关, 则 $t\leqslant s$.

【例 3.4】 求向量组 $\boldsymbol{\alpha}_1=\begin{pmatrix}1\\3\\-1\end{pmatrix},\boldsymbol{\alpha}_2=\begin{pmatrix}0\\1\\0\end{pmatrix},\boldsymbol{\alpha}_3=\begin{pmatrix}0\\-1\\1\end{pmatrix},\boldsymbol{\alpha}_4=\begin{pmatrix}3\\6\\-1\end{pmatrix},\boldsymbol{\alpha}_5=\begin{pmatrix}-1\\-6\\5\end{pmatrix}$ 的秩.

【解题思路】 利用向量组秩的性质 3.15,将向量组的秩转化为求矩阵的秩.

【解析】 由

$$(\boldsymbol{\alpha}_1,\boldsymbol{\alpha}_2,\boldsymbol{\alpha}_3,\boldsymbol{\alpha}_4,\boldsymbol{\alpha}_5)=\begin{pmatrix}1&0&0&3&-1\\3&1&-1&6&-6\\-1&0&1&-1&5\end{pmatrix}\to\begin{pmatrix}1&0&0&3&-1\\0&1&-1&-3&-3\\0&0&1&2&4\end{pmatrix}$$

$$\to\begin{pmatrix}1&0&0&3&-1\\0&1&0&-1&1\\0&0&1&2&4\end{pmatrix},$$

得

$$r(\boldsymbol{\alpha}_1,\boldsymbol{\alpha}_2,\boldsymbol{\alpha}_3,\boldsymbol{\alpha}_4,\boldsymbol{\alpha}_5)=3.$$

【例 3.5】 设向量组Ⅰ:$\boldsymbol{\alpha}_1,\boldsymbol{\alpha}_2,\cdots,\boldsymbol{\alpha}_r$ 能由向量组Ⅱ:$\boldsymbol{\beta}_1,\boldsymbol{\beta}_2,\cdots,\boldsymbol{\beta}_s$ 线性表示,则(　　).

(A) 当 $r<s$ 时,向量组Ⅱ必线性相关　　(B) 当 $r>s$ 时,向量组Ⅱ必线性相关

(C) 当 $r<s$ 时,向量组Ⅰ必线性相关　　(D) 当 $r>s$ 时,向量组Ⅰ必线性相关

【解题思路】 根据向量组的线性表示判定方法,转化为向量组秩的关系,再根据向量组的秩与个数的关系得出向量组的线性相关性.

【解析】 由向量组秩的性质 3.20 可知,应选(D).

【例 3.6】 设 n 维列向量组 $\boldsymbol{\alpha}_1,\boldsymbol{\alpha}_2,\cdots,\boldsymbol{\alpha}_m(m<n)$ 线性无关,则 n 维列向量组 $\boldsymbol{\beta}_1,\boldsymbol{\beta}_2,\cdots,\boldsymbol{\beta}_m$ 线性无关的充分必要条件是(　　).

(A) 向量组 $\boldsymbol{\alpha}_1,\boldsymbol{\alpha}_2,\cdots,\boldsymbol{\alpha}_m$ 可由向量组 $\boldsymbol{\beta}_1,\boldsymbol{\beta}_2,\cdots,\boldsymbol{\beta}_m$ 线性表示

(B) 向量组 $\boldsymbol{\beta}_1,\boldsymbol{\beta}_2,\cdots,\boldsymbol{\beta}_m$ 可由向量组 $\boldsymbol{\alpha}_1,\boldsymbol{\alpha}_2,\cdots,\boldsymbol{\alpha}_m$ 线性表示

(C) 向量组 $\boldsymbol{\alpha}_1,\boldsymbol{\alpha}_2,\cdots,\boldsymbol{\alpha}_m$ 与向量组 $\boldsymbol{\beta}_1,\boldsymbol{\beta}_2,\cdots,\boldsymbol{\beta}_m$ 等价

(D) 矩阵 $\boldsymbol{A}=(\boldsymbol{\alpha}_1,\boldsymbol{\alpha}_2,\cdots,\boldsymbol{\alpha}_m)$ 与矩阵 $\boldsymbol{B}=(\boldsymbol{\beta}_1,\boldsymbol{\beta}_2,\cdots,\boldsymbol{\beta}_m)$ 等价

【解题思路】 本题考察的是向量组等价的充要条件以及向量组等价与矩阵等价的区别和联系.

【解析】 向量组 $\boldsymbol{\alpha}_1,\boldsymbol{\alpha}_2,\cdots,\boldsymbol{\alpha}_m$ 与向量组 $\boldsymbol{\beta}_1,\boldsymbol{\beta}_2,\cdots,\boldsymbol{\beta}_m$ 等价的充要条件是 $r(\boldsymbol{\alpha}_1,\boldsymbol{\alpha}_2,\cdots,\boldsymbol{\alpha}_m)=r(\boldsymbol{\beta}_1,\boldsymbol{\beta}_2,\cdots,\boldsymbol{\beta}_m)=r(\boldsymbol{\alpha}_1,\boldsymbol{\alpha}_2,\cdots,\boldsymbol{\alpha}_m,\boldsymbol{\beta}_1,\boldsymbol{\beta}_2,\cdots,\boldsymbol{\beta}_m)$,所以选项(C)是 $\boldsymbol{\beta}_1,\boldsymbol{\beta}_2,\cdots,\boldsymbol{\beta}_m$ 线性无关的充分非必要条件.

矩阵 $\boldsymbol{A}=(\boldsymbol{\alpha}_1,\boldsymbol{\alpha}_2,\cdots,\boldsymbol{\alpha}_m)$ 与矩阵 $\boldsymbol{B}=(\boldsymbol{\beta}_1,\boldsymbol{\beta}_2,\cdots,\boldsymbol{\beta}_m)$ 等价的充要条件是

$$r(\boldsymbol{\alpha}_1,\boldsymbol{\alpha}_2,\cdots,\boldsymbol{\alpha}_m)=r(\boldsymbol{\beta}_1,\boldsymbol{\beta}_2,\cdots,\boldsymbol{\beta}_m),$$

所以若 $\boldsymbol{\alpha}_1,\boldsymbol{\alpha}_2,\cdots,\boldsymbol{\alpha}_m$ 线性无关,则 $\boldsymbol{\beta}_1,\boldsymbol{\beta}_2,\cdots,\boldsymbol{\beta}_m$ 线性无关. 故应选(D).

四、施密特正交化与正交矩阵

1. 施密特正交化

设向量组 $\boldsymbol{\alpha}_1,\boldsymbol{\alpha}_2,\cdots,\boldsymbol{\alpha}_s$ 线性无关.

第一步　利用施密特正交化方法构造与 $\boldsymbol{\alpha}_1,\boldsymbol{\alpha}_2,\cdots,\boldsymbol{\alpha}_s$ 等价的正交向量组 $\boldsymbol{\beta}_1,\boldsymbol{\beta}_2,\cdots,\boldsymbol{\beta}_s$，令

$$\boldsymbol{\beta}_1=\boldsymbol{\alpha}_1,$$

$$\boldsymbol{\beta}_2=\boldsymbol{\alpha}_2-\frac{(\boldsymbol{\alpha}_2,\boldsymbol{\beta}_1)}{(\boldsymbol{\beta}_1,\boldsymbol{\beta}_1)}\boldsymbol{\beta}_1,$$

$$\vdots$$

$$\boldsymbol{\beta}_s=\boldsymbol{\alpha}_s-\frac{(\boldsymbol{\alpha}_s,\boldsymbol{\beta}_1)}{(\boldsymbol{\beta}_1,\boldsymbol{\beta}_1)}\boldsymbol{\beta}_1-\frac{(\boldsymbol{\alpha}_s,\boldsymbol{\beta}_2)}{(\boldsymbol{\beta}_2,\boldsymbol{\beta}_2)}\boldsymbol{\beta}_2-\cdots-\frac{(\boldsymbol{\alpha}_s,\boldsymbol{\beta}_{s-1})}{(\boldsymbol{\beta}_{s-1},\boldsymbol{\beta}_{s-1})}\boldsymbol{\beta}_{s-1},$$

则 $\boldsymbol{\beta}_1,\boldsymbol{\beta}_2,\cdots,\boldsymbol{\beta}_s$ 两两正交.

第二步　将 $\boldsymbol{\beta}_1,\boldsymbol{\beta}_2,\cdots,\boldsymbol{\beta}_s$ 单位化得

$$\boldsymbol{\gamma}_1=\frac{\boldsymbol{\beta}_1}{|\boldsymbol{\beta}_1|},\boldsymbol{\gamma}_2=\frac{\boldsymbol{\beta}_2}{|\boldsymbol{\beta}_2|},\cdots,\boldsymbol{\gamma}_s=\frac{\boldsymbol{\beta}_s}{|\boldsymbol{\beta}_s|},$$

则 $\boldsymbol{\gamma}_1,\boldsymbol{\gamma}_2,\cdots,\boldsymbol{\gamma}_s$ 是两两正交且均是单位向量的向量组，也称 $\boldsymbol{\gamma}_1,\boldsymbol{\gamma}_2,\cdots,\boldsymbol{\gamma}_s$ 是正交规范向量组.

【例 3.7】　将向量组 $\boldsymbol{\alpha}_1=\begin{pmatrix}1\\1\\0\end{pmatrix},\boldsymbol{\alpha}_2=\begin{pmatrix}1\\0\\1\end{pmatrix},\boldsymbol{\alpha}_3=\begin{pmatrix}0\\1\\1\end{pmatrix}$ 化为正交规范向量组.

【解析】　令 $\boldsymbol{\beta}_1=\boldsymbol{\alpha}_1=\begin{pmatrix}1\\1\\0\end{pmatrix},\boldsymbol{\beta}_2=\boldsymbol{\alpha}_2-\frac{(\boldsymbol{\alpha}_2,\boldsymbol{\beta}_1)}{(\boldsymbol{\beta}_1,\boldsymbol{\beta}_1)}\boldsymbol{\beta}_1=\begin{pmatrix}1\\0\\1\end{pmatrix}-\frac{1}{2}\begin{pmatrix}1\\1\\0\end{pmatrix}=\frac{1}{2}\begin{pmatrix}1\\-1\\2\end{pmatrix}$,

$$\boldsymbol{\beta}_3=\boldsymbol{\alpha}_3-\frac{(\boldsymbol{\alpha}_3,\boldsymbol{\beta}_1)}{(\boldsymbol{\beta}_1,\boldsymbol{\beta}_1)}\boldsymbol{\beta}_1-\frac{(\boldsymbol{\alpha}_3,\boldsymbol{\beta}_2)}{(\boldsymbol{\beta}_2,\boldsymbol{\beta}_2)}\boldsymbol{\beta}_2=\begin{pmatrix}0\\1\\1\end{pmatrix}-\frac{1}{2}\begin{pmatrix}1\\1\\0\end{pmatrix}-\frac{1}{6}\begin{pmatrix}1\\-1\\2\end{pmatrix}=\frac{2}{3}\begin{pmatrix}-1\\1\\1\end{pmatrix},$$

则 $\boldsymbol{\beta}_1,\boldsymbol{\beta}_2,\boldsymbol{\beta}_3$ 两两正交，令

$$\boldsymbol{\gamma}_1=\frac{1}{|\boldsymbol{\beta}_1|}\boldsymbol{\beta}_1=\frac{1}{\sqrt{2}}\begin{pmatrix}1\\1\\0\end{pmatrix},\boldsymbol{\gamma}_2=\frac{1}{|\boldsymbol{\beta}_2|}\boldsymbol{\beta}_2=\frac{1}{\sqrt{6}}\begin{pmatrix}1\\-1\\2\end{pmatrix},\boldsymbol{\gamma}_3=\frac{1}{|\boldsymbol{\beta}_3|}\boldsymbol{\beta}_3=\frac{1}{\sqrt{3}}\begin{pmatrix}-1\\1\\1\end{pmatrix},$$

则 $\boldsymbol{\gamma}_1,\boldsymbol{\gamma}_2,\boldsymbol{\gamma}_3$ 为正交规范向量组.

2. 正交矩阵

1）正交矩阵的定义

设 $\boldsymbol{A}$ 是 n 阶矩阵，满足 $\boldsymbol{A}\boldsymbol{A}^{\mathrm{T}}=\boldsymbol{A}^{\mathrm{T}}\boldsymbol{A}=\boldsymbol{E}$，则 $\boldsymbol{A}$ 是正交矩阵.

2）正交矩阵的性质

性质 3.21　$\boldsymbol{A}$ 是正交矩阵 $\Leftrightarrow\boldsymbol{A}^{\mathrm{T}}=\boldsymbol{A}^{-1}$

$\Leftrightarrow A$ 的列（行）向量组是正交规范向量组.

性质 3.22　若 $\boldsymbol{A}$ 是正交矩阵，则 $|\boldsymbol{A}|=\pm1$.

【例 3.8】　已知 $\boldsymbol{A}=(\boldsymbol{\alpha}_1,\boldsymbol{\alpha}_2,\boldsymbol{\alpha}_3)$ 是 3 阶正交矩阵，若 $\boldsymbol{\alpha}_1=\left(\frac{1}{\sqrt{2}},0,-\frac{1}{\sqrt{2}}\right)^{\mathrm{T}},\boldsymbol{\alpha}_2=(0,1,0)^{\mathrm{T}}$，则 $\boldsymbol{\alpha}_3=$______.

【解题思路】　按正交矩阵的几何意义，列向量要两两正交且都是单位向量.

【解析】 设 $\boldsymbol{\alpha}_3=(x_1,x_2,x_3)^{\mathrm{T}}$,则有

$$\begin{cases}(\boldsymbol{\alpha}_1,\boldsymbol{\alpha}_3)=\dfrac{1}{\sqrt{2}}x_1-\dfrac{1}{\sqrt{2}}x_3=0,\\(\boldsymbol{\alpha}_2,\boldsymbol{\alpha}_3)=x_2=0,\\x_1^2+x_2^2+x_3^2=1.\end{cases}$$

故

$$\boldsymbol{\alpha}_3=\pm\frac{1}{\sqrt{2}}(1,0,1)^{\mathrm{T}}.$$

五、向量空间(数学一)

定义 3.1 所有 n 维向量构成的集合记为 $\mathbf{R}^n$,$\mathbf{R}^n$ 上定义加法及数乘运算满足:

(1) 存在 $\mathbf{0}$,对任意的 $\boldsymbol{\alpha}\in\mathbf{R}^n$,有 $\boldsymbol{\alpha}+\mathbf{0}=\boldsymbol{\alpha}$;

(2) 对任意的 $\boldsymbol{\alpha}\in\mathbf{R}^n$,存在 $-\boldsymbol{\alpha}\in\mathbf{R}^n$,使得 $\boldsymbol{\alpha}+(-\boldsymbol{\alpha})=\mathbf{0}$;

(3) 对任意的 $\boldsymbol{\alpha},\boldsymbol{\beta}\in\mathbf{R}^n$,有 $\boldsymbol{\alpha}+\boldsymbol{\beta}=\boldsymbol{\beta}+\boldsymbol{\alpha}$;

(4) 对任意的 $\boldsymbol{\alpha},\boldsymbol{\beta},\boldsymbol{\gamma}\in\mathbf{R}^n$,有 $\boldsymbol{\alpha}+(\boldsymbol{\beta}+\boldsymbol{\gamma})=(\boldsymbol{\alpha}+\boldsymbol{\beta})+\boldsymbol{\gamma}$;

(5) 对任意的 $\boldsymbol{\alpha}\in\mathbf{R}^n$,有 $1\boldsymbol{\alpha}=\boldsymbol{\alpha}$;

(6) $k(t\boldsymbol{\alpha})=(kt)\boldsymbol{\alpha}$,其中 $k,t\in\mathbf{R}$;

(7) $(k+t)\boldsymbol{\alpha}=k\boldsymbol{\alpha}+t\boldsymbol{\alpha}$,其中 $k,t\in\mathbf{R}$;

(8) $k(\boldsymbol{\alpha}+\boldsymbol{\beta})=k\boldsymbol{\alpha}+k\boldsymbol{\beta}$,

则称 $\mathbf{R}^n$ 为 n 维向量空间.

定义 3.2 设 $\boldsymbol{\alpha}_1,\boldsymbol{\alpha}_2,\cdots,\boldsymbol{\alpha}_n$ 是 $\mathbf{R}^n$ 中的 n 个线性无关的向量组,则称 $\boldsymbol{\alpha}_1,\boldsymbol{\alpha}_2,\cdots,\boldsymbol{\alpha}_n$ 是 n 维向量空间 $\mathbf{R}^n$ 的一组基.

特别地,若 $\boldsymbol{\alpha}_1,\boldsymbol{\alpha}_2,\cdots,\boldsymbol{\alpha}_n$ 是 n 维向量空间 $\mathbf{R}^n$ 的一组基,并满足两两正交且都是单位向量,则称 $\boldsymbol{\alpha}_1,\boldsymbol{\alpha}_2,\cdots,\boldsymbol{\alpha}_n$ 是 n 维向量空间 $\mathbf{R}^n$ 的一组规范正交基.

定义 3.3 若 $\boldsymbol{\beta}=x_1\boldsymbol{\alpha}_1+x_2\boldsymbol{\alpha}_2+\cdots+x_n\boldsymbol{\alpha}_n=(\boldsymbol{\alpha}_1,\boldsymbol{\alpha}_2,\cdots,\boldsymbol{\alpha}_n)\begin{pmatrix}x_1\\x_2\\\vdots\\x_n\end{pmatrix}$,则称 n 维向量 $(x_1,x_2,\cdots,x_n)^{\mathrm{T}}$ 为 $\boldsymbol{\beta}$ 在基 $\boldsymbol{\alpha}_1,\boldsymbol{\alpha}_2,\cdots,\boldsymbol{\alpha}_n$ 下的坐标.

定义 3.4 设 $\boldsymbol{\alpha}_1,\boldsymbol{\alpha}_2,\cdots,\boldsymbol{\alpha}_n$ 和 $\boldsymbol{\beta}_1,\boldsymbol{\beta}_2,\cdots,\boldsymbol{\beta}_n$ 是 n 维向量空间 $\mathbf{R}^n$ 的两组基,且

$$\begin{cases}\boldsymbol{\beta}_1=k_{11}\boldsymbol{\alpha}_1+k_{12}\boldsymbol{\alpha}_2+\cdots+k_{1n}\boldsymbol{\alpha}_n,\\\boldsymbol{\beta}_2=k_{21}\boldsymbol{\alpha}_1+k_{22}\boldsymbol{\alpha}_2+\cdots+k_{2n}\boldsymbol{\alpha}_n,\\\quad\vdots\\\boldsymbol{\beta}_n=k_{n1}\boldsymbol{\alpha}_1+k_{n2}\boldsymbol{\alpha}_2+\cdots+k_{nn}\boldsymbol{\alpha}_n,\end{cases}$$

即

$$(\boldsymbol{\beta}_1,\boldsymbol{\beta}_2,\cdots,\boldsymbol{\beta}_n)=(\boldsymbol{\alpha}_1,\boldsymbol{\alpha}_2,\cdots,\boldsymbol{\alpha}_n)\begin{pmatrix}k_{11}&k_{21}&\cdots&k_{n1}\\k_{12}&k_{22}&\cdots&k_{n2}\\\vdots&\vdots&&\vdots\\k_{1n}&k_{2n}&\cdots&k_{nn}\end{pmatrix},$$

则称 $\boldsymbol{P}=\begin{pmatrix} k_{11} & k_{21} & \cdots & k_{n1} \\ k_{12} & k_{22} & \cdots & k_{n2} \\ \vdots & \vdots & & \vdots \\ k_{1n} & k_{2n} & \cdots & k_{nn} \end{pmatrix}$ 为由基 $\boldsymbol{\alpha}_1,\boldsymbol{\alpha}_2,\cdots,\boldsymbol{\alpha}_n$ 到基 $\boldsymbol{\beta}_1,\boldsymbol{\beta}_2,\cdots,\boldsymbol{\beta}_n$ 的过渡矩阵.

设向量 $\boldsymbol{x}=(x_1,x_2,\cdots,x_n)^{\mathrm{T}}$ 在旧基 $\boldsymbol{\alpha}_1,\boldsymbol{\alpha}_2,\cdots,\boldsymbol{\alpha}_n$ 和新基 $\boldsymbol{\beta}_1,\boldsymbol{\beta}_2,\cdots,\boldsymbol{\beta}_n$ 下的坐标分别为 y_1, $y_2,\cdots,y_n$ 和 $z_1,z_2,\cdots,z_n$,即

$$\boldsymbol{x}=(\boldsymbol{\alpha}_1,\boldsymbol{\alpha}_2,\cdots,\boldsymbol{\alpha}_n)\begin{pmatrix} y_1 \\ y_2 \\ \vdots \\ y_n \end{pmatrix}=(\boldsymbol{\beta}_1,\boldsymbol{\beta}_2,\cdots,\boldsymbol{\beta}_3)\begin{pmatrix} z_1 \\ z_2 \\ \vdots \\ z_n \end{pmatrix},$$

则

$$\begin{pmatrix} z_1 \\ z_2 \\ \vdots \\ z_n \end{pmatrix}=(\boldsymbol{\beta}_1,\boldsymbol{\beta}_2,\cdots,\boldsymbol{\beta}_3)^{-1}(\boldsymbol{\alpha}_1,\boldsymbol{\alpha}_2,\cdots,\boldsymbol{\alpha}_n)\begin{pmatrix} y_1 \\ y_2 \\ \vdots \\ y_n \end{pmatrix}=\boldsymbol{P}^{-1}\begin{pmatrix} y_1 \\ y_2 \\ \vdots \\ y_n \end{pmatrix}$$

称为从旧坐标到新坐标的坐标变换公式.

【例 3.9】 已知 $\mathbf{R}^3$ 的两个基为 $\boldsymbol{\alpha}_1=\begin{pmatrix} 1 \\ 1 \\ 1 \end{pmatrix},\boldsymbol{\alpha}_2=\begin{pmatrix} 1 \\ 0 \\ -1 \end{pmatrix},\boldsymbol{\alpha}_3=\begin{pmatrix} 1 \\ 0 \\ 1 \end{pmatrix}$ 及 $\boldsymbol{\beta}_1=\begin{pmatrix} 1 \\ 2 \\ 1 \end{pmatrix},\boldsymbol{\beta}_2=\begin{pmatrix} 2 \\ 3 \\ 4 \end{pmatrix},\boldsymbol{\beta}_3=\begin{pmatrix} 3 \\ 4 \\ 3 \end{pmatrix}$.

(1) 求由基 $\boldsymbol{\alpha}_1,\boldsymbol{\alpha}_2,\boldsymbol{\alpha}_3$ 到基 $\boldsymbol{\beta}_1,\boldsymbol{\beta}_2,\boldsymbol{\beta}_3$ 的过渡矩阵 $\boldsymbol{P}$.

(2) 设向量 $\boldsymbol{x}$ 在基 $\boldsymbol{\alpha}_1,\boldsymbol{\alpha}_2,\boldsymbol{\alpha}_3$ 下的坐标为 $(1,1,3)^{\mathrm{T}}$,求它在基 $\boldsymbol{\beta}_1,\boldsymbol{\beta}_2,\boldsymbol{\beta}_3$ 下的坐标.

【解析】 (1) 根据过渡矩阵的定义求解.

设 $\boldsymbol{A}=(\boldsymbol{\alpha}_1,\boldsymbol{\alpha}_2,\boldsymbol{\alpha}_3)$, $\boldsymbol{B}=(\boldsymbol{\beta}_1,\boldsymbol{\beta}_2,\boldsymbol{\beta}_3)$,由于 $\boldsymbol{\alpha}_1,\boldsymbol{\alpha}_2,\boldsymbol{\alpha}_3$ 与 $\boldsymbol{\beta}_1,\boldsymbol{\beta}_2,\boldsymbol{\beta}_3$ 都是 $\mathbf{R}^3$ 的基,故 $\boldsymbol{A},\boldsymbol{B}$ 均可逆,从而 $\boldsymbol{B}=\boldsymbol{AP}\Rightarrow\boldsymbol{P}=\boldsymbol{A}^{-1}\boldsymbol{B}$,由矩阵方程的求法知

$$(\boldsymbol{A},\boldsymbol{B})=\begin{pmatrix} 1 & 1 & 1 & 1 & 2 & 3 \\ 1 & 0 & 0 & 2 & 3 & 4 \\ 1 & -1 & 1 & 1 & 4 & 3 \end{pmatrix}\xrightarrow{r}\begin{pmatrix} 1 & 0 & 0 & 2 & 3 & 4 \\ 0 & 1 & 0 & 0 & -1 & 0 \\ 0 & 0 & 1 & -1 & 0 & -1 \end{pmatrix},$$

从而

$$\boldsymbol{P}=\begin{pmatrix} 2 & 3 & 4 \\ 0 & -1 & 0 \\ -1 & 0 & -1 \end{pmatrix}.$$

(2) 由 $\boldsymbol{x}=(\boldsymbol{\alpha}_1,\boldsymbol{\alpha}_2,\boldsymbol{\alpha}_3)\begin{pmatrix} 1 \\ 1 \\ 3 \end{pmatrix}=(\boldsymbol{\beta}_1,\boldsymbol{\beta}_2,\boldsymbol{\beta}_3)\begin{pmatrix} x_1 \\ x_2 \\ x_3 \end{pmatrix}$,从而

$$\begin{pmatrix}x_1\\x_2\\x_3\end{pmatrix}=(\boldsymbol{\beta}_1,\boldsymbol{\beta}_2,\boldsymbol{\beta}_3)^{-1}(\boldsymbol{\alpha}_1,\boldsymbol{\alpha}_2,\boldsymbol{\alpha}_3)\begin{pmatrix}1\\1\\3\end{pmatrix}=\boldsymbol{B}^{-1}\boldsymbol{A}\begin{pmatrix}1\\1\\3\end{pmatrix}=\boldsymbol{P}^{-1}\begin{pmatrix}1\\1\\3\end{pmatrix},$$

由 $\boldsymbol{P}^{-1}=-\frac{1}{2}\begin{pmatrix}1&3&4\\0&2&0\\-1&-3&-2\end{pmatrix}$ 得

$$\begin{pmatrix}x_1\\x_2\\x_3\end{pmatrix}=\boldsymbol{P}^{-1}\begin{pmatrix}1\\1\\3\end{pmatrix}=-\frac{1}{2}\begin{pmatrix}1&3&4\\0&2&0\\-1&-3&-2\end{pmatrix}\begin{pmatrix}1\\1\\3\end{pmatrix}=\begin{pmatrix}-8\\-1\\5\end{pmatrix}.$$

典型题型

题型一:向量组的线性相关性

【解题思路总述】 讨论或证明向量组 $\boldsymbol{\alpha}_1,\boldsymbol{\alpha}_2,\cdots,\boldsymbol{\alpha}_n$ 线性相关性的问题通常有如下思路.

(1) 定义法,即判断齐次线性方程组 $x_1\boldsymbol{\alpha}_1+x_2\boldsymbol{\alpha}_2+\cdots+x_n\boldsymbol{\alpha}_n=\boldsymbol{0}$ 解的情况.

若该方程组有非零解,则向量组 $\boldsymbol{\alpha}_1,\boldsymbol{\alpha}_2,\cdots,\boldsymbol{\alpha}_n$ 线性相关;

若该方程组只有零解,则向量组 $\boldsymbol{\alpha}_1,\boldsymbol{\alpha}_2,\cdots,\boldsymbol{\alpha}_n$ 线性无关.

(2) 线性相关与线性无关的性质.

(3) 向量组的秩与个数的关系,即

向量组 $\boldsymbol{\alpha}_1,\boldsymbol{\alpha}_2,\cdots,\boldsymbol{\alpha}_n$ 线性相关$\Leftrightarrow r(\boldsymbol{\alpha}_1,\boldsymbol{\alpha}_2,\cdots,\boldsymbol{\alpha}_n)<n$;

向量组 $\boldsymbol{\alpha}_1,\boldsymbol{\alpha}_2,\cdots,\boldsymbol{\alpha}_n$ 线性无关$\Leftrightarrow r(\boldsymbol{\alpha}_1,\boldsymbol{\alpha}_2,\cdots,\boldsymbol{\alpha}_n)=n$.

(4) 反证法.

【例 1】 讨论向量组 $\boldsymbol{\alpha}_1=\begin{pmatrix}1\\-1\\2\end{pmatrix},\boldsymbol{\alpha}_2=\begin{pmatrix}-1\\a\\-3\end{pmatrix},\boldsymbol{\alpha}_3=\begin{pmatrix}3\\1\\4\end{pmatrix}$ 的相关性.

【例 2】 设向量组 $\boldsymbol{\alpha}_1,\boldsymbol{\alpha}_2,\boldsymbol{\alpha}_3$ 线性无关,向量 $\boldsymbol{\beta}_1$ 能由 $\boldsymbol{\alpha}_1,\boldsymbol{\alpha}_2,\boldsymbol{\alpha}_3$ 线性表示,而 $\boldsymbol{\beta}_2$ 不能由 $\boldsymbol{\alpha}_1,\boldsymbol{\alpha}_2,\boldsymbol{\alpha}_3$ 线性表示,则对应任意常数 k,必有(　　).

(A) $\boldsymbol{\alpha}_1,\boldsymbol{\alpha}_2,\boldsymbol{\alpha}_3,k\boldsymbol{\beta}_1+\boldsymbol{\beta}_2$ 线性无关　　(B) $\boldsymbol{\alpha}_1,\boldsymbol{\alpha}_2,\boldsymbol{\alpha}_3,k\boldsymbol{\beta}_1+\boldsymbol{\beta}_2$ 线性相关

(C) $\boldsymbol{\alpha}_1,\boldsymbol{\alpha}_2,\boldsymbol{\alpha}_3,\boldsymbol{\beta}_1+k\boldsymbol{\beta}_2$ 线性无关　　(D) $\boldsymbol{\alpha}_1,\boldsymbol{\alpha}_2,\boldsymbol{\alpha}_3,\boldsymbol{\beta}_1+k\boldsymbol{\beta}_2$ 线性相关

【例 3】 已知 $\boldsymbol{A},\boldsymbol{B}$ 是满足 $\boldsymbol{AB}=\boldsymbol{O}$ 的任意两个非零矩阵,则必有(　).

(A) $\boldsymbol{A}$ 的列向量组线性相关,$\boldsymbol{B}$ 的行向量组线性相关

(B) $\boldsymbol{A}$ 的列向量组线性相关,$\boldsymbol{B}$ 的列向量组线性相关

(C) $\boldsymbol{A}$ 的行向量组线性相关,$\boldsymbol{B}$ 的行向量组线性相关

(D) $\boldsymbol{A}$ 的行向量组线性相关,$\boldsymbol{B}$ 的列向量组线性相关

【例 4】 设 λ_1,λ_2 是矩阵 $\boldsymbol{A}$ 的两个不同的特征值,对应的特征向量分别为 $\boldsymbol{\alpha}_1,\boldsymbol{\alpha}_2$,则 $\boldsymbol{\alpha}_1$,$\boldsymbol{A}(\boldsymbol{\alpha}_1+\boldsymbol{\alpha}_2)$线性无关的充分必要条件是(　　).

(A) $\lambda_1\neq 0$　　(B) $\lambda_2\neq 0$　　(C) $\lambda_1=0$　　(D) $\lambda_2=0$

【例 5】 已知向量组 $\boldsymbol{\alpha}_1,\boldsymbol{\alpha}_2,\cdots,\boldsymbol{\alpha}_s(s\geqslant 2)$线性无关，设 $\boldsymbol{\beta}_1=\boldsymbol{\alpha}_1+\boldsymbol{\alpha}_2,\boldsymbol{\beta}_2=\boldsymbol{\alpha}_2+\boldsymbol{\alpha}_3,\cdots,\boldsymbol{\beta}_{s-1}=\boldsymbol{\alpha}_{s-1}+\boldsymbol{\alpha}_s,\boldsymbol{\beta}_s=\boldsymbol{\alpha}_s+\boldsymbol{\alpha}_1$，试讨论向量组 $\boldsymbol{\beta}_1,\boldsymbol{\beta}_2,\cdots,\boldsymbol{\beta}_s$ 的线性相关性.

【例 6】 设 $\boldsymbol{A}$ 为 2 阶矩阵，$\boldsymbol{P}=(\boldsymbol{\alpha},\boldsymbol{A\alpha})$，其中 $\boldsymbol{\alpha}$ 为非零列向量且 $\boldsymbol{\alpha}$ 不是矩阵 $\boldsymbol{A}$ 的特征向量，证明 $\boldsymbol{P}$ 是可逆矩阵.

题型二：线性表示

【解题思路总述】 向量组的线性表示的问题本质上是非齐次线性方程组有无解的问题，通常有以下几种方法.

(1) 转化为非齐次线性方程组解的讨论.

(2) 对于部分抽象的向量组，一般要用推理分析的方法来判断能否线性表示.

(3) 对于正面不易判断的可应用反证法.

【例 7】 设非零向量 $\boldsymbol{\beta}$ 可由向量组 $\boldsymbol{\alpha}_1,\boldsymbol{\alpha}_2,\cdots,\boldsymbol{\alpha}_{m-1},\boldsymbol{\alpha}_m$ 线性表示，但不可由向量组 $\boldsymbol{\alpha}_1,\boldsymbol{\alpha}_2,\cdots,\boldsymbol{\alpha}_{m-1}$ 线性表示，下列结论正确的是(　　).

(A) $\boldsymbol{\alpha}_m$ 既可由 $\boldsymbol{\alpha}_1,\boldsymbol{\alpha}_2,\cdots,\boldsymbol{\alpha}_{m-1}$ 线性表示，又可由 $\boldsymbol{\alpha}_1,\boldsymbol{\alpha}_2,\cdots,\boldsymbol{\alpha}_{m-1},\boldsymbol{\beta}$ 线性表示

(B) $\boldsymbol{\alpha}_m$ 不可由 $\boldsymbol{\alpha}_1,\boldsymbol{\alpha}_2,\cdots,\boldsymbol{\alpha}_{m-1}$ 线性表示，但可由 $\boldsymbol{\alpha}_1,\boldsymbol{\alpha}_2,\cdots,\boldsymbol{\alpha}_{m-1},\boldsymbol{\beta}$ 线性表示

(C) $\boldsymbol{\alpha}_m$ 可由 $\boldsymbol{\alpha}_1,\boldsymbol{\alpha}_2,\cdots,\boldsymbol{\alpha}_{m-1}$ 线性表示，但不可由 $\boldsymbol{\alpha}_1,\boldsymbol{\alpha}_2,\cdots,\boldsymbol{\alpha}_{m-1},\boldsymbol{\beta}$ 线性表示

(D) $\boldsymbol{\alpha}_m$ 既不可由 $\boldsymbol{\alpha}_1,\boldsymbol{\alpha}_2,\cdots,\boldsymbol{\alpha}_{m-1}$ 线性表示，又不可由 $\boldsymbol{\alpha}_1,\boldsymbol{\alpha}_2,\cdots,\boldsymbol{\alpha}_{m-1},\boldsymbol{\beta}$ 线性表示

【例 8】 设 3 维列向量 $\boldsymbol{\alpha}_1=\begin{pmatrix}1+\lambda\\1\\1\end{pmatrix},\boldsymbol{\alpha}_2=\begin{pmatrix}1\\1+\lambda\\1\end{pmatrix},\boldsymbol{\alpha}_3=\begin{pmatrix}1\\1\\1+\lambda\end{pmatrix},\boldsymbol{\beta}=\begin{pmatrix}0\\\lambda\\\lambda^2\end{pmatrix}$，问 λ 为何值时：

(1) $\boldsymbol{\beta}$ 可由 $\boldsymbol{\alpha}_1,\boldsymbol{\alpha}_2,\boldsymbol{\alpha}_3$ 线性表示，且表达式唯一；

(2) $\boldsymbol{\beta}$ 可由 $\boldsymbol{\alpha}_1,\boldsymbol{\alpha}_2,\boldsymbol{\alpha}_3$ 线性表示，但表达式不唯一；

(3) $\boldsymbol{\beta}$ 不能由 $\boldsymbol{\alpha}_1,\boldsymbol{\alpha}_2,\boldsymbol{\alpha}_3$ 线性表示.

题型三：向量组的秩与极大线性无关组

【解题思路总述】

(1) 关于向量组的秩的问题通常会考察其性质，可利用向量组的秩与对应矩阵的秩以及向量组的秩与向量组的线性相关性的关系解决.

(2) 含参数的向量组的秩一般不易计算，如果向量组对应的矩阵是方阵，则可以转化为方阵行列式计算.

(3) 注意区别矩阵等价与向量组等价：

矩阵 $\boldsymbol{A}$ 与 $\boldsymbol{B}$ 等价$\Leftrightarrow r(\boldsymbol{A})=r(\boldsymbol{B})$且矩阵 $\boldsymbol{A}$ 与 $\boldsymbol{B}$ 是同型矩阵；

向量组 $\boldsymbol{A}$ 与 $\boldsymbol{B}$ 等价$\Leftrightarrow r(\boldsymbol{A})=r(\boldsymbol{B})=r(\boldsymbol{A},\boldsymbol{B})$.

(4) 求向量组 $\boldsymbol{\alpha}_1,\boldsymbol{\alpha}_2,\cdots,\boldsymbol{\alpha}_m$ 的极大无关组的方法如下.

令 $\boldsymbol{A}=(\boldsymbol{\alpha}_1,\boldsymbol{\alpha}_2,\cdots,\boldsymbol{\alpha}_m)$，对矩阵 $\boldsymbol{A}=(\boldsymbol{\alpha}_1,\boldsymbol{\alpha}_2,\cdots,\boldsymbol{\alpha}_m)$进行初等行变换得到矩阵 $\boldsymbol{B}=(\boldsymbol{\beta}_1,\boldsymbol{\beta}_2,\cdots,\boldsymbol{\beta}_m)$，则列向量组 $\boldsymbol{\alpha}_1,\boldsymbol{\alpha}_2,\cdots,\boldsymbol{\alpha}_m$ 和 $\boldsymbol{\beta}_1,\boldsymbol{\beta}_2,\cdots,\boldsymbol{\beta}_m$ 有相同的线性关系. 为方便找到极大线性无关组，一般将 $\boldsymbol{A}=(\boldsymbol{\alpha}_1,\boldsymbol{\alpha}_2,\cdots,\boldsymbol{\alpha}_m)$通过初等行变换化为行最简形 $\boldsymbol{B}=(\boldsymbol{\beta}_1,\boldsymbol{\beta}_2,\cdots,\boldsymbol{\beta}_m)$，观察易知 $\boldsymbol{\beta}_1,\boldsymbol{\beta}_2,\cdots,\boldsymbol{\beta}_m$ 的极大线性无关组. 例如，

$$\begin{array}{cccc} \boldsymbol{\alpha}_1 & \boldsymbol{\alpha}_2 & \boldsymbol{\alpha}_3 & \boldsymbol{\alpha}_4 \end{array} \qquad \begin{array}{cccc} \boldsymbol{\beta}_1 & \boldsymbol{\beta}_2 & \boldsymbol{\beta}_3 & \boldsymbol{\beta}_4 \end{array}$$

$$\begin{pmatrix} 1 & 1 & 1 & 4 \\ 2 & 1 & 3 & 5 \\ 1 & -1 & 3 & -2 \end{pmatrix} \xrightarrow{r} \begin{pmatrix} 1 & 0 & 2 & -2 \\ 0 & 1 & -1 & -1 \\ 0 & 0 & 0 & 0 \end{pmatrix},$$

显然 $r(\boldsymbol{\beta}_1,\boldsymbol{\beta}_2,\boldsymbol{\beta}_3,\boldsymbol{\beta}_4)=2$ 且 $\boldsymbol{\beta}_1,\boldsymbol{\beta}_2$ 是向量组 $\boldsymbol{\beta}_1,\boldsymbol{\beta}_2,\boldsymbol{\beta}_3,\boldsymbol{\beta}_4$ 的极大无关组，根据向量组 $\boldsymbol{\alpha}_1,\boldsymbol{\alpha}_2,\boldsymbol{\alpha}_3,\boldsymbol{\alpha}_4$ 与 $\boldsymbol{\beta}_1,\boldsymbol{\beta}_2,\boldsymbol{\beta}_3,\boldsymbol{\beta}_4$ 有相同的线性关系可知，$\boldsymbol{\alpha}_1,\boldsymbol{\alpha}_2$ 为向量组 $\boldsymbol{\alpha}_1,\boldsymbol{\alpha}_2,\boldsymbol{\alpha}_3,\boldsymbol{\alpha}_4$ 的极大无关组，并且由 $\boldsymbol{\beta}_3=2\boldsymbol{\beta}_1-\boldsymbol{\beta}_2,\boldsymbol{\beta}_4=-2\boldsymbol{\beta}_1-\boldsymbol{\beta}_2$ 可得 $\boldsymbol{\alpha}_3=2\boldsymbol{\alpha}_1-\boldsymbol{\alpha}_2,\boldsymbol{\alpha}_4=-2\boldsymbol{\alpha}_1-\boldsymbol{\alpha}_2$.

【例 9】 设向量组 $\boldsymbol{\alpha}_1=\begin{pmatrix} 1+a \\ 1 \\ 1 \\ 1 \end{pmatrix},\boldsymbol{\alpha}_2=\begin{pmatrix} 2 \\ 2+a \\ 2 \\ 2 \end{pmatrix},\boldsymbol{\alpha}_3=\begin{pmatrix} 3 \\ 3 \\ 3+a \\ 3 \end{pmatrix},\boldsymbol{\alpha}_4=\begin{pmatrix} 4 \\ 4 \\ 4 \\ 4+a \end{pmatrix}$，问 a 为何值时 $\boldsymbol{\alpha}_1,\boldsymbol{\alpha}_2,\boldsymbol{\alpha}_3,\boldsymbol{\alpha}_4$ 线性相关？当 $\boldsymbol{\alpha}_1,\boldsymbol{\alpha}_2,\boldsymbol{\alpha}_3,\boldsymbol{\alpha}_4$ 线性相关时，求它的一个极大无关组并用极大无关组表示其余向量.

【例 10】 设 $\boldsymbol{\alpha}_1,\boldsymbol{\alpha}_2,\cdots,\boldsymbol{\alpha}_m$ 与 $\boldsymbol{\beta}_1,\boldsymbol{\beta}_2,\cdots,\boldsymbol{\beta}_s$ 为两个 n 维向量组，且 $r(\boldsymbol{\alpha}_1,\boldsymbol{\alpha}_2,\cdots,\boldsymbol{\alpha}_m)=r(\boldsymbol{\beta}_1,\boldsymbol{\beta}_2,\cdots,\boldsymbol{\beta}_s)=r$，则(　　).

(A) 两个向量组等价

(B) $r(\boldsymbol{\alpha}_1,\boldsymbol{\alpha}_2,\cdots,\boldsymbol{\alpha}_m,\boldsymbol{\beta}_1,\boldsymbol{\beta}_2,\cdots,\boldsymbol{\beta}_s)=r$

(C) 若向量组 $\boldsymbol{\alpha}_1,\boldsymbol{\alpha}_2,\cdots,\boldsymbol{\alpha}_m$ 可由向量组 $\boldsymbol{\beta}_1,\boldsymbol{\beta}_2,\cdots,\boldsymbol{\beta}_s$ 线性表示，则两个向量组等价

(D) 两向量组构成的矩阵等价

【例 11】 矩阵 $\boldsymbol{A}=\begin{pmatrix} 1 & 0 & 1 \\ 1 & 1 & 2 \\ 0 & 1 & 1 \end{pmatrix}$，$\boldsymbol{\alpha}_1,\boldsymbol{\alpha}_2,\boldsymbol{\alpha}_3$ 为线性无关的 3 维列向量组，则向量组 $\boldsymbol{A}\boldsymbol{\alpha}_1,\boldsymbol{A}\boldsymbol{\alpha}_2,\boldsymbol{A}\boldsymbol{\alpha}_3$ 的秩为______.

【例 12】 确定常数 a，使向量组 $\boldsymbol{\alpha}_1=\begin{pmatrix} 1 \\ 1 \\ a \end{pmatrix},\boldsymbol{\alpha}_2=\begin{pmatrix} 1 \\ a \\ 1 \end{pmatrix},\boldsymbol{\alpha}_3=\begin{pmatrix} a \\ 1 \\ 1 \end{pmatrix}$ 可由向量组 $\boldsymbol{\beta}_1=\begin{pmatrix} 1 \\ 1 \\ a \end{pmatrix},\boldsymbol{\beta}_2=\begin{pmatrix} -2 \\ a \\ 4 \end{pmatrix},\boldsymbol{\beta}_3=\begin{pmatrix} -2 \\ a \\ a \end{pmatrix}$ 线性表示，但向量组 $\boldsymbol{\beta}_1,\boldsymbol{\beta}_2,\boldsymbol{\beta}_3$ 不能由向量组 $\boldsymbol{\alpha}_1,\boldsymbol{\alpha}_2,\boldsymbol{\alpha}_3$ 线性表示.

题型四：向量空间(数学一)

【解题思路总述】

(1) 由基 $\boldsymbol{\alpha}_1,\boldsymbol{\alpha}_2,\cdots,\boldsymbol{\alpha}_n$ 到基 $\boldsymbol{\beta}_1,\boldsymbol{\beta}_2,\cdots,\boldsymbol{\beta}_n$ 的过渡矩阵 $\boldsymbol{P}=(\boldsymbol{\alpha}_1,\boldsymbol{\alpha}_2,\cdots,\boldsymbol{\alpha}_n)^{-1}(\boldsymbol{\beta}_1,\boldsymbol{\beta}_2,\cdots,\boldsymbol{\beta}_n)$.

(2) 根据基的定义，证明向量组 $\boldsymbol{\beta}_1,\boldsymbol{\beta}_2,\cdots,\boldsymbol{\beta}_n$ 为 $\mathbf{R}^n$ 的一个基只需证明向量组 $\boldsymbol{\beta}_1,\boldsymbol{\beta}_2,\cdots,\boldsymbol{\beta}_n$ 线性无关即可.

(3) 根据向量在基下的坐标定义，向量 $\boldsymbol{\xi}$ 可以由不同的基线性表示，设 $\boldsymbol{\xi}$ 在基 $\boldsymbol{\alpha}_1,\boldsymbol{\alpha}_2,\cdots,\boldsymbol{\alpha}_n$ 和基 $\boldsymbol{\beta}_1,\boldsymbol{\beta}_2,\cdots,\boldsymbol{\beta}_n$ 下的坐标分别为 $x_1,x_2,\cdots,x_n$ 和 $y_1,y_2,\cdots,y_n$，则 $\boldsymbol{\xi}=x_1\boldsymbol{\alpha}_1+x_2\boldsymbol{\alpha}_2+\cdots+x_n\boldsymbol{\alpha}_n=y_1\boldsymbol{\beta}_1+y_2\boldsymbol{\beta}_2+\cdots+y_n\boldsymbol{\beta}_n$.

【例 13】 设 $\boldsymbol{\alpha}_1,\boldsymbol{\alpha}_2,\boldsymbol{\alpha}_3$ 是 3 维向量空间 $\mathbf{R}^3$ 的一组基,则由基 $\boldsymbol{\alpha}_1,\frac{1}{2}\boldsymbol{\alpha}_2,\frac{1}{3}\boldsymbol{\alpha}_3$ 到基 $\boldsymbol{\alpha}_1+\boldsymbol{\alpha}_2$, $\boldsymbol{\alpha}_2+\boldsymbol{\alpha}_3,\boldsymbol{\alpha}_3+\boldsymbol{\alpha}_1$ 的过渡矩阵为(　　).

(A) $\begin{pmatrix}1&0&1\\2&2&0\\0&3&3\end{pmatrix}$　　(B) $\begin{pmatrix}1&2&0\\0&2&3\\1&0&3\end{pmatrix}$

(C) $\begin{pmatrix}\frac{1}{2}&\frac{1}{4}&-\frac{1}{6}\\-\frac{1}{2}&\frac{1}{4}&\frac{1}{6}\\\frac{1}{2}&-\frac{1}{4}&\frac{1}{6}\end{pmatrix}$　　(D) $\begin{pmatrix}\frac{1}{2}&-\frac{1}{2}&\frac{1}{2}\\\frac{1}{4}&\frac{1}{4}&-\frac{1}{4}\\-\frac{1}{6}&\frac{1}{6}&\frac{1}{6}\end{pmatrix}$

【例 14】 设向量组 $\boldsymbol{\alpha}_1,\boldsymbol{\alpha}_2,\boldsymbol{\alpha}_3$ 是 $\mathbf{R}^3$ 的一个基,$\boldsymbol{\beta}_1=2\boldsymbol{\alpha}_1+2k\boldsymbol{\alpha}_3,\boldsymbol{\beta}_2=2\boldsymbol{\alpha}_2,\boldsymbol{\beta}_3=\boldsymbol{\alpha}_1+(k+1)\boldsymbol{\alpha}_3$.

(1) 证明:向量组 $\boldsymbol{\beta}_1,\boldsymbol{\beta}_2,\boldsymbol{\beta}_3$ 为 $\mathbf{R}^3$ 的一个基;

(2) 当 k 为何值时,存在非零向量 $\boldsymbol{\xi}$ 在基 $\boldsymbol{\alpha}_1,\boldsymbol{\alpha}_2,\boldsymbol{\alpha}_3$ 与基 $\boldsymbol{\beta}_1,\boldsymbol{\beta}_2,\boldsymbol{\beta}_3$ 下的坐标相同,并求所有的 $\boldsymbol{\xi}$.

典型题型答案

题型一:向量组的线性相关性

【例 1】 解析:

因为该向量组的个数等于维数,所以 $\boldsymbol{\alpha}_1,\boldsymbol{\alpha}_2,\boldsymbol{\alpha}_3$ 线性无关的充要条件是 $|\boldsymbol{\alpha}_1,\boldsymbol{\alpha}_2,\boldsymbol{\alpha}_3|\neq0$. 而

$|\boldsymbol{\alpha}_1,\boldsymbol{\alpha}_2,\boldsymbol{\alpha}_3|=\begin{vmatrix}1&-1&3\\-1&a&1\\2&-3&4\end{vmatrix}=-2(a-3)$,所以当 $a\neq3$ 时,$\boldsymbol{\alpha}_1,\boldsymbol{\alpha}_2,\boldsymbol{\alpha}_3$ 线性无关;当 $a=3$ 时,$\boldsymbol{\alpha}_1,\boldsymbol{\alpha}_2,\boldsymbol{\alpha}_3$ 线性相关.

【例 2】 解析:

因为向量组 $\boldsymbol{\alpha}_1,\boldsymbol{\alpha}_2,\boldsymbol{\alpha}_3$ 线性无关,且 $\boldsymbol{\beta}_2$ 不能由 $\boldsymbol{\alpha}_1,\boldsymbol{\alpha}_2,\boldsymbol{\alpha}_3$ 线性表示,所以

$$r(\boldsymbol{\alpha}_1,\boldsymbol{\alpha}_2,\boldsymbol{\alpha}_3,\boldsymbol{\beta}_2)=4.$$

而 $\boldsymbol{\beta}_1$ 可由 $\boldsymbol{\alpha}_1,\boldsymbol{\alpha}_2,\boldsymbol{\alpha}_3$ 线性表示,所以

$$r(\boldsymbol{\alpha}_1,\boldsymbol{\alpha}_2,\boldsymbol{\alpha}_3,k\boldsymbol{\beta}_1+\boldsymbol{\beta}_2)=4,$$

$$\boldsymbol{\alpha}_1,\boldsymbol{\alpha}_2,\boldsymbol{\alpha}_3,k\boldsymbol{\beta}_1+\boldsymbol{\beta}_2 \text{ 线性无关}.$$

对于向量组 $\boldsymbol{\alpha}_1,\boldsymbol{\alpha}_2,\boldsymbol{\alpha}_3,\boldsymbol{\beta}_1+k\boldsymbol{\beta}_2$,当 $k=0$ 时,显然 $\boldsymbol{\alpha}_1,\boldsymbol{\alpha}_2,\boldsymbol{\alpha}_3,\boldsymbol{\beta}_1$ 线性相关;当 $k\neq0$ 时,显然 $\boldsymbol{\alpha}_1,\boldsymbol{\alpha}_2,\boldsymbol{\alpha}_3,\boldsymbol{\beta}_1+k\boldsymbol{\beta}_2$ 线性无关,(C)选项错误.

故应选(A).

【例 3】 解析:

由 $\boldsymbol{AB}=\boldsymbol{O}$ 得 $r(\boldsymbol{A})+r(\boldsymbol{B})\leqslant n$,其中 $\boldsymbol{A}$ 是 $m\times n$ 矩阵,$\boldsymbol{B}$ 是 $n\times s$ 矩阵. 又因为 $\boldsymbol{A},\boldsymbol{B}$ 均为非

零矩阵，所以 $r(\boldsymbol{A})>0, r(\boldsymbol{B})>0$. 因此 $r(\boldsymbol{A})<n, r(\boldsymbol{B})<n$，即 $\boldsymbol{A}$ 的列向量组线性相关，$\boldsymbol{B}$ 的行向量组线性相关.

故应选(A).

【注】 题目中出现 $\boldsymbol{AB}=\boldsymbol{O}$ 这个条件，则应想到 $r(\boldsymbol{A})+r(\boldsymbol{B})\leqslant n$.

【例 4】 解析：

方法一 定义法.

由已知条件，按特征值特征向量定义有

$$\boldsymbol{A\alpha}_1=\lambda_1\boldsymbol{\alpha}_1,\quad \boldsymbol{A\alpha}_2=\lambda_2\boldsymbol{\alpha}_2,$$

那么

$$\boldsymbol{A}(\boldsymbol{\alpha}_1+\boldsymbol{\alpha}_2)=\boldsymbol{A\alpha}_1+\boldsymbol{A\alpha}_2=\lambda_1\boldsymbol{\alpha}_1+\lambda_2\boldsymbol{\alpha}_2.$$

因为 $\boldsymbol{\alpha}_1, A(\boldsymbol{\alpha}_1+\boldsymbol{\alpha}_2)$ 线性无关

$$\Leftrightarrow k_1\boldsymbol{\alpha}_1+k_2\boldsymbol{A}(\boldsymbol{\alpha}_1+\boldsymbol{\alpha}_2)=0 \text{ 成立，恒有 } k_1=0, k_2=0, \tag{1}$$

$$\Leftrightarrow (k_1+\lambda_1k_2)\boldsymbol{\alpha}_1+\lambda_2k_2\boldsymbol{\alpha}_2=\boldsymbol{0} \text{ 成立，恒有 } k_1=0, k_2=0, \tag{2}$$

由于 $\boldsymbol{\alpha}_1, \boldsymbol{\alpha}_2$ 是 $\boldsymbol{A}$ 不同特征值的特征向量，所以 $\boldsymbol{\alpha}_1, \boldsymbol{\alpha}_2$ 是线性无关的.

对于(2)式，有

$$\begin{cases} k_1+\lambda_1k_2=0, \\ \lambda_2k_2=0, \end{cases} \tag{3}$$

那么，作为 k_1, k_2 为未知数的齐次方程组(3)只有零解的充分必要条件为

$$\begin{vmatrix} 1 & \lambda_1 \\ 0 & \lambda_2 \end{vmatrix}\neq 0\Leftrightarrow \lambda_2\neq 0.$$

故应选(B).

方法二 利用向量组的秩.

由已知条件，按特征值特征向量定义有

$$\boldsymbol{A\alpha}_1=\lambda_1\boldsymbol{\alpha}_1,\quad \boldsymbol{A\alpha}_2=\lambda_2\boldsymbol{\alpha}_2,$$

那么

$$\boldsymbol{A}(\boldsymbol{\alpha}_1+\boldsymbol{\alpha}_2)=\boldsymbol{A\alpha}_1+\boldsymbol{A\alpha}_2=\lambda_1\boldsymbol{\alpha}_1+\lambda_2\boldsymbol{\alpha}_2.$$

因为 $\boldsymbol{\alpha}_1, \boldsymbol{\alpha}_2$ 是 $\boldsymbol{A}$ 不同特征值的特征向量，所以 $\boldsymbol{\alpha}_1, \boldsymbol{\alpha}_2$ 是线性无关的. 所以

$$(\boldsymbol{\alpha}_1, \boldsymbol{A}(\boldsymbol{\alpha}_1+\boldsymbol{\alpha}_2))=(\boldsymbol{\alpha}_1, \lambda_1\boldsymbol{\alpha}_1+\lambda_2\boldsymbol{\alpha}_2)=(\boldsymbol{\alpha}_1, \boldsymbol{\alpha}_2)\begin{pmatrix} 1 & \lambda_1 \\ 0 & \lambda_2 \end{pmatrix},$$

$$r(\boldsymbol{\alpha}_1, \boldsymbol{A}(\boldsymbol{\alpha}_1+\boldsymbol{\alpha}_2))=r(\boldsymbol{\alpha}_1, \boldsymbol{\alpha}_2)=2\Leftrightarrow \begin{pmatrix} 1 & \lambda_1 \\ 0 & \lambda_2 \end{pmatrix} \text{可逆} \Leftrightarrow \begin{vmatrix} 1 & \lambda_1 \\ 0 & \lambda_2 \end{vmatrix}\neq 0\Leftrightarrow \lambda_2\neq 0,$$

即 $\boldsymbol{\alpha}_1, \boldsymbol{A}(\boldsymbol{\alpha}_1+\boldsymbol{\alpha}_2)$ 线性无关的充分必要条件是 $\lambda_2\neq 0$.

故应选(B).

【注】 矩阵的不同特征值对应的特征向量线性无关. 矩阵的特征值、特征向量相关内容详见第 5 章.

【例 5】 解析：

由题意

$$(\boldsymbol{\beta}_1,\boldsymbol{\beta}_2,\cdots,\boldsymbol{\beta}_s)=(\boldsymbol{\alpha}_1,\boldsymbol{\alpha}_2,\cdots,\boldsymbol{\alpha}_s)\begin{pmatrix}1&0&\cdots&0&1\\1&1&\cdots&0&0\\0&1&\cdots&0&0\\\vdots&\vdots&&\vdots&\vdots\\0&0&\cdots&1&1\end{pmatrix}_{s\times s}.$$

令 $\boldsymbol{A}=(\boldsymbol{\alpha}_1,\boldsymbol{\alpha}_2,\cdots,\boldsymbol{\alpha}_s),\boldsymbol{B}=(\boldsymbol{\beta}_1,\boldsymbol{\beta}_2,\cdots,\boldsymbol{\beta}_s),\boldsymbol{C}=\begin{pmatrix}1&0&\cdots&0&1\\1&1&\cdots&0&0\\0&1&\cdots&0&0\\\vdots&\vdots&&\vdots&\vdots\\0&0&\cdots&1&1\end{pmatrix}$,则 $\boldsymbol{B}=\boldsymbol{AC}$. 因为

$$|\boldsymbol{C}|=\begin{vmatrix}1&0&\cdots&0&1\\1&1&\cdots&0&0\\0&1&\cdots&0&0\\\vdots&\vdots&&\vdots&\vdots\\0&0&\cdots&1&1\end{vmatrix}=1+(-1)^{s+1},$$

当 s 为偶数时,

$$\begin{vmatrix}1&0&\cdots&0&1\\1&1&\cdots&0&0\\0&1&\cdots&0&0\\\vdots&\vdots&&\vdots&\vdots\\0&0&\cdots&1&1\end{vmatrix}=1+(-1)^{s+1}=0,r(\boldsymbol{C})<s,$$

$$r(\boldsymbol{B})=r(\boldsymbol{AC})\leqslant r(\boldsymbol{C})<s,$$

此时向量组 $\boldsymbol{\beta}_1,\boldsymbol{\beta}_2,\cdots,\boldsymbol{\beta}_s$ 线性相关;

当 s 为奇数时,

$$\begin{vmatrix}1&0&\cdots&0&1\\1&1&\cdots&0&0\\0&1&\cdots&0&0\\\vdots&\vdots&&\vdots&\vdots\\0&0&\cdots&1&1\end{vmatrix}=1+(-1)^{s+1}=2,\boldsymbol{C}\text{ 可逆},$$

$$r(\boldsymbol{B})=r(\boldsymbol{AC})=r(\boldsymbol{A})=s,$$

此时向量组 $\boldsymbol{\beta}_1,\boldsymbol{\beta}_2,\cdots,\boldsymbol{\beta}_s$ 线性无关.

【例 6】 解析:

反证法. 假设 $\boldsymbol{\alpha},\boldsymbol{A\alpha}$ 线性相关,则存在实数 λ,使得 $\boldsymbol{A\alpha}=\lambda\boldsymbol{\alpha}$,这与 $\boldsymbol{\alpha}$ 不是矩阵 $\boldsymbol{A}$ 的特征向量相矛盾,故假设不成立,即 $\boldsymbol{\alpha},\boldsymbol{A\alpha}$ 线性无关,$\boldsymbol{P}$ 是可逆矩阵.

【注】 $\boldsymbol{P}$ 是可逆矩阵 $\Leftrightarrow|\boldsymbol{\alpha},\boldsymbol{A\alpha}|\neq0\Leftrightarrow r(\boldsymbol{\alpha},\boldsymbol{A\alpha})=2\Leftrightarrow\boldsymbol{\alpha},\boldsymbol{A\alpha}$ 线性无关.

题型二:线性表示

【例 7】 解析:

因为 $\boldsymbol{\beta}$ 可由向量组 $\boldsymbol{\alpha}_1,\boldsymbol{\alpha}_2,\cdots,\boldsymbol{\alpha}_{m-1},\boldsymbol{\alpha}_m$ 线性表示，所以存在常数 $k_1,k_2,\cdots,k_{m-1},k_m$，使得 $\boldsymbol{\beta}=k_1\boldsymbol{\alpha}_1+k_2\boldsymbol{\alpha}_2+\cdots+k_{m-1}\boldsymbol{\alpha}_{m-1}+k_m\boldsymbol{\alpha}_m$，因为 $\boldsymbol{\beta}$ 不可由向量组 $\boldsymbol{\alpha}_1,\boldsymbol{\alpha}_2,\cdots,\boldsymbol{\alpha}_{m-1}$ 线性表示，所以 $k_m\neq 0$，于是 $\boldsymbol{\alpha}_m=-\frac{k_1}{k_m}\boldsymbol{\alpha}_1-\frac{k_2}{k_m}\boldsymbol{\alpha}_2-\cdots-\frac{k_{m-1}}{k_m}\boldsymbol{\alpha}_{m-1}+\frac{1}{k_m}\boldsymbol{\beta}$，即 $\boldsymbol{\alpha}_m$ 可由向量组 $\boldsymbol{\alpha}_1,\boldsymbol{\alpha}_2,\cdots,\boldsymbol{\alpha}_{m-1},\boldsymbol{\beta}$ 线性表示. 若 $\boldsymbol{\alpha}_m$ 也可由 $\boldsymbol{\alpha}_1,\boldsymbol{\alpha}_2,\cdots,\boldsymbol{\alpha}_{m-1}$ 线性表示，则 $\boldsymbol{\beta}$ 可由向量组 $\boldsymbol{\alpha}_1,\boldsymbol{\alpha}_2,\cdots,\boldsymbol{\alpha}_{m-1}$ 线性表示，矛盾，故应选(B).

【例 8】 解析：

令 $\boldsymbol{\beta}=x_1\boldsymbol{\alpha}_1+x_2\boldsymbol{\alpha}_2+x_3\boldsymbol{\alpha}_3$，即 $\begin{pmatrix}1+\lambda & 1 & 1\\ 1 & 1+\lambda & 1\\ 1 & 1 & 1+\lambda\end{pmatrix}\begin{pmatrix}x_1\\ x_2\\ x_3\end{pmatrix}=\begin{pmatrix}0\\ \lambda\\ \lambda^2\end{pmatrix}$.

方程组的系数行列式 $|\boldsymbol{A}|=\begin{vmatrix}1+\lambda & 1 & 1\\ 1 & 1+\lambda & 1\\ 1 & 1 & 1+\lambda\end{vmatrix}=\lambda^2(\lambda+3)$.

(1) 当 $\lambda\neq 0$ 且 $\lambda\neq -3$ 时，$|\boldsymbol{A}|\neq 0$，方程组有唯一解，即 $\boldsymbol{\beta}$ 可由 $\boldsymbol{\alpha}_1,\boldsymbol{\alpha}_2,\boldsymbol{\alpha}_3$ 线性表示，且表达式唯一；

(2) 当 $\lambda=0$ 时，方程组是齐次方程组，$r(\boldsymbol{A})=1<3$，此时 $\boldsymbol{\beta}$ 可由 $\boldsymbol{\alpha}_1,\boldsymbol{\alpha}_2,\boldsymbol{\alpha}_3$ 线性表示，且表达式不唯一；

(3) 当 $\lambda=-3$ 时，对方程组的增广矩阵进行初等行变换

$$\overline{\boldsymbol{A}}=\begin{pmatrix}-2 & 1 & 1 & 0\\ 1 & -2 & 1 & -3\\ 1 & 1 & -2 & 9\end{pmatrix}\rightarrow\begin{pmatrix}1 & 1 & -2 & 9\\ 0 & 1 & -1 & 4\\ 0 & 0 & 0 & 6\end{pmatrix},$$

此时 $\boldsymbol{\beta}$ 不能由 $\boldsymbol{\alpha}_1,\boldsymbol{\alpha}_2,\boldsymbol{\alpha}_3$ 线性表示.

题型三：向量组的秩与极大线性无关组

【例 9】 解析：

方法一 当 $\boldsymbol{\alpha}_1,\boldsymbol{\alpha}_2,\boldsymbol{\alpha}_3,\boldsymbol{\alpha}_4$ 线性相关时，

$$|\boldsymbol{\alpha}_1,\boldsymbol{\alpha}_2,\boldsymbol{\alpha}_3,\boldsymbol{\alpha}_4|=\begin{vmatrix}1+a & 2 & 3 & 4\\ 1 & 2+a & 3 & 4\\ 1 & 2 & 3+a & 4\\ 1 & 2 & 3 & 4+a\end{vmatrix}=\begin{vmatrix}10+a & 2 & 3 & 4\\ 10+a & 2+a & 3 & 4\\ 10+a & 2 & 3+a & 4\\ 10+a & 2 & 3 & 4+a\end{vmatrix}$$

$$=(10+a)\begin{vmatrix}1 & 2 & 3 & 4\\ 1 & 2+a & 3 & 4\\ 1 & 2 & 3+a & 4\\ 1 & 2 & 3 & 4+a\end{vmatrix}=(10+a)\begin{vmatrix}1 & 0 & 0 & 0\\ 1 & a & 0 & 0\\ 1 & 0 & a & 0\\ 1 & 0 & 0 & a\end{vmatrix}$$

$$=(10+a)\cdot a^3=0,$$

所以当 $a=-10$ 或 0 时，$\boldsymbol{\alpha}_1,\boldsymbol{\alpha}_2,\boldsymbol{\alpha}_3,\boldsymbol{\alpha}_4$ 线性相关.

(1) 当 $a=-10$ 时，

$$(\boldsymbol{\alpha}_1,\boldsymbol{\alpha}_2,\boldsymbol{\alpha}_3,\boldsymbol{\alpha}_4)=\begin{pmatrix}-9&2&3&4\\1&-8&3&4\\1&2&-7&4\\1&2&3&-6\end{pmatrix}\rightarrow\begin{pmatrix}1&2&3&-6\\0&-10&0&10\\0&0&-10&10\\0&20&30&-50\end{pmatrix}$$

$$\rightarrow\begin{pmatrix}1&2&3&-6\\0&1&0&-1\\0&0&1&-1\\0&0&0&0\end{pmatrix}\rightarrow\begin{pmatrix}1&0&0&-1\\0&1&0&-1\\0&0&1&-1\\0&0&0&0\end{pmatrix}.$$

显然此时极大无关组为 $\boldsymbol{\alpha}_1,\boldsymbol{\alpha}_2,\boldsymbol{\alpha}_3$，且 $\boldsymbol{\alpha}_4=-\boldsymbol{\alpha}_1-\boldsymbol{\alpha}_2-\boldsymbol{\alpha}_3$.

(2) 当 $a=0$ 时，

$$(\boldsymbol{\alpha}_1,\boldsymbol{\alpha}_2,\boldsymbol{\alpha}_3,\boldsymbol{\alpha}_4)=\begin{pmatrix}1&2&3&4\\1&2&3&4\\1&2&3&4\\1&2&3&4\end{pmatrix}\rightarrow\begin{pmatrix}1&2&3&4\\0&0&0&0\\0&0&0&0\\0&0&0&0\end{pmatrix}.$$

显然此时极大无关组为 $\boldsymbol{\alpha}_1$，且 $\boldsymbol{\alpha}_2=2\boldsymbol{\alpha}_1,\boldsymbol{\alpha}_3=3\boldsymbol{\alpha}_1,\boldsymbol{\alpha}_4=4\boldsymbol{\alpha}_1$.

方法二 设

$$\boldsymbol{A}=(\boldsymbol{\alpha}_1,\boldsymbol{\alpha}_2,\boldsymbol{\alpha}_3,\boldsymbol{\alpha}_4)=\begin{pmatrix}1+a&2&3&4\\1&2+a&3&4\\1&2&3+a&4\\1&2&3&4+a\end{pmatrix},$$

对 $\boldsymbol{A}$ 进行初等行变换得

$$\boldsymbol{A}\rightarrow\begin{pmatrix}1+a&2&3&4\\-a&a&0&0\\-a&0&a&0\\-a&0&0&a\end{pmatrix}.$$

因为 $\boldsymbol{\alpha}_1,\boldsymbol{\alpha}_2,\boldsymbol{\alpha}_3,\boldsymbol{\alpha}_4$ 线性相关，所以 $r(\boldsymbol{A})<4$.

(1) 当 $a\neq0$,则

$$\boldsymbol{A}\rightarrow\begin{pmatrix}1+a&2&3&4\\-a&a&0&0\\-a&0&a&0\\-a&0&0&a\end{pmatrix}\rightarrow\begin{pmatrix}10+a&0&0&0\\-1&1&0&0\\-1&0&1&0\\-1&0&0&1\end{pmatrix},$$

当且仅当 $a=-10$ 时，$r(\boldsymbol{A})<4$,显然此时极大无关组为 $\boldsymbol{\alpha}_2,\boldsymbol{\alpha}_3,\boldsymbol{\alpha}_4$，且 $\boldsymbol{\alpha}_1=-\boldsymbol{\alpha}_2-\boldsymbol{\alpha}_3-\boldsymbol{\alpha}_4$.

(2) 当 $a=0$ 时,则

$$\boldsymbol{A}\rightarrow\begin{pmatrix}1&2&3&4\\0&0&0&0\\0&0&0&0\\0&0&0&0\end{pmatrix},$$

显然此时极大无关组为 $\boldsymbol{\alpha}_1$，且 $\boldsymbol{\alpha}_2=2\boldsymbol{\alpha}_1,\boldsymbol{\alpha}_3=3\boldsymbol{\alpha}_1,\boldsymbol{\alpha}_4=4\boldsymbol{\alpha}_1$.

【例 10】 解析：

$$\text{向量组 } \boldsymbol{\alpha}_1,\boldsymbol{\alpha}_2,\cdots,\boldsymbol{\alpha}_m \text{ 与 } \boldsymbol{\beta}_1,\boldsymbol{\beta}_2,\cdots,\boldsymbol{\beta}_s \text{ 等价}$$
$$\Leftrightarrow r(\boldsymbol{\alpha}_1,\boldsymbol{\alpha}_2,\cdots,\boldsymbol{\alpha}_m)=r(\boldsymbol{\beta}_1,\boldsymbol{\beta}_2,\cdots,\boldsymbol{\beta}_s)=r(\boldsymbol{\alpha}_1,\boldsymbol{\alpha}_2,\cdots,\boldsymbol{\alpha}_m,\boldsymbol{\beta}_1,\boldsymbol{\beta}_2,\cdots,\boldsymbol{\beta}_s).$$

由向量组 $\boldsymbol{\alpha}_1,\boldsymbol{\alpha}_2,\cdots,\boldsymbol{\alpha}_m$ 可由向量组 $\boldsymbol{\beta}_1,\boldsymbol{\beta}_2,\cdots,\boldsymbol{\beta}_s$ 线性表示得

$$r(\boldsymbol{\beta}_1,\boldsymbol{\beta}_2,\cdots,\boldsymbol{\beta}_s)=r(\boldsymbol{\alpha}_1,\boldsymbol{\alpha}_2,\cdots,\boldsymbol{\alpha}_m,\boldsymbol{\beta}_1,\boldsymbol{\beta}_2,\cdots,\boldsymbol{\beta}_s).$$

由已知条件 $r(\boldsymbol{\alpha}_1,\boldsymbol{\alpha}_2,\cdots,\boldsymbol{\alpha}_m)=r(\boldsymbol{\beta}_1,\boldsymbol{\beta}_2,\cdots,\boldsymbol{\beta}_s)=r$ 可得

$$r(\boldsymbol{\alpha}_1,\boldsymbol{\alpha}_2,\cdots,\boldsymbol{\alpha}_m)=r(\boldsymbol{\beta}_1,\boldsymbol{\beta}_2,\cdots,\boldsymbol{\beta}_s)=r(\boldsymbol{\alpha}_1,\boldsymbol{\alpha}_2,\cdots,\boldsymbol{\alpha}_m,\boldsymbol{\beta}_1,\boldsymbol{\beta}_2,\cdots,\boldsymbol{\beta}_s).$$

故应选(C).

但是对于(D)选项，需要明确一点：两个同型矩阵等价的充要条件是秩相等，但本题中的两个矩阵并不是同型矩阵，所以不能选(D).

【例 11】 解析：

由$(\boldsymbol{A\alpha}_1,\boldsymbol{A\alpha}_2,\boldsymbol{A\alpha}_3)=\boldsymbol{A}(\boldsymbol{\alpha}_1,\boldsymbol{\alpha}_2,\boldsymbol{\alpha}_3)$，令 $\boldsymbol{B}=(\boldsymbol{\alpha}_1,\boldsymbol{\alpha}_2,\boldsymbol{\alpha}_3)$，由已知条件 $\boldsymbol{A}=\begin{pmatrix}1&0&1\\1&1&2\\0&1&1\end{pmatrix}$，$\boldsymbol{\alpha}_1$，$\boldsymbol{\alpha}_2,\boldsymbol{\alpha}_3$ 为线性无关的 3 维列向量组，可知 $r(\boldsymbol{A})=2$ 且矩阵 $\boldsymbol{B}$ 可逆，故

$$r(\boldsymbol{A\alpha}_1,\boldsymbol{A\alpha}_2,\boldsymbol{A\alpha}_3)=r(\boldsymbol{A}(\boldsymbol{\alpha}_1,\boldsymbol{\alpha}_2,\boldsymbol{\alpha}_3))=r(\boldsymbol{AB})=r(\boldsymbol{A})=2.$$

【例 12】 解析：

由于向量组 $\boldsymbol{\alpha}_1,\boldsymbol{\alpha}_2,\boldsymbol{\alpha}_3$ 可由向量组 $\boldsymbol{\beta}_1,\boldsymbol{\beta}_2,\boldsymbol{\beta}_3$ 线性表示，但反之不可，故

$$r(\boldsymbol{\alpha}_1,\boldsymbol{\alpha}_2,\boldsymbol{\alpha}_3)<r(\boldsymbol{\beta}_1,\boldsymbol{\beta}_2,\boldsymbol{\beta}_3)\leqslant 3,$$

从而

$$|\boldsymbol{\alpha}_1,\boldsymbol{\alpha}_2,\boldsymbol{\alpha}_3|=\begin{vmatrix}1&1&a\\1&a&1\\a&1&1\end{vmatrix}=-(a+2)(a-1)^2=0,$$

于是 $a=-2$ 或 $a=1$.

当 $a=1$ 时，$r(\boldsymbol{\alpha}_1,\boldsymbol{\alpha}_2,\boldsymbol{\alpha}_3)=1<r(\boldsymbol{\beta}_1,\boldsymbol{\beta}_2,\boldsymbol{\beta}_3)=3$，结论成立；

当 $a=-2$ 时，由于 $r(\boldsymbol{A})=r(\boldsymbol{B})=2$，结论不成立，故 $a=1$.

题型四：向量空间(数学一)

【例 13】 解析：

过渡矩阵

$$\boldsymbol{P}=\left(\boldsymbol{\alpha}_1,\frac{1}{2}\boldsymbol{\alpha}_2,\frac{1}{3}\boldsymbol{\alpha}_3\right)^{-1}(\boldsymbol{\alpha}_1+\boldsymbol{\alpha}_2,\boldsymbol{\alpha}_2+\boldsymbol{\alpha}_3,\boldsymbol{\alpha}_3+\boldsymbol{\alpha}_1)$$
$$=\left[(\boldsymbol{\alpha}_1,\boldsymbol{\alpha}_2,\boldsymbol{\alpha}_3)\begin{pmatrix}1&0&0\\0&\frac{1}{2}&0\\0&0&\frac{1}{3}\end{pmatrix}\right]^{-1}(\boldsymbol{\alpha}_1,\boldsymbol{\alpha}_2,\boldsymbol{\alpha}_3)\begin{pmatrix}1&0&1\\1&1&0\\0&1&1\end{pmatrix}$$

$$=\begin{pmatrix}1&0&0\\0&\frac{1}{2}&0\\0&0&\frac{1}{3}\end{pmatrix}^{-1}(\boldsymbol{\alpha}_1,\boldsymbol{\alpha}_2,\boldsymbol{\alpha}_3)^{-1}(\boldsymbol{\alpha}_1,\boldsymbol{\alpha}_2,\boldsymbol{\alpha}_3)\begin{pmatrix}1&0&1\\1&1&0\\0&1&1\end{pmatrix}$$

$$=\begin{pmatrix}1&0&0\\0&2&0\\0&0&3\end{pmatrix}\begin{pmatrix}1&0&1\\1&1&0\\0&1&1\end{pmatrix}=\begin{pmatrix}1&0&1\\2&2&0\\0&3&3\end{pmatrix}.$$

故选(A).

【例 14】 解析:

(1) 由题意

$$(\boldsymbol{\beta}_1,\boldsymbol{\beta}_2,\boldsymbol{\beta}_3)=(\boldsymbol{\alpha}_1,\boldsymbol{\alpha}_2,\boldsymbol{\alpha}_3)\begin{pmatrix}2&0&1\\0&2&0\\2k&0&k+1\end{pmatrix},$$

因为

$$\begin{vmatrix}2&0&1\\0&2&0\\2k&0&k+1\end{vmatrix}=4\neq 0,$$

所以

$$r(\boldsymbol{\beta}_1,\boldsymbol{\beta}_2,\boldsymbol{\beta}_3)=r(\boldsymbol{\alpha}_1,\boldsymbol{\alpha}_2,\boldsymbol{\alpha}_3)=3,$$

则向量组 $\boldsymbol{\beta}_1,\boldsymbol{\beta}_2,\boldsymbol{\beta}_3$ 为 $\mathbf{R}^3$ 的一个基.

(2) 设

$$\boldsymbol{\xi}=x_1\boldsymbol{\alpha}_1+x_2\boldsymbol{\alpha}_2+x_3\boldsymbol{\alpha}_3=(\boldsymbol{\alpha}_1,\boldsymbol{\alpha}_2,\boldsymbol{\alpha}_3)\begin{pmatrix}x_1\\x_2\\x_3\end{pmatrix}$$

$$=x_1\boldsymbol{\beta}_1+x_2\boldsymbol{\beta}_2+x_3\boldsymbol{\beta}_3=(\boldsymbol{\alpha}_1,\boldsymbol{\alpha}_2,\boldsymbol{\alpha}_3)\begin{pmatrix}2&0&1\\0&2&0\\2k&0&k+1\end{pmatrix}\begin{pmatrix}x_1\\x_2\\x_3\end{pmatrix},$$

因为 $\boldsymbol{\alpha}_1,\boldsymbol{\alpha}_2,\boldsymbol{\alpha}_3$ 线性无关,所以

$$\begin{pmatrix}x_1\\x_2\\x_3\end{pmatrix}=\begin{pmatrix}2&0&1\\0&2&0\\2k&0&k+1\end{pmatrix}\begin{pmatrix}x_1\\x_2\\x_3\end{pmatrix},$$

即 $\begin{cases}x_1+x_3=0,\\x_2=0,\\2kx_1+kx_3=0,\end{cases}$ 因为 $\boldsymbol{\xi}\neq 0$,所以 x_1,x_2,x_3 不全为零,则 $\begin{vmatrix}1&0&1\\0&1&0\\2k&0&k\end{vmatrix}=-k=0$,则当 $k=0$ 时,$\boldsymbol{\xi}$ 在这两组基下有相同的坐标. 于是

$$x_1=t,\quad x_2=0,\quad x_3=-t,$$

即

$$\boldsymbol{\xi}=t\boldsymbol{\alpha}_1-t\boldsymbol{\alpha}_3,\quad t\text{ 为任意非零常数}.$$

第4章 线性方程组

考试内容

线性方程组的克拉默(Cramer)法则,齐次线性方程组有非零解的充分必要条件,非齐次线性方程组有解的充分必要条件,线性方程组解的性质和解的结构,齐次线性方程组的基础解系和通解,解空间(数学二不要求),非齐次线性方程组的通解.

考试要求

(1) 会用克拉默法则.

(2) 理解齐次线性方程组有非零解的充分必要条件及非齐次线性方程组有解的充分必要条件.

(3) 理解齐次线性方程组的基础解系、通解及解空间的概念,掌握齐次线性方程组的基础解系和通解的求法.

(4) 理解非齐次线性方程组解的结构及通解的概念.

(5) 掌握用初等行变换求解线性方程组的方法.

一、线性方程组的表示形式

线性方程组的三种表示形式.

(1) 代数形式:$\begin{cases} a_{11}x_1+a_{12}x_2+\cdots+a_{1n}x_n=b_1, \\ a_{21}x_1+a_{22}x_2+\cdots+a_{2n}x_n=b_2, \\ \qquad\qquad\qquad\qquad\vdots \\ a_{m1}x_1+a_{m2}x_2+\cdots+a_{mn}x_n=b_m. \end{cases}$

(2) 矩阵形式:$\boldsymbol{Ax}=\boldsymbol{b}$,其中 $\boldsymbol{A}=\begin{pmatrix} a_{11} & a_{12} & \cdots & a_{1n} \\ a_{21} & a_{22} & \cdots & a_{2n} \\ \vdots & \vdots & & \vdots \\ a_{m1} & a_{m2} & \cdots & a_{mn} \end{pmatrix}$ 称为系数矩阵,$\boldsymbol{x}=\begin{pmatrix} x_1 \\ x_2 \\ \vdots \\ x_n \end{pmatrix}$ 称为未知数向量,$\boldsymbol{b}=\begin{pmatrix} b_1 \\ b_2 \\ \vdots \\ b_m \end{pmatrix}$ 称为常数项向量,$(\boldsymbol{A} \mid \boldsymbol{b})=\left(\begin{array}{cccc|c} a_{11} & a_{12} & \cdots & a_{1n} & b_1 \\ a_{21} & a_{22} & \cdots & a_{2n} & b_2 \\ \vdots & \vdots & & \vdots & \vdots \\ a_{m1} & a_{m2} & \cdots & a_{mn} & b_m \end{array}\right)$ 称为增广矩阵.

(3) 向量形式:$x_1\boldsymbol{\alpha}_1+x_2\boldsymbol{\alpha}_2+\cdots+x_n\boldsymbol{\alpha}_n=\boldsymbol{b}$,其中 $\boldsymbol{\alpha}_i=(a_{1i},a_{2i},\cdots,a_{mi})^{\mathrm{T}},i=1,2,\cdots,n$.

二、克拉默法则

对于含有 n 个线性方程，并且含有 n 个未知数 $x_1, x_2, \cdots, x_n$ 的非齐次线性方程组

$$\begin{cases} a_{11}x_1 + a_{12}x_2 + \cdots a_{1n}x_n = b_1, \\ a_{21}x_1 + a_{22}x_2 + \cdots a_{2n}x_n = b_2, \\ \qquad\qquad\qquad\qquad \vdots \\ a_{n1}x_1 + a_{n2}x_2 + \cdots a_{nn}x_n = b_n, \end{cases} \qquad ①$$

称 $D = \begin{vmatrix} a_{11} & a_{12} & \cdots & a_{1n} \\ a_{21} & a_{22} & \cdots & a_{2n} \\ \vdots & \vdots & & \vdots \\ a_{n1} & a_{n2} & \cdots & a_{nn} \end{vmatrix}$ 为系数行列式.

情形一 当方程组的系数行列式 $D \neq 0$ 时，方程组有且仅有唯一解，且它的解为

$$x_1 = \frac{D_1}{D}, x_2 = \frac{D_2}{D}, \cdots, x_n = \frac{D_n}{D},$$

其中 $D_j (j = 1, 2, \cdots, n)$ 是把 D 中第 j 列用 $b_1, b_2, \cdots, b_n$ 代替后所得到的 n 阶行列式，即

$$D_j = \begin{vmatrix} a_{11} & \cdots & a_{1,j-1} & b_1 & a_{1,j+1} & \cdots & a_{1n} \\ a_{21} & \cdots & a_{2,j-1} & b_2 & a_{2,j+1} & \cdots & a_{2n} \\ \vdots & & \vdots & \vdots & \vdots & & \vdots \\ a_{n1} & \cdots & a_{n,j-1} & b_n & a_{n,j+1} & \cdots & a_{nn} \end{vmatrix}.$$

情形二 当方程组①的系数行列式 $D = 0$ 时，方程组有无穷多解或无解.

推论 4.1 当常数项 $b_1 = b_2 = \cdots = b_n = 0$ 时，方程组①称为齐次线性方程组，否则称为非齐次线性方程组. 对于齐次线性方程组

$$\begin{cases} a_{11}x_1 + a_{12}x_2 + \cdots + a_{1n}x_n = 0, \\ a_{21}x_1 + a_{22}x_2 + \cdots + a_{2n}x_n = 0, \\ \qquad\qquad\qquad\qquad \vdots \\ a_{n1}x_1 + a_{n2}x_2 + \cdots + a_{nn}x_n = 0, \end{cases} \qquad ②$$

$x_1 = x_2 = \cdots = x_n = 0$ 一定是它的解，称为零解. 如果一组不全为零的数是方程组②的解，则称为方程组②的非零解.

当 $D \neq 0$ 时，方程组②只有零解；

当 $D = 0$ 时，方程组②有非零解.

【注】 克拉默法则只适用于方程的个数和未知数的个数相等的情况.

【例 4.1】 求解非齐次线性方程组 $\begin{cases} x_1 + x_2 + x_3 = 1, \\ x_1 + 2x_2 + 3x_3 = 4, \\ x_1 + 4x_2 + 9x_3 = 16. \end{cases}$

【解析】 系数行列式

$$D=\begin{vmatrix}1&1&1\\1&2&3\\1&4&9\end{vmatrix}=(2-1)(3-1)(3-2)=2\neq 0,$$

根据克拉默法则,该方程组有且仅有唯一解,其解为

$$x_1=\frac{D_1}{D}=\frac{\begin{vmatrix}1&1&1\\4&2&3\\16&4&9\end{vmatrix}}{\begin{vmatrix}1&1&1\\1&2&3\\1&4&9\end{vmatrix}}=\frac{2}{2}=1,$$

$$x_2=\frac{D_2}{D}=\frac{\begin{vmatrix}1&1&1\\1&4&3\\1&16&9\end{vmatrix}}{\begin{vmatrix}1&1&1\\1&2&3\\1&4&9\end{vmatrix}}=\frac{-6}{2}=-3,$$

$$x_3=\frac{D_3}{D}=\frac{\begin{vmatrix}1&1&1\\1&2&4\\1&4&16\end{vmatrix}}{\begin{vmatrix}1&1&1\\1&2&3\\1&4&9\end{vmatrix}}=\frac{6}{2}=3.$$

三、齐次线性方程组的解

设齐次线性方程组 $\boldsymbol{Ax}=\boldsymbol{0}$,其中 $\boldsymbol{A}=(a_{ij})_{m\times n}$,$\boldsymbol{x}=\begin{pmatrix}x_1\\x_2\\\vdots\\x_n\end{pmatrix}$.

(1) $\boldsymbol{Ax}=\boldsymbol{0}$ 的解.

若将有序数组 $c_1,c_2,\cdots,c_n$ 代入齐次线性方程组的未知量 $x_1,x_2,\cdots,x_n$ 中,能够使得每个方程成立,则称向量 $(c_1,c_2,\cdots,c_n)^{\mathrm{T}}$ 是该齐次线性方程组的一个解向量.

(2) $\boldsymbol{Ax}=\boldsymbol{0}$ 的解的性质.

设 $\boldsymbol{\eta}_1,\boldsymbol{\eta}_2,\cdots,\boldsymbol{\eta}_t$ 是齐次线性方程组 $\boldsymbol{Ax}=\boldsymbol{0}$ 的解,则 $x=c_1\boldsymbol{\eta}_1+c_2\boldsymbol{\eta}_2+\cdots+c_t\boldsymbol{\eta}_t$ 仍是 $\boldsymbol{Ax}=\boldsymbol{0}$ 的解,其中 $c_1,c_2,\cdots,c_t$ 是任意常数.

(3) $\boldsymbol{Ax}=\boldsymbol{0}$ 的解的判定.

$\boldsymbol{A}_{m\times n}\boldsymbol{x}=\boldsymbol{0}$ 只有零解$\Leftrightarrow r(\boldsymbol{A})=n$(矩阵 $\boldsymbol{A}$ 列满秩)$\Leftrightarrow\boldsymbol{A}$ 的列向量组线性无关;

$\boldsymbol{A}_{m\times n}\boldsymbol{x}=\boldsymbol{0}$ 有非零解$\Leftrightarrow r(\boldsymbol{A})<n\Leftrightarrow\boldsymbol{A}$ 的列向量组线性相关.

(4)$\boldsymbol{Ax}=\boldsymbol{0}$ 的基础解系.

向量组 $\boldsymbol{\eta}_1,\boldsymbol{\eta}_2,\cdots,\boldsymbol{\eta}_{n-r}$ 称为齐次线性方程组 $\boldsymbol{Ax}=\boldsymbol{0}$ 的基础解系,它满足:

① $\boldsymbol{\eta}_1,\boldsymbol{\eta}_2,\cdots,\boldsymbol{\eta}_{n-r}$ 是方程组 $\boldsymbol{Ax}=\boldsymbol{0}$ 的解向量;

② $\boldsymbol{\eta}_1,\boldsymbol{\eta}_2,\cdots,\boldsymbol{\eta}_{n-r}$ 线性无关;

③ $\boldsymbol{Ax}=\boldsymbol{0}$ 的任何一个解都可由 $\boldsymbol{\eta}_1,\boldsymbol{\eta}_2,\cdots,\boldsymbol{\eta}_{n-r}$ 线性表示.

【注】 $\boldsymbol{Ax}=\boldsymbol{0}$ 的基础解系中所含向量个数等于 $n-r(\boldsymbol{A})$. 事实上,$\boldsymbol{Ax}=\boldsymbol{0}$ 的基础解系就是 $\boldsymbol{Ax}=\boldsymbol{0}$ 的解向量的一个极大线性无关组.

(5) $\boldsymbol{Ax}=\boldsymbol{0}$ 的通解.

若向量组 $\boldsymbol{\eta}_1,\boldsymbol{\eta}_2,\cdots,\boldsymbol{\eta}_{n-r}$ 为齐次线性方程组 $\boldsymbol{Ax}=\boldsymbol{0}$ 的基础解系,则 $\boldsymbol{x}=c_1\boldsymbol{\eta}_1+c_2\boldsymbol{\eta}_2+\cdots+c_{n-r}\boldsymbol{\eta}_{n-r}$ 是 $\boldsymbol{Ax}=\boldsymbol{0}$ 的通解,其中 $c_1,c_2,\cdots,c_{n-r}$ 是任意常数.

(6) $\boldsymbol{Ax}=\boldsymbol{0}$ 的基础解系和通解的求法.

第一步:用初等行变换化系数矩阵 $\boldsymbol{A}$ 为行阶梯形矩阵,求 $r(\boldsymbol{A})$.

第二步:① 若 $r(\boldsymbol{A})=n$,则方程组 $\boldsymbol{Ax}=\boldsymbol{0}$ 没有基础解系,只有零解;

② 若 $r(\boldsymbol{A})<n$,则方程 $\boldsymbol{Ax}=\boldsymbol{0}$ 有基础解系,有非零解. 进一步将 $\boldsymbol{A}$ 进行初等行变换化为行最简形 $\boldsymbol{B}$,写出同解方程组 $\boldsymbol{Bx}=\boldsymbol{0}$,$\boldsymbol{Bx}=\boldsymbol{0}$ 中每行第一个系数不为零的 r 个变量 $x_1,x_2,\cdots,x_r$ 称为独立变量,其余的 $n-r$ 个变量 $x_{r+1},x_{r+2},\cdots,x_n$ 称为自由变量,对自由变量进行赋值(一般为了方便计算,将 $n-r$ 个自由变量分别赋值为 $(1,0,\cdots,0)^{\mathrm{T}},(0,1,\cdots,0)^{\mathrm{T}},(0,0,\cdots,1)^{\mathrm{T}}$)后依次代入同解方程组 $\boldsymbol{Bx}=\boldsymbol{0}$ 中解出独立变量,即可得基础解系 $\boldsymbol{\eta}_1,\boldsymbol{\eta}_2,\cdots,\boldsymbol{\eta}_{n-r}(r(\boldsymbol{A})=r)$.

第三步:$\boldsymbol{Ax}=\boldsymbol{0}$ 的通解 $\boldsymbol{x}=c_1\boldsymbol{\eta}_1+c_2\boldsymbol{\eta}_2+\cdots+c_{n-r}\boldsymbol{\eta}_{n-r}$,其中 $c_1,c_2,\cdots,c_{n-r}$ 是任意常数.

【例 4.2】 求齐次线性方程组$\begin{cases}x_1+x_2+3x_4-x_5=0,\\ 2x_2+x_3+2x_4+x_5=0,\\ x_4+3x_5=0\end{cases}$的通解.

【解题思路】 先将系数矩阵化成行最简形矩阵,得到系数矩阵的秩和基础解系中所含向量个数,然后确定自由变量,并对自由变量进行赋值代入方程中得到独立变量的取值,即可得基础解系,再将基础解系写成线性组合的形式便得到通解.

【解析】 系数矩阵

$$\boldsymbol{A}=\begin{pmatrix}1&1&0&3&-1\\0&2&1&2&1\\0&0&0&1&3\end{pmatrix}\to\begin{pmatrix}1&1&0&0&-10\\0&2&1&0&-5\\0&0&0&1&3\end{pmatrix}\to\begin{pmatrix}1&0&-\frac{1}{2}&0&-\frac{15}{2}\\0&1&\frac{1}{2}&0&-\frac{5}{2}\\0&0&0&1&3\end{pmatrix},$$

所以 $r(\boldsymbol{A})=3$,基础解系中含有 $5-3=2$ 个向量,独立变量为 x_1,x_2,x_4,自由变量为 x_3,x_5.

令 $\begin{pmatrix}x_3\\x_5\end{pmatrix}=\begin{pmatrix}1\\0\end{pmatrix}$ 及 $\begin{pmatrix}0\\1\end{pmatrix}$,代入方程$\begin{cases}x_1-\frac{1}{2}x_3-\frac{15}{2}x_5=0,\\ x_2+\frac{1}{2}x_3-\frac{5}{2}x_5=0,\\ x_4+3x_5=0\end{cases}$中得基础解系

$$\boldsymbol{\eta}_1=\begin{pmatrix}\frac{1}{2}\\-\frac{1}{2}\\1\\0\\0\end{pmatrix},\quad \boldsymbol{\eta}_2=\begin{pmatrix}\frac{15}{2}\\\frac{5}{2}\\0\\-3\\1\end{pmatrix},$$

通解为

$$\boldsymbol{x}=c_1\begin{pmatrix}\frac{1}{2}\\-\frac{1}{2}\\1\\0\\0\end{pmatrix}+c_2\begin{pmatrix}\frac{15}{2}\\\frac{5}{2}\\0\\-3\\1\end{pmatrix}\quad (c_1,c_2 \text{ 为任意常数}).$$

【注】 本题中基础解系也可写成

$$\boldsymbol{\xi}_1=\begin{pmatrix}1\\-1\\2\\0\\0\end{pmatrix},\boldsymbol{\xi}_2=\begin{pmatrix}15\\5\\0\\-6\\2\end{pmatrix}.$$

四、非齐次线性方程组的解

设非齐次线性方程组 $\boldsymbol{Ax}=\boldsymbol{b}$,其中

$$\boldsymbol{A}=(a_{ij})_{m\times n},\boldsymbol{x}=\begin{pmatrix}x_1\\x_2\\\vdots\\x_n\end{pmatrix},\boldsymbol{b}=\begin{pmatrix}b_1\\b_2\\\vdots\\b_m\end{pmatrix}.$$

1) $\boldsymbol{Ax}=\boldsymbol{b}$ 的解

若将有序数组 $c_1,c_2,\cdots,c_n$ 代入非齐次线性方程组的未知量 $x_1,x_2,\cdots,x_n$ 中,能够使得每个方程成立,则称向量 $(c_1,c_2,\cdots,c_n)^{\mathrm{T}}$ 是该非齐次线性方程组的一个解向量.

2) $\boldsymbol{Ax}=\boldsymbol{b}$ 的解的性质

性质 4.1 设 $\boldsymbol{\eta}_1,\boldsymbol{\eta}_2$ 是非齐次线性方程组 $\boldsymbol{Ax}=\boldsymbol{b}$ 的解,则 $\boldsymbol{x}=c(\boldsymbol{\eta}_1-\boldsymbol{\eta}_2)$ 是 $\boldsymbol{Ax}=\boldsymbol{0}$ 的解,其中 c 是任意常数.

性质 4.2 设 $\boldsymbol{\eta}$ 是齐次线性方程组 $\boldsymbol{Ax}=\boldsymbol{0}$ 的解,$\boldsymbol{\eta}^*$ 是非齐次线性方程组 $\boldsymbol{Ax}=\boldsymbol{b}$ 的解,则 $\boldsymbol{\eta}+\boldsymbol{\eta}^*$ 是非齐次线性方程组 $\boldsymbol{Ax}=\boldsymbol{b}$ 的解.

性质 4.3 若 $\boldsymbol{\eta}_1,\boldsymbol{\eta}_2,\cdots,\boldsymbol{\eta}_t$ 是非齐次线性方程组 $\boldsymbol{Ax}=\boldsymbol{b}$ 的解,则

(1) $c_1\boldsymbol{\eta}_1+c_2\boldsymbol{\eta}_2+\cdots+c_t\boldsymbol{\eta}_t$ 是 $\boldsymbol{Ax}=\boldsymbol{b}$ 的解$\Leftrightarrow c_1+c_2+\cdots+c_t=1$;

(2) $c_1\boldsymbol{\eta}_1+c_2\boldsymbol{\eta}_2+\cdots+c_t\boldsymbol{\eta}_t$ 是 $\boldsymbol{Ax}=\boldsymbol{0}$ 的解$\Leftrightarrow c_1+c_2+\cdots+c_t=0$.

3）$\boldsymbol{Ax}=\boldsymbol{b}$ 的解的判定

$\boldsymbol{A}_{m\times n}\boldsymbol{x}=\boldsymbol{b}$ 有唯一解$\Leftrightarrow r(\boldsymbol{A})=r(\bar{\boldsymbol{A}})=n\Leftrightarrow\boldsymbol{b}$ 可由 $\boldsymbol{A}$ 的列向量组唯一线性表示；

$\boldsymbol{A}_{m\times n}\boldsymbol{x}=\boldsymbol{b}$ 有无穷多解$\Leftrightarrow r(\boldsymbol{A})=r(\bar{\boldsymbol{A}})<n\Leftrightarrow\boldsymbol{b}$ 可由 $\boldsymbol{A}$ 的列向量组线性表示，且表示方法不唯一；

$\boldsymbol{A}_{m\times n}\boldsymbol{x}=\boldsymbol{b}$ 无解$\Leftrightarrow r(\boldsymbol{A})<r(\bar{\boldsymbol{A}})\Leftrightarrow\boldsymbol{b}$ 不可由 $\boldsymbol{A}$ 的列向量组线性表示.

4）$\boldsymbol{Ax}=\boldsymbol{b}$ 的通解

对非齐次线性方程组 $\boldsymbol{Ax}=\boldsymbol{b}$，若 $r(\boldsymbol{A})=r(\bar{\boldsymbol{A}})=r$，且 $\boldsymbol{\eta}_1,\boldsymbol{\eta}_2,\cdots,\boldsymbol{\eta}_{n-r}$ 是齐次线性方程组 $\boldsymbol{Ax}=\boldsymbol{0}$ 的基础解系，$\boldsymbol{\eta}^*$ 是非齐次线性方程组 $\boldsymbol{Ax}=\boldsymbol{b}$ 的解，则 $\boldsymbol{Ax}=\boldsymbol{b}$ 的通解为 $\boldsymbol{x}=c_1\boldsymbol{\eta}_1+c_2\boldsymbol{\eta}_2+\cdots+c_{n-r}\boldsymbol{\eta}_{n-r}+\boldsymbol{\eta}^*$，其中 $c_1,c_2,\cdots,c_{n-r}$ 是任意常数.

5）$\boldsymbol{Ax}=\boldsymbol{b}$ 的通解的求法

第一步：用初等行变换化增广矩阵$(\boldsymbol{A},\boldsymbol{b})$为行最简形矩阵，判断 $r(\boldsymbol{A})$ 与 $r(\boldsymbol{A},\boldsymbol{b})$是否相等.

第二步：① 若 $r(\boldsymbol{A})=r(\boldsymbol{A},\boldsymbol{b})=n$，则方程 $\boldsymbol{Ax}=\boldsymbol{b}$ 有唯一解，此时行最简形矩阵的最后一列即为方程组的唯一解；

② 若 $r(\boldsymbol{A})=r(\boldsymbol{A},\boldsymbol{b})<n$，则方程 $\boldsymbol{Ax}=\boldsymbol{b}$ 有无穷多解，根据行最简形矩阵先求出对应齐次线性方程组 $\boldsymbol{Ax}=\boldsymbol{0}$ 的基础解系 $\boldsymbol{\eta}_1,\boldsymbol{\eta}_2,\cdots,\boldsymbol{\eta}_r$，再求出 $\boldsymbol{Ax}=\boldsymbol{b}$ 的一个特解 $\boldsymbol{\eta}^*$（一般将自由变量均取为零，行最简形矩阵的最后一列依次取为独立变量的值），则 $\boldsymbol{Ax}=\boldsymbol{b}$ 的通解为

$$\boldsymbol{x}=c_1\boldsymbol{\eta}_1+c_2\boldsymbol{\eta}_2+\cdots+c_{n-r}\boldsymbol{\eta}_{n-r}+\boldsymbol{\eta}^*,$$

其中 $c_1,c_2,\cdots,c_{n-r}$ 是任意常数；

③ 若 $r(\boldsymbol{A})<r(\boldsymbol{A},\boldsymbol{b})$，则方程组 $\boldsymbol{Ax}=\boldsymbol{b}$ 无解.

【例 4.3】 求非齐次线性方程组$\begin{cases}x_1+x_2+3x_4-x_5=1,\\2x_2+x_3+2x_4+x_5=2,\\x_4+3x_5=3\end{cases}$的通解.

【解题思路】 先将系数矩阵化成行最简形矩阵，得到系数矩阵的秩和基础解系中所含向量个数，然后确定自由变量，并对自由变量进行赋值代入方程中得到独立变量的取值，即可得基础解系，再将基础解系写成线性组合的形式便得到对应的齐次线性方程组的通解. 再加上一个非齐次线性方程组的特解，可得非齐次性线性方程组的通解.

【解析】 增广矩阵

$$(\boldsymbol{A}\ \vdots\ \boldsymbol{b})=\begin{pmatrix}1&1&0&3&-1&\vdots&1\\0&2&1&2&1&\vdots&2\\0&0&0&1&3&\vdots&3\end{pmatrix}\to\begin{pmatrix}1&1&0&0&-10&\vdots&-8\\0&2&1&0&-5&\vdots&-4\\0&0&0&1&3&\vdots&3\end{pmatrix}$$

$$\to\begin{pmatrix}1&0&-\frac{1}{2}&0&-\frac{15}{2}&\vdots&-6\\0&1&\frac{1}{2}&0&-\frac{5}{2}&\vdots&-2\\0&0&0&1&3&\vdots&3\end{pmatrix},$$

所以 $r(\boldsymbol{A})=3$，基础解系中含有 $5-3=2$ 个向量，独立变量为 x_1,x_2,x_4，自由变量为 x_3,x_5.

令$\begin{pmatrix}x_3\\x_5\end{pmatrix}=\begin{pmatrix}1\\0\end{pmatrix}$及$\begin{pmatrix}0\\1\end{pmatrix}$，代入方程$\begin{cases}x_1 -\frac{1}{2}x_3 -\frac{15}{2}x_5=0,\\ x_2+\frac{1}{2}x_3 -\frac{5}{2}x_5=0,\\ x_4+3x_5=0\end{cases}$中得齐次线性方程组的基础解系

$$\boldsymbol{\eta}_1=\begin{pmatrix}\frac{1}{2}\\-\frac{1}{2}\\1\\0\\0\end{pmatrix},\quad \boldsymbol{\eta}_2=\begin{pmatrix}\frac{15}{2}\\\frac{5}{2}\\0\\-3\\1\end{pmatrix},$$

非齐次线性方程组的一个解$\boldsymbol{\eta}^*=\begin{pmatrix}-6\\-2\\0\\3\\0\end{pmatrix}$，故非齐次线性方程组的通解为

$$\boldsymbol{x}=c_1\begin{pmatrix}\frac{1}{2}\\-\frac{1}{2}\\1\\0\\0\end{pmatrix}+c_2\begin{pmatrix}\frac{15}{2}\\\frac{5}{2}\\0\\-3\\1\end{pmatrix}+\begin{pmatrix}-6\\-2\\0\\3\\0\end{pmatrix}\quad (c_1,c_2\text{ 为任意常数}).$$

【例 4.4】 求下列线性方程组的通解.

(1) 设 $\boldsymbol{A}$ 为 n 阶矩阵，且 $\boldsymbol{A}$ 的各行元素之和为 0，$r(\boldsymbol{A})=n-1$，求 $\boldsymbol{Ax}=\boldsymbol{0}$ 的通解；

(2) 设 $\boldsymbol{Ax}=\boldsymbol{b}$ 为四元齐次线性方程组，且 $r(\boldsymbol{A})=3$，又 $\boldsymbol{\alpha}_1,\boldsymbol{\alpha}_2,\boldsymbol{\alpha}_3$ 为方程组 $\boldsymbol{Ax}=\boldsymbol{b}$ 的三个解向量，且 $\boldsymbol{\alpha}_1=(2,1,-1,3)^{\mathrm{T}}$，$\boldsymbol{\alpha}_2+\boldsymbol{\alpha}_3=(3,-3,1,5)^{\mathrm{T}}$，求 $\boldsymbol{Ax}=\boldsymbol{b}$ 的通解.

【解析】 (1) 因为 $r(\boldsymbol{A})=n-1$，所以方程组 $\boldsymbol{Ax}=\boldsymbol{0}$ 的基础解系只含一个线性无关的解向量，又因为 $\boldsymbol{A}$ 的各行元素之和为 0，所以

$$\boldsymbol{A}\ (1,1,\cdots,1)^{\mathrm{T}}=0,$$

于是$(1,1,\cdots,1)^{\mathrm{T}}$ 为方程组 $\boldsymbol{Ax}=\boldsymbol{0}$ 的一个基础解系，故方程组 $\boldsymbol{Ax}=\boldsymbol{0}$ 的通解为

$$\boldsymbol{x}=k\ (1,1,\cdots,1)^{\mathrm{T}}\quad (k\text{ 为任意常数}).$$

(2) 由 $r(\boldsymbol{A})=3$ 得方程组 $\boldsymbol{Ax}=\boldsymbol{0}$ 的基础解系的秩

$$R_S=n-r(\boldsymbol{A})=4-3=1,$$

因为 $\boldsymbol{\alpha}_1,\boldsymbol{\alpha}_2,\boldsymbol{\alpha}_3$ 为方程组 $\boldsymbol{Ax}=\boldsymbol{b}$ 的三个解向量，所以

$$\boldsymbol{A\alpha}_1=\boldsymbol{b},\quad \boldsymbol{A\alpha}_2=\boldsymbol{b},\quad \boldsymbol{A\alpha}_3=\boldsymbol{b}.$$

则
$$\boldsymbol{A}[2\boldsymbol{\alpha}_1-(\boldsymbol{\alpha}_2+\boldsymbol{\alpha}_3)]=2\boldsymbol{b}-\boldsymbol{b}-\boldsymbol{b}=0,$$

所以 $\boldsymbol{Ax}=\boldsymbol{0}$ 的基础解系为

$$2\boldsymbol{\alpha}_1-(\boldsymbol{\alpha}_2+\boldsymbol{\alpha}_3)=(1,5,-3,1)^{\mathrm{T}}.$$

故方程组 $\boldsymbol{Ax}=\boldsymbol{b}$ 的通解为

$$\boldsymbol{x}=k(1,5,-3,1)^{\mathrm{T}}+(2,1,-3,3)^{\mathrm{T}}\quad (k\text{ 为任意常数}).$$

【例 4.5】 设 $\boldsymbol{A}$ 为 4×3 阶矩阵，$\boldsymbol{\eta}_1,\boldsymbol{\eta}_2,\boldsymbol{\eta}_3$ 是非齐次线性方程组 $\boldsymbol{Ax}=\boldsymbol{b}$ 的三个线性无关解，k_1,k_2 为任意常数，则 $\boldsymbol{Ax}=\boldsymbol{b}$ 的通解为(　　).

(A) $\dfrac{\boldsymbol{\eta}_2+\boldsymbol{\eta}_3}{2}+k_1(\boldsymbol{\eta}_2-\boldsymbol{\eta}_1)$　　(B) $\dfrac{\boldsymbol{\eta}_2-\boldsymbol{\eta}_3}{2}+k_1(\boldsymbol{\eta}_2-\boldsymbol{\eta}_1)$

(C) $\dfrac{\boldsymbol{\eta}_2+\boldsymbol{\eta}_3}{2}+k_1(\boldsymbol{\eta}_2-\boldsymbol{\eta}_1)+k_2(\boldsymbol{\eta}_3-\boldsymbol{\eta}_1)$　　(D) $\dfrac{\boldsymbol{\eta}_2-\boldsymbol{\eta}_3}{2}+k_1(\boldsymbol{\eta}_2-\boldsymbol{\eta}_1)+k_2(\boldsymbol{\eta}_3-\boldsymbol{\eta}_1)$

【解析】 因为 $\boldsymbol{\eta}_1,\boldsymbol{\eta}_2,\boldsymbol{\eta}_3$ 是非齐次线性方程组 $\boldsymbol{Ax}=\boldsymbol{b}$ 的三个线性无关解，所以 $\boldsymbol{\eta}_2-\boldsymbol{\eta}_1,\boldsymbol{\eta}_3-\boldsymbol{\eta}_2,\boldsymbol{\eta}_3-\boldsymbol{\eta}_1$ 是对应的齐次线性方程组的解，而 $\boldsymbol{\eta}_2-\boldsymbol{\eta}_1,\boldsymbol{\eta}_3-\boldsymbol{\eta}_2,\boldsymbol{\eta}_3-\boldsymbol{\eta}_1$ 线性相关，其中任意两个向量线性无关，因此 $\boldsymbol{\eta}_2-\boldsymbol{\eta}_1,\boldsymbol{\eta}_3-\boldsymbol{\eta}_1$ 可以作为齐次线性方程组的基础解系，而 $\dfrac{\boldsymbol{\eta}_2+\boldsymbol{\eta}_3}{2}$ 是 $\boldsymbol{Ax}=\boldsymbol{b}$ 的一个特解，所以 $\boldsymbol{Ax}=\boldsymbol{b}$ 的通解可以表示为

$$\frac{\boldsymbol{\eta}_2+\boldsymbol{\eta}_3}{2}+k_1(\boldsymbol{\eta}_2-\boldsymbol{\eta}_1)+k_2(\boldsymbol{\eta}_3-\boldsymbol{\eta}_1).$$

故应选(C).

典型题型

题型一:线性方程组解的判定

【解题思路总述】

(1) 齐次线性方程组解的判定:

① $\boldsymbol{A}_{m\times n}\boldsymbol{x}=\boldsymbol{0}$ 有非零解 $\Leftrightarrow r(\boldsymbol{A})<n\Leftrightarrow\boldsymbol{A}$ 的列向量组线性相关 $\Leftrightarrow|\boldsymbol{A}|=0(m=n)$;

② $\boldsymbol{A}_{m\times n}\boldsymbol{x}=\boldsymbol{0}$ 只有零解 $\Leftrightarrow r(\boldsymbol{A})=n\Leftrightarrow\boldsymbol{A}$ 的列向量组线性无关 $\Leftrightarrow|\boldsymbol{A}|\neq 0(m=n)$.

(2) 非齐次线性方程组解的判定:

① $\boldsymbol{A}_{m\times n}\boldsymbol{x}=\boldsymbol{b}$ 有唯一解 $\Leftrightarrow r(\boldsymbol{A})=r(\boldsymbol{A})=n\Leftrightarrow\boldsymbol{b}$ 可由 $\boldsymbol{A}$ 的列向量组唯一线性表示;

② $\boldsymbol{A}_{m\times n}\boldsymbol{x}=\boldsymbol{b}$ 有无穷多解 $\Leftrightarrow r(\boldsymbol{A})=r(\bar{\boldsymbol{A}})<n\Leftrightarrow\boldsymbol{b}$ 可由 $\boldsymbol{A}$ 的列向量组线性表示，且表示方法不唯一;

③ $\boldsymbol{A}_{m\times n}\boldsymbol{x}=\boldsymbol{b}$ 无解 $\Leftrightarrow r(\boldsymbol{A})<r(\bar{\boldsymbol{A}})\Leftrightarrow\boldsymbol{b}$ 不可由 $\boldsymbol{A}$ 的列向量组线性表示.

【例 1】 齐次线性方程组 $\begin{cases}(1-\lambda)x_1-2x_2+4x_3=0,\\2x_1+(3-\lambda)x_2+x_3=0,\\x_1+x_2+(1-\lambda)x_3=0\end{cases}$ 有非零解，则 λ 的值是______.

【例 2】 设 $\boldsymbol{A}$ 是 $m\times n$ 矩阵，则下列结论正确的是(　　).

(A) 若 $r(\boldsymbol{A})=n$，则 $\boldsymbol{Ax}=\boldsymbol{b}$ 只有唯一解

(B) 若 $r(\boldsymbol{A})<n$，则 $\boldsymbol{Ax}=\boldsymbol{b}$ 有无数个解

(C) $\boldsymbol{Ax}=\boldsymbol{b}$ 有无穷多解的充分必要条件是 $\boldsymbol{Ax}=\boldsymbol{b}$ 有非零解

(D) 若 $r(\boldsymbol{A})=m$,则 $\boldsymbol{Ax}=\boldsymbol{b}$ 一定有解

题型二:基础解系

【解题思路总述】 $\boldsymbol{Ax}=\boldsymbol{0}$ 的基础解系 $\boldsymbol{\eta}_1,\boldsymbol{\eta}_2,\cdots,\boldsymbol{\eta}_{n-r}$ 应满足以下三个条件:

① 每个向量 $\boldsymbol{\eta}_i(i=1,2,\cdots,n-r)$ 均是 $\boldsymbol{Ax}=\boldsymbol{0}$ 的解;

② $\boldsymbol{\eta}_1,\boldsymbol{\eta}_2,\cdots,\boldsymbol{\eta}_{n-r}$ 线性无关;

③ 基础解系所含解向量个数为 $n-r(\boldsymbol{A})$ 或者 $\boldsymbol{Ax}=\boldsymbol{0}$ 的任何一个解向量均可由 $\boldsymbol{\eta}_1,\boldsymbol{\eta}_2,\cdots,\boldsymbol{\eta}_{n-r}$ 线性表示.

【例 3】 设 $\boldsymbol{\xi}_1=\begin{pmatrix}1\\2\\-1\\3\end{pmatrix},\boldsymbol{\xi}_2=\begin{pmatrix}2\\1\\4\\-3\end{pmatrix}$ 是齐次线性方程组 $\boldsymbol{A}_{3\times4}\boldsymbol{x}=\boldsymbol{0}$ 的基础解系,则下列向量中是 $\boldsymbol{A}_{3\times4}\boldsymbol{x}=\boldsymbol{0}$ 的解向量的是(　　).

(A) $\boldsymbol{\alpha}_1=\begin{pmatrix}1\\0\\0\\1\end{pmatrix}$　　(B) $\boldsymbol{\alpha}_2=\begin{pmatrix}1\\3\\5\\2\end{pmatrix}$　　(C) $\boldsymbol{\alpha}_3=\begin{pmatrix}1\\0\\3\\-3\end{pmatrix}$　　(D) $\boldsymbol{\alpha}_4=\begin{pmatrix}-2\\1\\3\\0\end{pmatrix}$

【例 4】 设 $\boldsymbol{A}$ 为 $m\times n$ 矩阵,$\boldsymbol{B}$ 为 $n\times s$ 矩阵. 证明:若 $\boldsymbol{AB}=\boldsymbol{O}$,则 $r(\boldsymbol{A})+r(\boldsymbol{B})\leqslant n$.

【例 5】 设 $\boldsymbol{A}=(\boldsymbol{\alpha}_1,\boldsymbol{\alpha}_2,\boldsymbol{\alpha}_3,\boldsymbol{\alpha}_4)$ 是 4 阶矩阵,$\boldsymbol{A}^*$ 为 $\boldsymbol{A}$ 的伴随矩阵. 若 $(1,0,1,0)^{\mathrm{T}}$ 是 $\boldsymbol{Ax}=\boldsymbol{0}$ 的一个基础解系,则 $\boldsymbol{A}^*\boldsymbol{x}=\boldsymbol{0}$ 的基础解系可为(　　).

(A) $\boldsymbol{\alpha}_1,\boldsymbol{\alpha}_3$　　(B) $\boldsymbol{\alpha}_1,\boldsymbol{\alpha}_2$　　(C) $\boldsymbol{\alpha}_1,\boldsymbol{\alpha}_2,\boldsymbol{\alpha}_3$　　(D) $\boldsymbol{\alpha}_2,\boldsymbol{\alpha}_3,\boldsymbol{\alpha}_4$

【例 6】 设 $\boldsymbol{\alpha}_1,\boldsymbol{\alpha}_2,\cdots,\boldsymbol{\alpha}_s$ 为线性方程组 $\boldsymbol{Ax}=\boldsymbol{0}$ 的一个基础解系,$\boldsymbol{\beta}_1=t_1\boldsymbol{\alpha}_1+t_2\boldsymbol{\alpha}_2,\boldsymbol{\beta}_2=t_1\boldsymbol{\alpha}_2+t_2\boldsymbol{\alpha}_3,\cdots,\boldsymbol{\beta}_s=t_1\boldsymbol{\alpha}_s+t_2\boldsymbol{\alpha}_1$,其中 t_1,t_2 为实常数,试问 t_1,t_2 满足什么条件时 $\boldsymbol{\beta}_1,\boldsymbol{\beta}_2,\cdots,\boldsymbol{\beta}_s$ 也为 $\boldsymbol{Ax}=\boldsymbol{0}$ 的一个基础解系?

题型三:求解线性方程组

【解题思路总述】

(1) 求齐次线性方程组 $\boldsymbol{Ax}=\boldsymbol{0}$ 的通解,应先求系数矩阵 $\boldsymbol{A}$ 的秩,然后求 $\boldsymbol{Ax}=\boldsymbol{0}$ 的基础解系,其中基础解系的秩为 $n-r(\boldsymbol{A})$.

(2) 非齐次线性方程组 $\boldsymbol{Ax}=\boldsymbol{b}$ 的通解等于 $\boldsymbol{Ax}=\boldsymbol{0}$ 的通解与非齐次线性方程组的特解的和.

(3) 含参数的非齐次线性方程组在求解时,如果系数矩阵是方阵,也可将系数矩阵的秩的关系转化为系数矩阵行列式的计算.

(4) 系数矩阵是方阵时,也可考虑克拉默法则.

【例 7】 a,b 取何值时,方程组 $\begin{cases}x_1+x_2+x_3+x_4=0,\\x_2+2x_3+2x_4=1,\\-x_2+(a-3)x_3-2x_4=b,\\3x_1+2x_2+x_3+ax_4=-1\end{cases}$ 有唯一解、无解、有无数个解?

在有无数个解时求出通解.

【例 8】 设 n 元方程组 $\boldsymbol{Ax}=\boldsymbol{b}$,其中

$$\boldsymbol{A}=\begin{pmatrix} 2a & 1 & & & & \\ a^2 & 2a & 1 & & & \\ & a^2 & 2a & 1 & & \\ & & \ddots & \ddots & \ddots & \\ & & & a^2 & 2a & 1 \\ & & & & a^2 & 2a \end{pmatrix},\quad \boldsymbol{x}=\begin{pmatrix} x_1 \\ x_2 \\ \vdots \\ x_n \end{pmatrix},\quad \boldsymbol{b}=\begin{pmatrix} 1 \\ 0 \\ \vdots \\ 0 \end{pmatrix}.$$

(1) 证明:行列式 $|\boldsymbol{A}|=(n+1)a^n$.

(2) 当 a 为何值时,该方程组有唯一解,并求 x_1.

(3) 当 a 为何值时,该方程组有无穷多解,并求通解.

【例 9】 设 $\boldsymbol{A}=(\boldsymbol{\alpha}_1,\boldsymbol{\alpha}_2,\boldsymbol{\alpha}_3,\boldsymbol{\alpha}_4)$,$\boldsymbol{\alpha}_2,\boldsymbol{\alpha}_3,\boldsymbol{\alpha}_4$ 线性无关,且 $\boldsymbol{\alpha}_1=3\boldsymbol{\alpha}_2+\boldsymbol{\alpha}_3$,$\boldsymbol{\beta}=\boldsymbol{\alpha}_1+2\boldsymbol{\alpha}_2+\boldsymbol{\alpha}_4$,求 $\boldsymbol{Ax}=\boldsymbol{b}$ 的通解.

【例 10】 设 $\boldsymbol{A}$ 为 3 阶非零矩阵,第一行元素 (a,b,c),a,b,c 不全为零,矩阵 $\boldsymbol{B}=\begin{pmatrix} 1 & 2 & 3 \\ 2 & 4 & 6 \\ 3 & 6 & k \end{pmatrix}$,且 $\boldsymbol{AB}=\boldsymbol{O}$,求方程组 $\boldsymbol{Ax}=\boldsymbol{0}$ 的通解.

题型四:求解矩阵方程

【解题思路总述】 求解矩阵方程 $\boldsymbol{AX}=\boldsymbol{B}$ 的两种方法如下.

① 当 $\boldsymbol{A}$ 可逆时,则 $\boldsymbol{X}=\boldsymbol{A}^{-1}\boldsymbol{B}$,利用初等变换 $(\boldsymbol{A},\boldsymbol{B})\xrightarrow{r}(\boldsymbol{E},\boldsymbol{A}^{-1}\boldsymbol{B})$.

② 当 $\boldsymbol{A}$ 不可逆时,将矩阵方程 $\boldsymbol{AX}=\boldsymbol{B}$ 转为非齐次线性方程组求解,具体做法如下:

令 $\boldsymbol{X}=(\boldsymbol{X}_1,\boldsymbol{X}_2,\cdots,\boldsymbol{X}_s)$,$\boldsymbol{B}=(\boldsymbol{\beta}_1,\boldsymbol{\beta}_2,\cdots,\boldsymbol{\beta}_s)$,则

$$\boldsymbol{AX}=\boldsymbol{B}\Leftrightarrow\begin{cases} \boldsymbol{AX}_1=\boldsymbol{\beta}_1, \\ \boldsymbol{AX}_2=\boldsymbol{\beta}_2, \\ \quad\vdots \\ \boldsymbol{AX}_s=\boldsymbol{\beta}_s. \end{cases}$$

再求解非齐次线性方程组 $\boldsymbol{AX}_i=\boldsymbol{\beta}_i\ (i=1,2,\cdots,s)$.

③ 当矩阵方程无法化简而矩阵阶数较低时,可采用“待定元素法”求解.将未知矩阵设出来,代入矩阵方程中解出未知矩阵的各元素.

【例 11】 设矩阵 $\boldsymbol{A}=\begin{pmatrix} a & 1 & 0 \\ 1 & a & -1 \\ 0 & 1 & a \end{pmatrix}$,且 $\boldsymbol{A}^3=\boldsymbol{O}$.

(1) 求 a 的值.

(2) 若矩阵 $\boldsymbol{X}$ 满足 $\boldsymbol{X}-\boldsymbol{XA}^2-\boldsymbol{AX}+\boldsymbol{AXA}^2=\boldsymbol{E}$,$\boldsymbol{E}$ 为 3 阶单位矩阵,求 $\boldsymbol{X}$.

【例 12】 设矩阵 $\boldsymbol{A}=\begin{pmatrix} 1 & -2 & 3 & -4 \\ 0 & 1 & -1 & 1 \\ 1 & 2 & 0 & -3 \end{pmatrix}$,$\boldsymbol{E}$ 为 3 阶单位矩阵.

(1)求方程组 $\boldsymbol{Ax}=\mathbf{0}$ 的一个基础解系.

(2)求满足 $\boldsymbol{AB}=\boldsymbol{E}$ 的所有矩阵 $\boldsymbol{B}$.

【例 13】 设 $\boldsymbol{A}=\begin{pmatrix}1 & a\\ 1 & 0\end{pmatrix}$,$\boldsymbol{B}=\begin{pmatrix}0 & 1\\ 1 & b\end{pmatrix}$,当 a,b 为何值时,存在矩阵 $\boldsymbol{C}$ 使得 $\boldsymbol{AC}-\boldsymbol{CA}=\boldsymbol{B}$,并求所有矩阵 $\boldsymbol{C}$.

题型五:方程组的公共解

方程组 $\boldsymbol{A}_{m\times n}\boldsymbol{x}=\mathbf{0}$ 与 $\boldsymbol{B}_{s\times n}\boldsymbol{x}=\mathbf{0}$ 的**公共解**是满足方程组 $\begin{pmatrix}\boldsymbol{A}\\ \boldsymbol{B}\end{pmatrix}\boldsymbol{x}=\mathbf{0}$ 的解.

【解题思路总述】 方程组 $\boldsymbol{A}_{m\times n}\boldsymbol{x}=\mathbf{0}$ 与 $\boldsymbol{B}_{s\times n}\boldsymbol{x}=\mathbf{0}$ 的公共解是满足方程组 $\begin{pmatrix}\boldsymbol{A}\\ \boldsymbol{B}\end{pmatrix}\boldsymbol{x}=\mathbf{0}$ 的解,具体方法如下.

(1) 若方程组 $\boldsymbol{A}_{m\times n}\boldsymbol{x}=\mathbf{0}$ 与 $\boldsymbol{B}_{s\times n}\boldsymbol{x}=\mathbf{0}$ 均已知,则直接联立这两个方程组求解方程组 $\begin{pmatrix}\boldsymbol{A}\\ \boldsymbol{B}\end{pmatrix}\boldsymbol{x}=\mathbf{0}$ 即可.

(2) 若方程组 $\boldsymbol{A}_{m\times n}\boldsymbol{x}=\mathbf{0}$ 已知,且 $\boldsymbol{B}_{s\times n}\boldsymbol{x}=\mathbf{0}$ 的基础解系已知,则将 $\boldsymbol{B}_{s\times n}\boldsymbol{x}=\mathbf{0}$ 的通解代入方程组 $\boldsymbol{A}_{m\times n}\boldsymbol{x}=\mathbf{0}$ 中解出任意常数满足的关系,再将这个关系式代入 $\boldsymbol{B}_{s\times n}\boldsymbol{x}=\mathbf{0}$ 的通解中即可求出公共解.

(3) 若方程组 $\boldsymbol{A}_{m\times n}\boldsymbol{x}=\mathbf{0}$ 与 $\boldsymbol{B}_{s\times n}\boldsymbol{x}=\mathbf{0}$ 的基础解系均已知,则令方程组 $\boldsymbol{A}_{m\times n}\boldsymbol{x}=\mathbf{0}$ 与 $\boldsymbol{B}_{s\times n}\boldsymbol{x}=\mathbf{0}$ 的通解相等,解出任意常数满足的关系,再将这个关系式代入 $\boldsymbol{A}_{m\times n}\boldsymbol{x}=\mathbf{0}$ 或 $\boldsymbol{B}_{s\times n}\boldsymbol{x}=\mathbf{0}$ 的通解中即可求出公共解.

【例 14】 设线性方程组(Ⅰ)$\begin{cases}x_1+x_2=0,\\ x_2-x_4=0\end{cases}$ 与(Ⅱ)$\begin{cases}x_1-x_2+x_3=0,\\ x_2-x_3+x_4=0.\end{cases}$

(1) 求两个线性方程组的基础解系.

(2) 求两个方程组的公共解.

【例 15】 设 4 元齐次线性方程组(Ⅰ)为$\begin{cases}2x_1+3x_2-x_3=0,\\ x_1+2x_2+x_3-x_4=0,\end{cases}$ 而已知另一 4 元齐次线性方程组(Ⅱ)的一个基础解系为 $\boldsymbol{\alpha}_1=(2,-1,a+2,1)^{\mathrm{T}}$,$\boldsymbol{\alpha}_2=(-1,2,4,a+8)^{\mathrm{T}}$.

(1) 求方程组(Ⅰ)的基础解系.

(2) 当 a 为何值时,方程组(Ⅰ)与(Ⅱ)有非零的公共解?若有,求出所有的非零公共解.

题型六:同解方程组

如果方程组 $\boldsymbol{A}_{m\times n}\boldsymbol{x}=\mathbf{0}$ 与 $\boldsymbol{B}_{s\times n}\boldsymbol{x}=\mathbf{0}$ 有完全相同的解,则称这两个方程组为**同解方程组**.

【解题思路总述】

(1) 若方程组 $\boldsymbol{A}_{m\times n}\boldsymbol{x}=\mathbf{0}$ 与 $\boldsymbol{B}_{s\times n}\boldsymbol{x}=\mathbf{0}$ 均已知,分别求出基础解系,比较这两个方程组的基础解系是否等价.若基础解系等价,则这两个方程组同解;若基础解系不等价,则这两个方程组不同解.

(2) 对于抽象的方程组 $\boldsymbol{A}_{m\times n}\boldsymbol{x}=\mathbf{0}$ 与 $\boldsymbol{B}_{s\times n}\boldsymbol{x}=\mathbf{0}$,只要证明 $\forall\,\boldsymbol{x}$,都有 $\boldsymbol{Ax}=\mathbf{0}\Leftrightarrow\boldsymbol{Bx}=\mathbf{0}$.

【注】 方程组 $\boldsymbol{A}_{m\times n}\boldsymbol{x}=\boldsymbol{0}$ 与 $\boldsymbol{B}_{s\times n}\boldsymbol{x}=\boldsymbol{0}$ 同解的必要条件是 $r(\boldsymbol{A})=r(\boldsymbol{B})$.

【例 16】 已知齐次线性方程组

$$(\text{Ⅰ})\begin{cases}x_1+2x_2+3x_3=0,\\2x_1+3x_2+5x_3=0,\\x_1+x_2+ax_3=0\end{cases}\text{和}(\text{Ⅱ})\begin{cases}x_1+bx_2+cx_3=0,\\2x_1+b^2x_2+(c+1)x_3=0\end{cases}$$

同解,求 a,b,c 的值.

【例 17】 设线性方程组(Ⅰ)$\begin{cases}x_1+3x_3+5x_4=0,\\x_1-x_2-2x_3+2x_4=0,\\2x_1-x_2+x_3+3x_4=0,\end{cases}$在线性方程组(Ⅰ)的基础上,添加一个方程 $ax_1+bx_2+cx_3+dx_4=0$,得方程组

$$(\text{Ⅱ})\begin{cases}x_1+3x_3+5x_4=0,\\x_1-x_2-2x_3+2x_4=0,\\2x_1-x_2+x_3+3x_4=0,\\ax_1+bx_2+cx_3+dx_4=0.\end{cases}$$

那么当 a,b,c,d 满足什么条件时,方程组(Ⅰ)与方程组(Ⅱ)同解?

【例 18】 设 $\boldsymbol{A}$ 是 n 阶实矩阵,$\boldsymbol{A}^{\mathrm{T}}$ 是 $\boldsymbol{A}$ 的转置矩阵.

(1) 证明方程组(Ⅰ)$\boldsymbol{A}\boldsymbol{x}=\boldsymbol{0}$ 与(Ⅱ)$\boldsymbol{A}^{\mathrm{T}}\boldsymbol{A}\boldsymbol{x}=\boldsymbol{0}$ 是同解方程组.

(2) 证明 $r(\boldsymbol{A})=r(\boldsymbol{A}^{\mathrm{T}}\boldsymbol{A})=r(\boldsymbol{A}\boldsymbol{A}^{\mathrm{T}})$.

典型题型答案

题型一:线性方程组解的判定

【例 1】 解析:

系数行列式

$$|\boldsymbol{A}|=\begin{vmatrix}1-\lambda & -2 & 4\\2 & 3-\lambda & 1\\1 & 1 & 1-\lambda\end{vmatrix}=\begin{vmatrix}3-\lambda & 0 & 6-2\lambda\\2 & 3-\lambda & 1\\1 & 1 & 1-\lambda\end{vmatrix}=\begin{vmatrix}3-\lambda & 0 & 0\\2 & 3-\lambda & -3\\1 & 1 & -1-\lambda\end{vmatrix}$$

$$=(3-\lambda)[(3-\lambda)(-1-\lambda)+3]=\lambda(3-\lambda)(\lambda-2)=0,$$

解得

$$\lambda_1=0,\quad \lambda_2=2,\quad \lambda_3=3.$$

【例 2】 解析:

因为 $r(\boldsymbol{A})=m\leqslant n$,所以 $r(\boldsymbol{A})=r(\bar{\boldsymbol{A}})=m\leqslant n$,所以方程组 $\boldsymbol{A}\boldsymbol{x}=\boldsymbol{b}$ 一定有解.

故应选(D).

题型二:基础解系

【例 3】 解析:

$\boldsymbol{\alpha}_i$ 是 $\boldsymbol{A}\boldsymbol{x}=\boldsymbol{0}$ 的解向量$\Leftrightarrow\boldsymbol{\alpha}_i$ 一定可由基础解系线性表示

$$\Leftrightarrow x_1\boldsymbol{\xi}_1+x_2\boldsymbol{\xi}_2=\boldsymbol{\alpha}_i(i=1,2,3,4)\text{有解,则}$$

$$(\boldsymbol{\xi}_1,\boldsymbol{\xi}_2,\boldsymbol{\alpha}_1,\boldsymbol{\alpha}_2,\boldsymbol{\alpha}_3,\boldsymbol{\alpha}_4)\to\begin{pmatrix}1&2&1&1&1&-2\\2&1&0&3&0&1\\-1&4&0&5&3&3\\3&-3&1&2&-3&0\end{pmatrix}\to\begin{pmatrix}1&2&1&1&1&-2\\0&-3&-2&1&-2&5\\0&0&-3&8&0&11\\0&0&4&-4&0&-9\end{pmatrix}.$$

由阶梯形矩阵可知，$r(\boldsymbol{\xi}_1,\boldsymbol{\xi}_2)=r(\boldsymbol{\xi}_1,\boldsymbol{\xi}_2,\boldsymbol{\alpha}_3)=2$，而 $\boldsymbol{\xi}_1,\boldsymbol{\xi}_2$ 线性无关，则 $\boldsymbol{\alpha}_3$ 可由 $\boldsymbol{\xi}_1,\boldsymbol{\xi}_2$ 线性表示，即 $\boldsymbol{\alpha}_3$ 是 $\boldsymbol{A}\boldsymbol{x}=\boldsymbol{0}$ 的解向量.

故应选(C).

【例 4】 证明：

将矩阵 $\boldsymbol{B}$ 按列分块成 s 个列向量 $\boldsymbol{\beta}_1,\boldsymbol{\beta}_2,\cdots,\boldsymbol{\beta}_s$，令 $\boldsymbol{B}=(\boldsymbol{\beta}_1,\boldsymbol{\beta}_2,\cdots,\boldsymbol{\beta}_s)$，由 $\boldsymbol{AB}=\boldsymbol{O}$ 可知 $\boldsymbol{A}\boldsymbol{\beta}_i=\boldsymbol{0}\ (i=1,2,\cdots,s)$，即 $\boldsymbol{\beta}_1,\boldsymbol{\beta}_2,\cdots,\boldsymbol{\beta}_s$ 是齐次线性方程组 $\boldsymbol{A}\boldsymbol{x}=\boldsymbol{0}$ 的解向量. 而 $\boldsymbol{A}\boldsymbol{x}=\boldsymbol{0}$ 的基础解系中所含向量个数为 $n-r(\boldsymbol{A})$，则

$$r(\boldsymbol{\beta}_1,\boldsymbol{\beta}_2,\cdots,\boldsymbol{\beta}_s)\leqslant n-r(\boldsymbol{A}),\quad \text{即}\quad r(\boldsymbol{A})+r(\boldsymbol{B})\leqslant n.$$

【例 5】 解析：

由已知 $(1,0,1,0)^{\mathrm{T}}$ 是 $\boldsymbol{A}\boldsymbol{x}=\boldsymbol{0}$ 的一个基础解系可得 $r(\boldsymbol{A})=4-1=3$，且 $(\boldsymbol{\alpha}_1,\boldsymbol{\alpha}_2,\boldsymbol{\alpha}_3,\boldsymbol{\alpha}_4)$

$$\begin{pmatrix}1\\0\\1\\0\end{pmatrix}=\boldsymbol{\alpha}_1+\boldsymbol{\alpha}_3=\boldsymbol{0}$$，即 $\boldsymbol{\alpha}_1,\boldsymbol{\alpha}_3$ 线性相关.

再由 $r(\boldsymbol{A})$ 与 $r(\boldsymbol{A}^*)$ 之间的关系可得 $r(\boldsymbol{A}^*)=1$，所以 $\boldsymbol{A}^*\boldsymbol{x}=\boldsymbol{0}$ 的基础解系中含有 3 个线性无关的向量；又 $\boldsymbol{A}^*\boldsymbol{A}=\boldsymbol{O}$，因此 $\boldsymbol{A}$ 的列向量 $\boldsymbol{\alpha}_1,\boldsymbol{\alpha}_2,\boldsymbol{\alpha}_3,\boldsymbol{\alpha}_4$ 均是 $\boldsymbol{A}^*\boldsymbol{x}=\boldsymbol{0}$ 的解，而 $\boldsymbol{\alpha}_1,\boldsymbol{\alpha}_3$ 线性相关，故 $\boldsymbol{A}^*\boldsymbol{x}=\boldsymbol{0}$ 的基础解系可以为 $\boldsymbol{\alpha}_2,\boldsymbol{\alpha}_3,\boldsymbol{\alpha}_4$.

故应选(D).

【例 6】 解析：

因为 $\boldsymbol{\alpha}_1,\boldsymbol{\alpha}_2,\cdots,\boldsymbol{\alpha}_s$ 为线性方程组 $\boldsymbol{A}\boldsymbol{x}=\boldsymbol{0}$ 的一个基础解系，所以 $\boldsymbol{A}\boldsymbol{\alpha}_i=\boldsymbol{0}(i=1,2,\cdots,s)$，又因为 $\boldsymbol{\beta}_1,\boldsymbol{\beta}_2,\cdots,\boldsymbol{\beta}_s$ 是 $\boldsymbol{\alpha}_1,\boldsymbol{\alpha}_2,\cdots,\boldsymbol{\alpha}_s$ 的线性组合，由齐次线性方程组解向量的性质可知，$\boldsymbol{A}\boldsymbol{\beta}_i=\boldsymbol{0}(i=1,2,\cdots,s)$，即 $\boldsymbol{\beta}_1,\boldsymbol{\beta}_2,\cdots,\boldsymbol{\beta}_s$ 也是 $\boldsymbol{A}\boldsymbol{x}=\boldsymbol{0}$ 的解向量；

$$(\boldsymbol{\beta}_1,\boldsymbol{\beta}_2,\cdots,\boldsymbol{\beta}_s)=(\boldsymbol{\alpha}_1,\boldsymbol{\alpha}_2,\cdots,\boldsymbol{\alpha}_s)\begin{pmatrix}t_1&0&\cdots&0&t_2\\t_2&t_1&\cdots&0&0\\\vdots&\vdots&&\vdots&\vdots\\0&0&\cdots&t_1&0\\0&0&\cdots&t_2&t_1\end{pmatrix},$$

令
$$\boldsymbol{C}=\begin{pmatrix}t_1&0&\cdots&0&t_2\\t_2&t_1&\cdots&0&0\\\vdots&\vdots&&\vdots&\vdots\\0&0&\cdots&t_1&0\\0&0&\cdots&t_2&t_1\end{pmatrix},$$

而
$$|\boldsymbol{C}|=\begin{vmatrix} t_1 & 0 & \cdots & 0 & t_2 \\ t_2 & t_1 & \cdots & 0 & 0 \\ \vdots & \vdots & & \vdots & \vdots \\ 0 & 0 & \cdots & t_1 & 0 \\ 0 & 0 & \cdots & t_2 & t_1 \end{vmatrix}=t_1^s+(-1)^{s+1}t_2^s,$$
所以当 $t_1{}^s+(-1)^{s+1}t_2^s\neq0$ 时，$\boldsymbol{C}$ 可逆，且$(\boldsymbol{\beta}_1,\boldsymbol{\beta}_2,\cdots,\boldsymbol{\beta}_s)=(\boldsymbol{\alpha}_1,\boldsymbol{\alpha}_2,\cdots,\boldsymbol{\alpha}_s)\boldsymbol{C}$，所以$r(\boldsymbol{\beta}_1,\boldsymbol{\beta}_2,\cdots,\boldsymbol{\beta}_s)=r(\boldsymbol{\alpha}_1,\boldsymbol{\alpha}_2,\cdots,\boldsymbol{\alpha}_s)=s$，即 $\boldsymbol{\beta}_1,\boldsymbol{\beta}_2,\cdots,\boldsymbol{\beta}_s$ 线性无关；向量组 $\boldsymbol{\beta}_1,\boldsymbol{\beta}_2,\cdots,\boldsymbol{\beta}_s$ 中向量个数为 s；故由基础解系的三个条件可知，当 $t_1^s+(-1)^{s+1}t_2^s\neq0$ 时，$\boldsymbol{\beta}_1,\boldsymbol{\beta}_2,\cdots,\boldsymbol{\beta}_s$ 也为 $\boldsymbol{Ax}=\boldsymbol{0}$ 的一个基础解系.

题型三：求解线性方程组

【例 7】 解析：

$$\overline{\mathbf{A}}=\begin{pmatrix} 1 & 1 & 1 & 1 & 0 \\ 0 & 1 & 2 & 2 & 1 \\ 0 & -1 & a-3 & -2 & b \\ 3 & 2 & 1 & a & -1 \end{pmatrix}\rightarrow\begin{pmatrix} 1 & 1 & 1 & 1 & 0 \\ 0 & 1 & 2 & 2 & 1 \\ 0 & 0 & a-1 & 0 & b+1 \\ 0 & 0 & 0 & a-1 & 0 \end{pmatrix}.$$

(1) 当 $a\neq1$ 时，因为 $r(\mathbf{A})=r(\overline{\mathbf{A}})=4$，所以方程组有唯一解.

(2) 当 $a=1,b\neq-1$ 时，因为 $r(\mathbf{A})=2\neq r(\overline{\mathbf{A}})=3$，所以方程组无解.

(3) 当 $a=1,b=-1$ 时，因为 $r(\mathbf{A})=r(\overline{\mathbf{A}})=2<4$，所以方程组有无数个解，由

$$\overline{\mathbf{A}}\rightarrow\begin{pmatrix} 1 & 1 & 1 & 1 & 0 \\ 0 & 1 & 2 & 2 & 1 \\ 0 & 0 & 0 & 0 & 0 \\ 0 & 0 & 0 & 0 & 0 \end{pmatrix}\rightarrow\begin{pmatrix} 1 & 0 & -1 & -1 & -1 \\ 0 & 1 & 2 & 2 & 1 \\ 0 & 0 & 0 & 0 & 0 \\ 0 & 0 & 0 & 0 & 0 \end{pmatrix}$$

得通解为

$$\boldsymbol{x}=k_1\begin{pmatrix} 1 \\ -2 \\ 1 \\ 0 \end{pmatrix}+k_2\begin{pmatrix} 1 \\ -2 \\ 0 \\ 1 \end{pmatrix}+\begin{pmatrix} -1 \\ 1 \\ 0 \\ 0 \end{pmatrix},\quad k_1,k_2\in\mathbf{R}.$$

【例 8】 解析：

(1) 将行列式化为上三角行列式：

$$|\mathbf{A}|=\begin{vmatrix} 2a & 1 & & & & \\ a^2 & 2a & 1 & & & \\ & a^2 & 2a & 1 & & \\ & & \ddots & \ddots & \ddots & \\ & & & a^2 & 2a & 1 \\ & & & & a^2 & 2a \end{vmatrix}=\begin{vmatrix} 2a & 1 & & & & \\ 0 & \frac{3a}{2} & 1 & & & \\ & a^2 & 2a & 1 & & \\ & & \ddots & \ddots & \ddots & \\ & & & a^2 & 2a & 1 \\ & & & & a^2 & 2a \end{vmatrix}$$

$$=\begin{vmatrix} 2a & 1 & & & & \\ 0 & \frac{3a}{2} & 1 & & & \\ & 0 & \frac{4a}{3} & 1 & & \\ & & \ddots & \ddots & \ddots & \\ & & & a^2 & 2a & 1 \\ & & & & a^2 & 2a \end{vmatrix}=\cdots=\begin{vmatrix} 2a & 1 & & & & \\ 0 & \frac{3a}{2} & 1 & & & \\ & 0 & \frac{4a}{3} & 1 & & \\ & & \ddots & \ddots & \ddots & \\ & & & 0 & \frac{na}{n-1} & 1 \\ & & & & 0 & \frac{(n+1)a}{n} \end{vmatrix}$$

$$=2a\,\frac{3a}{2}\frac{4a}{3}\cdots\frac{(n+1)a}{n}=(n+1)a^n.$$

(2) $A_{n\times n}x=b$ 有唯一解$\Leftrightarrow r(A)=n\Leftrightarrow|A|\neq 0$，所以当$|A|=(n+1)a^n\neq 0$ 时，即 $a\neq 0$ 时，该方程组有唯一解，利用克拉默法则可得

$$x_1=\frac{D_1}{|A|}=\frac{na^{n-1}}{(n+1)a^n}=\frac{n}{(n+1)a},\quad 其中\quad D_1=\begin{vmatrix} 1 & 1 & & & & \\ 0 & 2a & 1 & & & \\ & a^2 & 2a & 1 & & \\ & & \ddots & \ddots & \ddots & \\ & & & a^2 & 2a & 1 \\ & & & & a^2 & 2a \end{vmatrix}.$$

(3) $A_{n\times n}x=b$ 有无数解$\Leftrightarrow r(A)<n\Leftrightarrow|A|=0$，所以当$|A|=(n+1)a^n=0$，即 $a=0$ 时，该方程组有无数解. 此时

$$A=\begin{pmatrix} 0 & 1 & & & & \\ 0 & 0 & 1 & & & \\ & 0 & 0 & 1 & & \\ & & \ddots & \ddots & \ddots & \\ & & & 0 & 0 & 1 \\ & & & & 0 & 0 \end{pmatrix},$$

由 $\bar{A}=(A\ \vdots\ b)=\left(\begin{array}{cccccc|c} 0 & 1 & & & & & 1 \\ 0 & 0 & 1 & & & & 0 \\ & 0 & 0 & 1 & & & 0 \\ & & \ddots & \ddots & \ddots & & \vdots \\ & & & 0 & 0 & 1 & 0 \\ & & & & 0 & 0 & 0 \end{array}\right)$ 可得 $r(A)=r(A\ \vdots\ b)=n-1$，所以 $Ax=0$ 的通解为

$$k(1,0,0,\cdots,0)^{\mathrm{T}},\quad 其中 k 为任意常数,$$

$Ax=b$ 的特解为

$$(0,1,0,\cdots,0)^{\mathrm{T}},$$

故 $Ax=b$ 的通解为

$$k(1,0,0,\cdots,0)^{\mathrm{T}}+(0,1,0,\cdots,0)^{\mathrm{T}},\quad \text{其中 } k \text{ 为任意常数}.$$

【例 9】 解析：

显然 $r(\boldsymbol{A})=3$，则方程组 $\boldsymbol{Ax}=\boldsymbol{0}$ 的基础解系含有一个线性无关的解向量，因为 $\boldsymbol{\alpha}_1=3\boldsymbol{\alpha}_2+\boldsymbol{\alpha}_3$，即 $\boldsymbol{\alpha}_1-3\boldsymbol{\alpha}_2-\boldsymbol{\alpha}_3+0\boldsymbol{\alpha}_4=0$，所以 $(1,-3,-1,0)^{\mathrm{T}}$ 为方程组 $\boldsymbol{Ax}=\boldsymbol{0}$ 的一个基础解系.

$\boldsymbol{Ax}=\boldsymbol{b}$ 等价于 $x_1\boldsymbol{\alpha}_1+x_2\boldsymbol{\alpha}_2+x_3\boldsymbol{\alpha}_3+x_4\boldsymbol{\alpha}_4=\boldsymbol{\beta}$，再由 $\boldsymbol{\beta}=\boldsymbol{\alpha}_1+2\boldsymbol{\alpha}_2+\boldsymbol{\alpha}_4$ 得方程组 $\boldsymbol{Ax}=\boldsymbol{b}$ 的一个特解为 $(1,2,0,1)^{\mathrm{T}}$，于是方程组 $\boldsymbol{Ax}=\boldsymbol{b}$ 的通解为

$$\boldsymbol{x}=k(1,-3,-1,0)^{\mathrm{T}}+(1,2,0,1)^{\mathrm{T}},\quad k\in\mathbf{R}.$$

【例 10】 解析：

由 $\boldsymbol{AB}=\boldsymbol{O}$ 得 $r(\boldsymbol{A})+r(\boldsymbol{B})\leqslant 3$，因为 $\boldsymbol{A}\neq\boldsymbol{O},\boldsymbol{B}\neq\boldsymbol{O}$，所以 $r(\boldsymbol{A})\geqslant 1, r(\boldsymbol{B})\geqslant 1$，于是 $1\leqslant r(\boldsymbol{A})\leqslant 2$.

① 当 $k\neq 9$ 时，因为 $r(\boldsymbol{B})=2$，所以 $r(\boldsymbol{A})=1$，方程组 $\boldsymbol{Ax}=\boldsymbol{0}$ 的基础解系含两个线性无关的解向量，显然 $\boldsymbol{B}$ 的第一列和第三列线性无关，可以作为 $\boldsymbol{Ax}=\boldsymbol{0}$ 的基础解系，于是 $\boldsymbol{Ax}=\boldsymbol{0}$ 的通解为

$$\boldsymbol{x}=k_1\begin{pmatrix}1\\2\\3\end{pmatrix}+k_2\begin{pmatrix}3\\6\\k\end{pmatrix},\quad k_1,k_2\in\mathbf{R};$$

② 当 $k=9$ 时，$r(\boldsymbol{B})=1$.

情形一 若 $r(\boldsymbol{A})=2$，则方程组 $\boldsymbol{Ax}=\boldsymbol{0}$ 的基础解系只含一个线性无关的解向量，于是 $\boldsymbol{Ax}=\boldsymbol{0}$ 的通解为

$$\boldsymbol{x}=k\begin{pmatrix}1\\2\\3\end{pmatrix},\quad k\in\mathbf{R}.$$

情形二 若 $r(\boldsymbol{A})=1$，则方程组 $\boldsymbol{Ax}=\boldsymbol{0}$ 的基础解系含两个线性无关的解向量，不妨设 $a\neq 0$，由

$$\boldsymbol{A}\to\begin{pmatrix}a&b&c\\0&0&0\\0&0&0\end{pmatrix}\to\begin{pmatrix}1&\dfrac{b}{a}&\dfrac{c}{a}\\0&0&0\\0&0&0\end{pmatrix}$$

得 $\boldsymbol{Ax}=\boldsymbol{0}$ 的通解为

$$\boldsymbol{x}=k_1\begin{pmatrix}-\dfrac{b}{a}\\1\\0\end{pmatrix}+k_2\begin{pmatrix}-\dfrac{c}{a}\\0\\1\end{pmatrix},\quad k_1,k_2\in\mathbf{R}.$$

【注】 $\boldsymbol{AB}=\boldsymbol{O}$ 这个条件非常常见，由 $\boldsymbol{AB}=\boldsymbol{O}$ 可得① $r(\boldsymbol{A})+r(\boldsymbol{B})\leqslant n$（其中 n 表示 $\boldsymbol{A}$ 的列数、$\boldsymbol{B}$ 的行数）；② $\boldsymbol{B}$ 的列向量均是 $\boldsymbol{Ax}=\boldsymbol{0}$ 的解向量. 应该记住这两个结论.

题型四：求解矩阵方程

【例 11】 解析：

(1) 由 $\boldsymbol{A}^3=\boldsymbol{O}$ 得：$|\boldsymbol{A}|=\begin{vmatrix} a & 1 & 0 \\ 1 & a & -1 \\ 0 & 1 & a \end{vmatrix}=a^3=0$，解得 $a=0$.

(2) 由 $\boldsymbol{X}-\boldsymbol{X}\boldsymbol{A}^2-\boldsymbol{A}\boldsymbol{X}+\boldsymbol{A}\boldsymbol{X}\boldsymbol{A}^2=\boldsymbol{E}$ 得

$$\boldsymbol{X}(\boldsymbol{E}-\boldsymbol{A}^2)-\boldsymbol{A}\boldsymbol{X}(\boldsymbol{E}-\boldsymbol{A}^2)=(\boldsymbol{E}-\boldsymbol{A})\boldsymbol{X}(\boldsymbol{E}-\boldsymbol{A}^2)=\boldsymbol{E},$$

故

$$\boldsymbol{X}=(\boldsymbol{E}-\boldsymbol{A})^{-1}(\boldsymbol{E}-\boldsymbol{A}^2)^{-1}=(\boldsymbol{E}-\boldsymbol{A}-\boldsymbol{A}^2)^{-1},$$

而 $\boldsymbol{E}-\boldsymbol{A}-\boldsymbol{A}^2=\begin{pmatrix} 0 & -1 & 1 \\ -1 & 1 & 1 \\ -1 & -1 & 2 \end{pmatrix}$，利用初等变换求得

$$(\boldsymbol{E}-\boldsymbol{A}-\boldsymbol{A}^2)^{-1}=\begin{pmatrix} 3 & 1 & -2 \\ 1 & 1 & -1 \\ 2 & 1 & -1 \end{pmatrix},$$

所以

$$\boldsymbol{X}=\begin{pmatrix} 3 & 1 & -2 \\ 1 & 1 & -1 \\ 2 & 1 & -1 \end{pmatrix}.$$

【例 12】 解析：

(1) 对矩阵 $\boldsymbol{A}$ 进行初等行变换得

$$\boldsymbol{A}=\begin{pmatrix} 1 & -2 & 3 & -4 \\ 0 & 1 & -1 & 1 \\ 1 & 2 & 0 & -3 \end{pmatrix}\to\begin{pmatrix} 1 & -2 & 3 & -4 \\ 0 & 1 & -1 & 1 \\ 0 & 4 & -3 & 1 \end{pmatrix}$$

$$\to\begin{pmatrix} 1 & -2 & 3 & -4 \\ 0 & 1 & -1 & 1 \\ 0 & 0 & 1 & -3 \end{pmatrix}\to\begin{pmatrix} 1 & 0 & 0 & 1 \\ 0 & 1 & 0 & -2 \\ 0 & 0 & 1 & -3 \end{pmatrix},$$

则方程组 $\boldsymbol{A}\boldsymbol{x}=\boldsymbol{0}$ 的一个基础解系为 $\boldsymbol{\eta}=(-1,2,3,1)^{\mathrm{T}}$.

(2) 对增广矩阵进行初等行变换得

$$\overline{\boldsymbol{A}}=(\boldsymbol{A}\ \vdots\ \boldsymbol{E})=\left(\begin{array}{cccc:ccc} 1 & -2 & 3 & -4 & 1 & 0 & 0 \\ 0 & 1 & -1 & 1 & 0 & 1 & 0 \\ 1 & 2 & 0 & -3 & 0 & 0 & 1 \end{array}\right)\to\left(\begin{array}{cccc:ccc} 1 & -2 & 3 & -4 & 1 & 0 & 0 \\ 0 & 1 & -1 & 1 & 0 & 1 & 0 \\ 0 & 4 & -3 & 1 & -1 & 0 & 1 \end{array}\right)$$

$$\to\left(\begin{array}{cccc:ccc} 1 & -2 & 3 & -4 & 1 & 0 & 0 \\ 0 & 1 & -1 & 1 & 0 & 1 & 0 \\ 0 & 0 & 1 & -3 & -1 & -4 & 1 \end{array}\right)\to\left(\begin{array}{cccc:ccc} 1 & 0 & 0 & 1 & 2 & 6 & -1 \\ 0 & 1 & 0 & -2 & -1 & -3 & 1 \\ 0 & 0 & 1 & -3 & -1 & -4 & 1 \end{array}\right).$$

令 $\boldsymbol{B}=(\boldsymbol{\beta}_1,\boldsymbol{\beta}_2,\boldsymbol{\beta}_3)$，$\boldsymbol{E}=(\boldsymbol{e}_1,\boldsymbol{e}_2,\boldsymbol{e}_3)$，则

$\boldsymbol{A}\boldsymbol{\beta}_1=\boldsymbol{e}_1$ 的通解为 $\boldsymbol{\beta}_1=k_1\ (-1,2,3,1)^{\mathrm{T}}+(2,-1,-1,0)^{\mathrm{T}}=(-k_1+2,2k_1-1,3k_1-1,k_1)^{\mathrm{T}}$；

$\boldsymbol{A}\boldsymbol{\beta}_2=\boldsymbol{e}_2$ 的通解为 $\boldsymbol{\beta}_2=k_2\ (-1,2,3,1)^{\mathrm{T}}+(6,-3,-4,0)^{\mathrm{T}}=(-k_2+6,2k_2-3,3k_2-4,k_2)^{\mathrm{T}}$；

$\boldsymbol{A}\boldsymbol{\beta}_3=\boldsymbol{e}_3$ 的通解为 $\boldsymbol{\beta}_3=k_3\ (-1,2,3,1)^{\mathrm{T}}+(-1,1,1,0)^{\mathrm{T}}=(-k_3-1,2k_3+1,3k_3+1,k_3)^{\mathrm{T}}$.

所以 $\boldsymbol{B}=(\boldsymbol{\beta}_1,\boldsymbol{\beta}_2,\boldsymbol{\beta}_3)=\begin{pmatrix} -k_1+2 & -k_2+6 & -k_3-1 \\ 2k_1-1 & 2k_2-3 & 2k_3+1 \\ 3k_1-1 & 3k_2-4 & 3k_3+1 \\ k_1 & k_2 & k_3 \end{pmatrix}$，$k_1,k_2,k_3$ 为任意常数.

【例 13】 解析：

设 $\boldsymbol{C}=\begin{pmatrix} x_1 & x_2 \\ x_3 & x_4 \end{pmatrix}$，则

$$\boldsymbol{AC}-\boldsymbol{CA}=\begin{pmatrix} 1 & a \\ 1 & 0 \end{pmatrix}\begin{pmatrix} x_1 & x_2 \\ x_3 & x_4 \end{pmatrix}-\begin{pmatrix} x_1 & x_2 \\ x_3 & x_4 \end{pmatrix}\begin{pmatrix} 1 & a \\ 1 & 0 \end{pmatrix}$$
$$=\begin{pmatrix} -x_2+ax_3 & -ax_1+x_2+ax_4 \\ x_1-x_3-x_4 & x_2-ax_3 \end{pmatrix},$$

由 $\boldsymbol{AC}-\boldsymbol{CA}=\boldsymbol{B}$ 可得

$$\begin{cases} -x_2+ax_3=0, \\ -ax_1+x_2+ax_4=1, \\ x_1-x_3-x_4=1, \\ x_2-ax_3=b. \end{cases}$$

增广矩阵

$$\bar{\boldsymbol{A}}=\left(\begin{array}{cccc:c} 0 & -1 & a & 0 & 0 \\ -a & 1 & 0 & a & 1 \\ 1 & 0 & -1 & -1 & 1 \\ 0 & 1 & -a & 0 & b \end{array}\right)\to\left(\begin{array}{cccc:c} 1 & 0 & -1 & -1 & 1 \\ 0 & 1 & -a & 0 & 0 \\ 0 & 0 & 0 & 0 & a+1 \\ 0 & 0 & 0 & 0 & b \end{array}\right),$$

当 $a\neq-1$ 或 $b\neq0$ 时，方程组无解；

当 $a=-1$ 且 $b=0$ 时，方程组有无数解，通解为 $\begin{pmatrix} x_1 \\ x_2 \\ x_3 \\ x_4 \end{pmatrix}=k_1\begin{pmatrix} 1 \\ -1 \\ 1 \\ 0 \end{pmatrix}+k_2\begin{pmatrix} 1 \\ 0 \\ 0 \\ 1 \end{pmatrix}+\begin{pmatrix} 1 \\ 0 \\ 0 \\ 0 \end{pmatrix}$，$k_1,k_2\in\mathbf{R}$.

故当 $a=-1$ 且 $b=0$ 时，存在矩阵 $\boldsymbol{C}=\begin{pmatrix} k_1+k_2+1 & -k_1 \\ k_1 & k_2 \end{pmatrix}$（$k_1,k_2$ 为任意常数），使得 $\boldsymbol{AC}-\boldsymbol{CA}=\boldsymbol{B}$.

题型五：方程组的公共解

【例 14】 解析：

（1）$\boldsymbol{A}=\begin{pmatrix} 1 & 1 & 0 & 0 \\ 0 & 1 & 0 & -1 \end{pmatrix}\to\begin{pmatrix} 1 & 0 & 0 & 1 \\ 0 & 1 & 0 & -1 \end{pmatrix}$，方程组（Ⅰ）的基础解系为

$$\boldsymbol{\xi}_1=(0,0,1,0)^{\mathrm{T}},\quad \boldsymbol{\xi}_2=(-1,1,0,1)^{\mathrm{T}};$$

$$\boldsymbol{B}=\begin{pmatrix} 1 & -1 & 1 & 0 \\ 0 & 1 & -1 & 1 \end{pmatrix}\to\begin{pmatrix} 1 & 0 & 0 & 1 \\ 0 & 1 & -1 & 1 \end{pmatrix}.$$

方程组（Ⅱ）的基础解系为

$$\boldsymbol{\eta}_1=(0,1,1,0)^{\mathrm{T}},\quad \boldsymbol{\eta}_2=(-1,-1,0,1)^{\mathrm{T}}.$$

（2）**方法一** 两个方程组的公共解即为方程组 $\begin{pmatrix} \boldsymbol{A} \\ \boldsymbol{B} \end{pmatrix}\boldsymbol{x}=\boldsymbol{0}$ 的解.

$$\begin{pmatrix}A\\B\end{pmatrix}=\begin{pmatrix}1&1&0&0\\0&1&0&-1\\1&-1&1&0\\0&1&-1&1\end{pmatrix}\to\begin{pmatrix}1&1&0&0\\0&1&0&-1\\0&0&1&-2\\0&0&-1&2\end{pmatrix}\to\begin{pmatrix}1&0&0&1\\0&1&0&-1\\0&0&1&-2\\0&0&0&0\end{pmatrix},$$

公共解为

$$x=k(-1,1,2,1)^{T}\quad (k\text{ 为任意常数}).$$

方法二 方程组(Ⅰ)的通解为 $x=k_1(0,0,1,0)^T+k_2(-1,1,0,1)^T=(-k_2,k_2,k_1,k_2)^T$,代入方程组(Ⅱ)得

$$\begin{cases}-k_2-k_2+k_1=0,\\k_2-k_1+k_2=0,\end{cases}$$

即 $k_1=2k_2$,取 $k_2=k$,则两方程组的公共解为

$$x=k(-1,1,2,1)^{T}\quad (k\text{ 为任意常数}).$$

方法三 方程组(Ⅰ)的通解为

$$x=k_1(0,0,1,0)^T+k_2(-1,1,0,1)^T=(-k_2,k_2,k_1,k_2)^T,$$

方程组(Ⅱ)的通解为

$$x=l_1(0,1,1,0)^T+l_2(-1,-1,0,1)^T=(-l_2,l_1-l_2,l_1,l_2)^T,$$

令

$$(-k_2,k_2,k_1,k_2)^T=(-l_2,l_1-l_2,l_1,l_2)^T,$$

得

$$l_1=k_1=2k_2,\quad l_2=k_2,$$

取 $k_2=k$,两方程组的公共解为

$$x=k(-1,1,2,1)^{T}\quad (k\text{ 为任意常数}).$$

【例 15】 解析:

(1) 对方程组(Ⅰ)的系数矩阵进行初等行变换,有

$$\begin{pmatrix}2&3&-1&0\\1&2&1&-1\end{pmatrix}\to\begin{pmatrix}1&2&1&-1\\0&-1&-3&2\end{pmatrix}\to\begin{pmatrix}1&0&-5&3\\0&1&3&-2\end{pmatrix}.$$

由于 $n-r(A)=4-2=2$,所以基础解系含有 2 个线性无关的解向量,取 x_3,x_4 为自由未知量,得方程组(Ⅰ)的基础解系为

$$\boldsymbol{\beta}_1=(5,-3,1,0)^T,\quad \boldsymbol{\beta}_2=(-3,2,0,1)^T.$$

(2) 设 $\boldsymbol{\eta}$ 是方程组(Ⅰ)与方程组(Ⅱ)的非零公共解,则

$$\boldsymbol{\eta}=k_1\boldsymbol{\beta}_1+k_2\boldsymbol{\beta}_2=l_1\boldsymbol{\alpha}_1+l_2\boldsymbol{\alpha}_2\quad (k_1,k_2,l_1,l_2\text{ 均是不全为 0 的常数}).$$

由 $k_1\boldsymbol{\beta}_1+k_2\boldsymbol{\beta}_2-l_1\boldsymbol{\alpha}_1-l_2\boldsymbol{\alpha}_2=0$,得齐次线性方程组(Ⅲ)为

$$(\text{Ⅲ})\begin{cases}5k_1-3k_2-2l_1+l_2=0,\\-3k_1+2k_2+l_1-2l_2=0,\\k_1-(a+2)l_1-4l_2=0,\\k_2-l_1-(a+8)l_2=0.\end{cases}$$

对方程组(Ⅲ)的系数矩阵进行初等行变换

$$\begin{pmatrix}5&-3&-2&1\\-3&2&1&-2\\1&0&-a-2&-4\\0&1&-1&-a-8\end{pmatrix}\to\begin{pmatrix}1&0&-a-2&-4\\0&1&-1&-a-8\\-3&2&1&-2\\5&-3&-2&1\end{pmatrix}$$

$$\rightarrow\begin{pmatrix}1&0&-a-2&-4\\0&1&-1&-a-8\\0&2&-3a-5&-14\\0&-3&5a+8&21\end{pmatrix}\rightarrow\begin{pmatrix}1&0&-a-2&-4\\0&1&-1&-a-8\\0&0&-3a-3&2a+2\\0&0&5a+5&-3a-3\end{pmatrix}=\boldsymbol{A}.$$

① 当 $a\neq-1$ 时，

$$\boldsymbol{A}\rightarrow\begin{pmatrix}1&0&-a-2&-4\\0&1&-1&-a-8\\0&0&-3&2\\0&0&5&-3\end{pmatrix},$$

此时方程组(Ⅲ)只有零解，即 $k_1=k_2=l_1=l_2=0$，从而 $\boldsymbol{\eta}=\boldsymbol{0}$，不符合题意.

② 当 $a=-1$ 时，方程组(Ⅲ)同解变形为

$$\begin{pmatrix}1&0&-1&-4\\0&1&-1&-7\\0&0&0&0\\0&0&0&0\end{pmatrix},$$

解得

$$k_1=l_1+4l_2,\quad k_2=l_1+7l_2.$$

于是

$$\boldsymbol{\eta}=(l_1+4l_2)\boldsymbol{\beta}_1+(l_1+7l_2)\boldsymbol{\beta}_2=l_1\boldsymbol{\alpha}_1+l_2\boldsymbol{\alpha}_2.$$

所以，当 $a=-1$ 时，方程组(Ⅰ)与方程组(Ⅱ)有非零公共解，且非零公共解为

$$l_1(2,-1,1,1)^{\mathrm{T}}+l_2(-1,2,4,7)^{\mathrm{T}}\quad(l_1,l_2\text{ 是不全为 0 的任意常数}).$$

题型六:同解方程组

【例 16】 解析：

设方程组(Ⅰ)和方程组(Ⅱ)的系数矩阵分别为 $\boldsymbol{A},\boldsymbol{B}$，显然 $r(\boldsymbol{B})\leqslant2<3$，所以方程组(Ⅱ)有非零解.由方程组(Ⅰ)与方程组(Ⅱ)同解可知方程组(Ⅰ)也有非零解，故

$$|\boldsymbol{A}|=\begin{vmatrix}1&2&3\\2&3&5\\1&1&a\end{vmatrix}=\begin{vmatrix}1&2&3\\0&-1&-1\\0&-1&a-3\end{vmatrix}=\begin{vmatrix}1&2&3\\0&-1&-1\\0&0&a-2\end{vmatrix}=0,$$

解得

$$a=2.$$

当 $a=2$ 时，

$$\boldsymbol{A}=\begin{pmatrix}1&2&3\\2&3&5\\1&1&2\end{pmatrix}\rightarrow\begin{pmatrix}1&2&3\\0&-1&-1\\0&-1&-1\end{pmatrix}\rightarrow\begin{pmatrix}1&2&3\\0&-1&-1\\0&0&0\end{pmatrix}\rightarrow\begin{pmatrix}1&0&1\\0&1&1\\0&0&0\end{pmatrix},$$

$r(\boldsymbol{A})=2$，所以方程组(Ⅰ)的通解为

$$\begin{pmatrix}x_1\\x_2\\x_3\end{pmatrix}=k\begin{pmatrix}-1\\-1\\1\end{pmatrix}\quad(k\text{ 为任意常数}).$$

将$\begin{pmatrix}x_1\\x_2\\x_3\end{pmatrix}=k\begin{pmatrix}-1\\-1\\1\end{pmatrix}$代入方程组(Ⅱ)中得

$$\begin{cases}k(-1-b+c)=0,\\k(-2-b^2+c+1)=0,\end{cases}$$

由于 k 为任意常数,所以

$$\begin{cases}b-c=-1,\\-b^2+c=1,\end{cases}$$

解得

$$\begin{cases}b=0,\\c=1\end{cases}\quad\text{或}\quad\begin{cases}b=1,\\c=2.\end{cases}$$

当 $b=0,c=1$ 时,$\boldsymbol{B}=\begin{pmatrix}1&0&1\\2&0&2\end{pmatrix}\to\begin{pmatrix}1&0&1\\0&0&0\end{pmatrix}$,$r(\boldsymbol{B})=1$.

所以方程组(Ⅰ)与方程组(Ⅱ)的基础解系不等价,即方程组(Ⅱ)的解不一定是方程组(Ⅰ)的解,应舍去.

当 $b=1,c=2$ 时,$\boldsymbol{B}=\begin{pmatrix}1&1&2\\2&1&3\end{pmatrix}\to\begin{pmatrix}1&1&2\\0&-1&-1\end{pmatrix}\to\begin{pmatrix}1&0&1\\0&1&1\end{pmatrix}$,$r(\boldsymbol{B})=2$,方程组(Ⅱ)的通解也是$\begin{pmatrix}x_1\\x_2\\x_3\end{pmatrix}=k\begin{pmatrix}-1\\-1\\1\end{pmatrix}$,$k$ 为任意常数.

综上,当 $a=2,b=1,c=2$ 时,方程组(Ⅰ)与方程组(Ⅱ)同解.

【例 17】 解析:

当新添方程 $ax_1+bx_2+cx_3+dx_4=0$ 是"多余"的方程时,方程组(Ⅰ)与方程组(Ⅱ)同解,即新添方程的系数矩阵(a,b,c,d)的行向量可由原方程组的系数矩阵的行向量组线性表示,故可设 $ax_1+bx_2+cx_3+dx_4=k_1(x_1+3x_3+5x_4)+k_2(x_1-x_2-2x_3+2x_4)+k_3(2x_1-x_2+x_3+3x_4)$,由等号两边未知量的系数相等得

$$a=k_1+k_2+2k_3,\quad b=-k_2-k_3,\quad c=3k_1-2k_2+k_3,\quad d=5k_1+2k_2+3k_3,$$

即当$\begin{pmatrix}a\\b\\c\\d\end{pmatrix}=\begin{pmatrix}k_1+k_2+2k_3\\-k_2-k_3\\3k_1-2k_2+k_3\\5k_1+2k_2+3k_3\end{pmatrix}=k_1\begin{pmatrix}1\\0\\3\\5\end{pmatrix}+k_2\begin{pmatrix}1\\-1\\-2\\2\end{pmatrix}+k_3\begin{pmatrix}2\\-1\\1\\3\end{pmatrix}$($k_1,k_2,k_3$ 为任意常数)时,方程组(Ⅰ)与方程组(Ⅱ)同解.

【例 18】 解析:

(1) 设 $\boldsymbol{Ax}=\boldsymbol{0}$ 的任意一个解向量为 $\boldsymbol{x}$,对 $\boldsymbol{Ax}=\boldsymbol{0}$ 两边左乘 $\boldsymbol{A}^{\mathrm{T}}$,得 $\boldsymbol{A}^{\mathrm{T}}\boldsymbol{Ax}=\boldsymbol{0}$,故方程组 $\boldsymbol{Ax}=\boldsymbol{0}$ 的解必是方程组 $\boldsymbol{A}^{\mathrm{T}}\boldsymbol{Ax}=\boldsymbol{0}$ 的解.

设 $\boldsymbol{A}^{\mathrm{T}}\boldsymbol{Ax}=\boldsymbol{0}$ 的任意一个解向量为 $\boldsymbol{x}$,对 $\boldsymbol{A}^{\mathrm{T}}\boldsymbol{Ax}=\boldsymbol{0}$ 两边左乘 $\boldsymbol{x}^{\mathrm{T}}$,得

$$\boldsymbol{x}^{\mathrm{T}}\boldsymbol{A}^{\mathrm{T}}\boldsymbol{Ax}=(\boldsymbol{Ax})^{\mathrm{T}}\boldsymbol{Ax}=\boldsymbol{0}.$$

设 $\boldsymbol{Ax}=(a_1,a_2,\cdots,a_n)^{\mathrm{T}}$，则 $(\boldsymbol{Ax})^{\mathrm{T}}\boldsymbol{Ax}=\sum_{i=1}^{n}a_i^{\ 2}=0$，得

$$a_i=0 \quad (i=1,2,\cdots,n),$$

故

$$\boldsymbol{Ax}=\boldsymbol{0}.$$

方程组 $\boldsymbol{A}^{\mathrm{T}}\boldsymbol{Ax}=\boldsymbol{0}$ 的解必是方程组 $\boldsymbol{Ax}=\boldsymbol{0}$ 的解.

因此，方程组 $\boldsymbol{Ax}=\boldsymbol{0}$ 与 $\boldsymbol{A}^{\mathrm{T}}\boldsymbol{Ax}=\boldsymbol{0}$ 是同解方程组.

(2) 因为方程组 $\boldsymbol{Ax}=\boldsymbol{0}$ 与 $\boldsymbol{A}^{\mathrm{T}}\boldsymbol{Ax}=\boldsymbol{0}$ 是同解方程组，所以

$$r(\boldsymbol{A})=r(\boldsymbol{A}^{\mathrm{T}}\boldsymbol{A}).$$

又由秩的性质 $r(\boldsymbol{A})=r(\boldsymbol{A}^{\mathrm{T}})$，得 $r(\boldsymbol{A}^{\mathrm{T}})=r(\boldsymbol{A}^{\mathrm{T}}\boldsymbol{A})=r((\boldsymbol{A}^{\mathrm{T}})^{\mathrm{T}}\boldsymbol{A}^{\mathrm{T}})$，即

$$r(\boldsymbol{A})=r(\boldsymbol{A}\boldsymbol{A}^{\mathrm{T}}).$$

因此

$$r(\boldsymbol{A})=r(\boldsymbol{A}^{\mathrm{T}}\boldsymbol{A})=r(\boldsymbol{A}\boldsymbol{A}^{\mathrm{T}}).$$

第5章 特征值与特征向量

考试内容

矩阵的特征值和特征向量的概念、性质，相似变换、相似矩阵的概念及性质，矩阵可相似对角化的充分必要条件及相似对角矩阵，实对称矩阵的特征值、特征向量及其相似对角矩阵.

考试要求

(1) 理解矩阵的特征值和特征向量的概念及性质，会求矩阵的特征值和特征向量.

(2) 理解相似矩阵的概念、性质及矩阵可相似对角化的充分必要条件，掌握将矩阵化为相似对角矩阵的方法.

(3) 掌握实对称矩阵的特征值和特征向量的性质.

一、特征值与特征向量

1. 特征值与特征向量

设 $\boldsymbol{A}$ 是 n 阶方阵，如果对于数 λ，存在非零向量 $\boldsymbol{\alpha}$，使得 $\boldsymbol{A\alpha}=\lambda\boldsymbol{\alpha}$ 成立，则称 λ 为 $\boldsymbol{A}$ 的特征值，$\boldsymbol{\alpha}$ 称为对应于特征值 λ 的特征向量.

2. 特征方程、特征多项式、特征矩阵

设 $\boldsymbol{A}=\begin{pmatrix} a_{11} & a_{12} & \cdots & a_{1n} \\ a_{21} & a_{22} & \cdots & a_{2n} \\ \vdots & \vdots & & \vdots \\ a_{n1} & a_{n2} & \cdots & a_{nn} \end{pmatrix}$，则 $|\lambda\boldsymbol{E}-\boldsymbol{A}|=\begin{vmatrix} \lambda-a_{11} & -a_{12} & \cdots & -a_{1n} \\ -a_{21} & \lambda-a_{22} & \cdots & -a_{2n} \\ \vdots & \vdots & & \vdots \\ -a_{n1} & -a_{n2} & \cdots & \lambda-a_{nn} \end{vmatrix}$ 称为特征多项式. $|\lambda\boldsymbol{E}-\boldsymbol{A}|=\begin{vmatrix} \lambda-a_{11} & -a_{12} & \cdots & -a_{1n} \\ -a_{21} & \lambda-a_{22} & \cdots & -a_{2n} \\ \vdots & \vdots & & \vdots \\ -a_{n1} & -a_{n2} & \cdots & \lambda-a_{nn} \end{vmatrix}=0$ 称为特征方程，$\lambda\boldsymbol{E}-\boldsymbol{A}$ 称为特征矩阵.

【注】 求解特征值与特征向量的一般过程：

① 求特征方程 $|\lambda\boldsymbol{E}-\boldsymbol{A}|=0$ 的根，得 $\boldsymbol{A}$ 的特征值 $\lambda_1,\lambda_2,\cdots,\lambda_n$；

② 对每个特征值 λ_i，求出齐次线性方程组 $(\lambda_i\boldsymbol{E}-\boldsymbol{A})\boldsymbol{x}=\boldsymbol{0}$ 的基础解系 $\boldsymbol{\alpha}_1,\boldsymbol{\alpha}_2,\cdots,\boldsymbol{\alpha}_t$，则 $\boldsymbol{A}$ 对应于特征值 λ_i 的全部特征向量为 $k_1\boldsymbol{\alpha}_1+k_2\boldsymbol{\alpha}_2+\cdots+k_t\boldsymbol{\alpha}_t$（$k_1,k_2,\cdots,k_t$ 是任意常数且不全为 0）.

【例 5.1】 设$A=\begin{pmatrix}1&2&1\\2&4&2\\1&2&1\end{pmatrix}$,求$A$的特征值与全部特征向量.

【解析】 $|\lambda E-A|=\begin{vmatrix}\lambda-1&-2&-1\\-2&\lambda-4&-2\\-1&-2&\lambda-1\end{vmatrix}=0\Rightarrow\lambda^2(\lambda-6)=0\Rightarrow\lambda_1=\lambda_2=0,\lambda_3=6.$

当$\lambda_1=\lambda_2=0$时,$(0E-A)x=\mathbf{0}$,解得基础解系为$\alpha_1=(-2,1,0)^T$,$\alpha_2=(-1,0,1)^T$,因此属于$\lambda_1=\lambda_2=0$的特征向量为$k_1\alpha_1+k_2\alpha_2$(k_1,k_2是任意常数且不全为0);

当$\lambda_3=6$时,由$(6E-A)x=\mathbf{0}$,解得基础解系为$\alpha_3=(1,2,1)^T$,因此属于$\lambda_3=6$的特征向量为$k_3\alpha_3$($k_3\neq0$为任意常数).

3. 特征值与特征向量的性质

性质 5.1 若矩阵$A=\begin{pmatrix}a_{11}&a_{12}&\cdots&a_{1n}\\a_{21}&a_{22}&\cdots&a_{2n}\\\vdots&\vdots&&\vdots\\a_{n1}&a_{n2}&\cdots&a_{nn}\end{pmatrix}$,对应的特征值为$\lambda_1,\lambda_2,\cdots,\lambda_n$,则有

(1) $\lambda_1+\lambda_2+\cdots+\lambda_n=\sum_{i=1}^{n}a_{ii}=\mathrm{tr}(A)$,其中$\mathrm{tr}(A)$表示$A$的迹,即主对角线元素之和;

(2) $\lambda_1\lambda_2\cdots\lambda_n=|A|$.

性质 5.2 设A是n阶矩阵,则矩阵A对应于不同特征值的特征向量线性无关.

性质 5.3 设A是n阶矩阵,$\lambda_1\neq\lambda_2$都为A的特征值,且对应的特征向量分别为α,β,则$k_1\alpha+k_2\beta(k_1k_2\neq0)$不再是$A$的特征向量.

性质 5.4 设A是n阶矩阵,$\lambda_1=\lambda_2=\lambda_0$为$A$的特征值,且对应的线性无关的特征向量分别为$\alpha,\beta$,则$k_1\alpha+k_2\beta$($k_1,k_2$是任意常数且不全为0)仍为$A$对应于$\lambda_0$的特征向量.

性质 5.5 设n阶方阵A的特征值为λ,A的属于特征值λ的特征向量为α,则它们的性质如表5-1所示.

表 5-1

矩阵	A	$A+kE$	kA	A^k	$f(A)$	A^{-1}	A^*	A^T	$P^{-1}AP$
特征值	λ	$\lambda+k$	$k\lambda$	λ^k	$f(\lambda)$	$\frac{1}{\lambda}$	$\frac{\lvert A\rvert}{\lambda}$	λ	λ
特征向量	α	α	α	α	α	α	α	不确定	$P^{-1}\alpha$

【注】 ① $f(A)=a_nA^n+a_{n-1}A^{n-1}+\cdots+a_1A+a_0E$为关于矩阵$A$的矩阵多项式;

$f(\lambda)=a_n\lambda^n+a_{n-1}\lambda^{n-1}+\cdots+a_1\lambda+a_0$为关于$\lambda$的$n$次多项式.

② $|\lambda E-A|=|(\lambda E-A)^T|=|\lambda E-A^T|$,故$A^T$与$A$的特征多项式相同,则$A^T$与$A$的特征值相同.

【例 5.2】 设x_1,x_2是3阶矩阵A的属于特征值λ_1的两个线性无关的特征向量,x_3是A的属于特征值λ_2的特征向量,且$\lambda_1\neq\lambda_2$,则( ).

(A) $k_1\boldsymbol{x}_1+k_2\boldsymbol{x}_2$ 必是 $\boldsymbol{A}$ 的特征向量　　(B) $k_1\boldsymbol{x}_1+k_2\boldsymbol{x}_3$ 必是 $\boldsymbol{A}$ 的特征向量

(C) $\boldsymbol{x}_1+\boldsymbol{x}_2$ 必是 $2\boldsymbol{A}-\boldsymbol{E}$ 的特征向量　　(D) $\boldsymbol{x}_2+\boldsymbol{x}_3$ 必是 $2\boldsymbol{A}-\boldsymbol{E}$ 的特征向量

【解析】 由相同特征值对应的特征向量的线性组合依然是特征向量，则 $k_1\boldsymbol{x}_1+k_2\boldsymbol{x}_2$（$k_1$，$k_2$ 是任意常数且不全为 0），但 (A) 中 k_1，k_2 可同时为 0，此时 $k_1\boldsymbol{x}_1+k_2\boldsymbol{x}_2=\boldsymbol{0}$ 不是特征向量，故 (A) 错；$\boldsymbol{x}_1+\boldsymbol{x}_2$ 是 $\boldsymbol{A}$ 的特征向量，也是 $2\boldsymbol{A}-\boldsymbol{E}$ 的特征向量，故 (C) 正确；对于 (B) (D)，由不同特征值对应的线性无关的特征向量的线性组合不再是 $\boldsymbol{A}$ 的特征向量，也不是 $2\boldsymbol{A}-\boldsymbol{E}$ 的特征向量，故 (B) (D) 错误.

故选(C).

二、相似矩阵及相似对角化

1. 相似矩阵

设 $\boldsymbol{A},\boldsymbol{B}$ 是 n 阶矩阵，若存在可逆矩阵 $\boldsymbol{P}$，使得 $\boldsymbol{P}^{-1}\boldsymbol{AP}=\boldsymbol{B}$，则称 $\boldsymbol{A}$ 相似于 $\boldsymbol{B}$.

若 $\boldsymbol{A}$ 相似于 $\boldsymbol{B}$

$\Rightarrow|\lambda\boldsymbol{E}-\boldsymbol{A}|=|\lambda\boldsymbol{E}-\boldsymbol{B}|$，即 $\boldsymbol{A},\boldsymbol{B}$ 的特征值相同

$\Rightarrow r(\boldsymbol{A})=r(\boldsymbol{B})$

$\Rightarrow|\boldsymbol{A}|=|\boldsymbol{B}|,\operatorname{tr}(\boldsymbol{A})=\operatorname{tr}(\boldsymbol{B})$

$\Rightarrow\boldsymbol{A}^{\mathrm{T}}$ 相似于 $\boldsymbol{B}^{\mathrm{T}}$，$f(\boldsymbol{A})$ 相似于 $f(\boldsymbol{B})$，$\boldsymbol{A}^*$ 相似于 $\boldsymbol{B}^*$

$\Rightarrow$ 若 $\boldsymbol{A},\boldsymbol{B}$ 可逆，则 $\boldsymbol{A}^{-1}$ 相似于 $\boldsymbol{B}^{-1}$.

【注】 若 $\boldsymbol{A},\boldsymbol{B}$ 的特征值相同，$\boldsymbol{A},\boldsymbol{B}$ 不一定相似.

2. 相似的三大性质

性质 5.6 对称性：$\boldsymbol{A}$ 相似于 $\boldsymbol{B}$，则 $\boldsymbol{B}$ 相似于 $\boldsymbol{A}$.

性质 5.7 反身性：$\boldsymbol{A}$ 相似于 $\boldsymbol{A}$.

性质 5.8 传递性：若 $\boldsymbol{A}$ 相似于 $\boldsymbol{B}$，$\boldsymbol{B}$ 相似于 $\boldsymbol{C}$，则 $\boldsymbol{A}$ 相似于 $\boldsymbol{C}$.

3. 相似对角化

定义 5.1 若一个矩阵 $\boldsymbol{A}$ 与对角矩阵 $\boldsymbol{\Lambda}$ 相似，则称该矩阵可对角化，即存在可逆矩阵 $\boldsymbol{P}$，使得 $\boldsymbol{P}^{-1}\boldsymbol{AP}=\boldsymbol{\Lambda}$.

(1) 设 $\boldsymbol{A}$ 是 n 阶矩阵，则矩阵 $\boldsymbol{A}$ 可相似对角化的两个充要条件：

① $\boldsymbol{A}$ 有 n 个线性无关的特征向量；

② 若 $\boldsymbol{A}$ 的特征值 λ_i 的重数为 k_i，则 $n-r(\lambda_i\boldsymbol{E}-\boldsymbol{A})=k_i$.

(2) 设 $\boldsymbol{A}$ 是 n 阶矩阵，则矩阵可相似对角化的两个充分条件：

① $\boldsymbol{A}$ 有 n 个不同的特征值；

② $\boldsymbol{A}$ 是 n 阶实对称矩阵.

4. 非实对称 n 阶矩阵 $\boldsymbol{A}$ 相似对角化的步骤

第一步：由 $|\lambda\boldsymbol{E}-\boldsymbol{A}|=0$ 求出 $\boldsymbol{A}$ 的特征值 $\lambda_1,\lambda_2,\cdots,\lambda_n$.

第二步：求方程组$(\lambda_i \boldsymbol{E}-\boldsymbol{A})\boldsymbol{x}=\boldsymbol{0}(i=1,2,\cdots,n)$的基础解系，从而得到各个特征值对应的线性无关的特征向量，设为$\boldsymbol{\xi}_1,\boldsymbol{\xi}_2,\cdots,\boldsymbol{\xi}_m(m\leqslant n)$.

第三步：若$m<n$，则$\boldsymbol{A}$不可相似对角化，若$m=n$，则$\boldsymbol{A}$可相似对角化，此时

$$\boldsymbol{P}=(\boldsymbol{\xi}_1,\boldsymbol{\xi}_2,\cdots,\boldsymbol{\xi}_m)(m=n),\quad 且\quad \boldsymbol{P}^{-1}\boldsymbol{A}\boldsymbol{P}=\begin{pmatrix}\lambda_1 & & \\ & \ddots & \\ & & \lambda_n\end{pmatrix}.$$

【注】 可逆矩阵$\boldsymbol{P}$的列向量和对角矩阵的元素顺序要保持一一对应.

【例5.3】 设$\boldsymbol{A}=\begin{pmatrix}1 & -2\\ -1 & 2\end{pmatrix}$，判断$\boldsymbol{A}$是否可相似对角化，若$\boldsymbol{A}$可相似对角化，求出可逆矩阵$\boldsymbol{P}$，使得$\boldsymbol{P}^{-1}\boldsymbol{A}\boldsymbol{P}=\boldsymbol{\Lambda}$.

【解析】 $|\lambda\boldsymbol{E}-\boldsymbol{A}|=\begin{vmatrix}\lambda-1 & 2\\ 1 & \lambda-2\end{vmatrix}=\lambda(\lambda-3)=0$，则$\boldsymbol{A}$的特征值为$\lambda_1=0,\lambda_2=3$，故$\boldsymbol{A}$有两个不同的特征值，所以$\boldsymbol{A}$可相似对角化.

当$\lambda_1=0$时，由$(0\boldsymbol{E}-\boldsymbol{A})\boldsymbol{x}=\boldsymbol{0}$，得$\lambda_1=0$对应的一个特征向量为$\boldsymbol{\alpha}_1=(2,1)^{\mathrm{T}}$.

当$\lambda_2=3$时，由$(3\boldsymbol{E}-\boldsymbol{A})\boldsymbol{x}=\boldsymbol{0}$，得$\lambda_2=3$对应的一个特征向量为$\boldsymbol{\alpha}_2=(1,-1)^{\mathrm{T}}$.

令$\boldsymbol{P}=(\boldsymbol{\alpha}_1,\boldsymbol{\alpha}_2)=\begin{pmatrix}2 & 1\\ 1 & -1\end{pmatrix}$，则$\boldsymbol{P}^{-1}\boldsymbol{A}\boldsymbol{P}=\begin{pmatrix}0 & \\ & 3\end{pmatrix}$.

5. 实对称矩阵相似对角化

1）实对称矩阵的性质

性质5.9 实对称矩阵的特征值全是实数，特征向量由实数组成.

性质5.10 实对称矩阵的不同特征值对应的特征向量相互正交.

性质5.11 实对称矩阵$\boldsymbol{A}$一定有n个线性无关的特征向量，一定可以相似对角化，且存在正交矩阵$\boldsymbol{Q}$，使得$\boldsymbol{Q}^{-1}\boldsymbol{A}\boldsymbol{Q}=\boldsymbol{Q}^{\mathrm{T}}\boldsymbol{A}\boldsymbol{Q}=\boldsymbol{\Lambda}$.

性质5.12 实对称矩阵$\boldsymbol{A}$的k重特征值必有k个线性无关的特征向量，即$r(\lambda\boldsymbol{E}-\boldsymbol{A})=n-k$.

【注】 设$\boldsymbol{A}$是n阶实对称矩阵，$\lambda_1,\lambda_2,\cdots,\lambda_n$是$\boldsymbol{A}$的$n$个互不相同的特征值，其对应的特征向量分别为$\boldsymbol{\xi}_1,\boldsymbol{\xi}_2,\cdots,\boldsymbol{\xi}_n$，则$\boldsymbol{\xi}_1,\boldsymbol{\xi}_2,\cdots,\boldsymbol{\xi}_n$两两正交.

2）实对称矩阵相似对角化的过程

第一步：由$|\lambda\boldsymbol{E}-\boldsymbol{A}|=0$求出$\boldsymbol{A}$的特征值$\lambda_1,\lambda_2,\cdots,\lambda_n$.

第二步：求方程组$(\lambda_i\boldsymbol{E}-\boldsymbol{A})\boldsymbol{x}=\boldsymbol{0}(i=1,2,\cdots,n)$的基础解系，从而得到各个特征值对应的线性无关的特征向量，设为$\boldsymbol{\xi}_1,\boldsymbol{\xi}_2,\cdots,\boldsymbol{\xi}_n$.

第三步：将$\boldsymbol{\xi}_1,\boldsymbol{\xi}_2,\cdots,\boldsymbol{\xi}_n$进行施密特正交化和单位化处理得到$\boldsymbol{\gamma}_1,\boldsymbol{\gamma}_2,\cdots,\boldsymbol{\gamma}_n$，令$\boldsymbol{Q}=(\boldsymbol{\gamma}_1,\boldsymbol{\gamma}_2,\cdots,\boldsymbol{\gamma}_n)$，则$\boldsymbol{Q}$是正交矩阵，且$\boldsymbol{Q}^{\mathrm{T}}\boldsymbol{A}\boldsymbol{Q}=\begin{pmatrix}\lambda_1 & & \\ & \ddots & \\ & & \lambda_n\end{pmatrix}$.

【注】 实对称矩阵相似对角化时，若题目中要求求正交矩阵$\boldsymbol{Q}$，则求出特征向量后还要进行

施密特正交化和单位化.若题目中没要求求正交矩阵 $\boldsymbol{Q}$,则可以不进行施密特正交化和单位化.

【例 5.4】 设 $\boldsymbol{A}=\begin{pmatrix}1&2&4\\2&-2&2\\4&2&1\end{pmatrix}$,求正交矩阵 $\boldsymbol{Q}$,使得 $\boldsymbol{Q}^{\mathrm{T}}\boldsymbol{A}\boldsymbol{Q}$ 为对角矩阵.

【解析】 由 $|\lambda\boldsymbol{E}-\boldsymbol{A}|=\begin{vmatrix}\lambda-1&-2&-4\\-2&\lambda+2&-2\\-4&-2&\lambda-1\end{vmatrix}=(\lambda+3)^2(\lambda-6)=0$,得

$$\lambda_1=\lambda_2=-3,\quad \lambda_3=6.$$

当 $\lambda_1=\lambda_2=-3$ 时,由 $(-3\boldsymbol{E}-\boldsymbol{A})\boldsymbol{x}=\boldsymbol{0}$,得

$$\boldsymbol{\alpha}_1=(-1,2,0)^{\mathrm{T}},\quad \boldsymbol{\alpha}_2=(-1,0,1)^{\mathrm{T}}.$$

当 $\lambda_3=6$ 时,由 $(6\boldsymbol{E}-\boldsymbol{A})\boldsymbol{x}=\boldsymbol{0}$,得

$$\boldsymbol{\alpha}_3=(2,1,2)^{\mathrm{T}}.$$

施密特正交化:

$$\boldsymbol{\beta}_1=\boldsymbol{\alpha}_1=(-1,2,0)^{\mathrm{T}},$$

$$\boldsymbol{\beta}_2=\boldsymbol{\alpha}_2-\frac{(\boldsymbol{\alpha}_2,\boldsymbol{\beta}_1)}{(\boldsymbol{\beta}_1,\boldsymbol{\beta}_1)}\boldsymbol{\beta}_1=\frac{1}{5}(-4,-2,5)^{\mathrm{T}},$$

$$\boldsymbol{\beta}_3=\boldsymbol{\alpha}_3=(2,1,2)^{\mathrm{T}}.$$

单位化:

$$\boldsymbol{\gamma}_1=\frac{\boldsymbol{\beta}_1}{\|\boldsymbol{\beta}_1\|}=\frac{1}{\sqrt{5}}(-1,2,0)^{\mathrm{T}},$$

$$\boldsymbol{\gamma}_2=\frac{\boldsymbol{\beta}_2}{\|\boldsymbol{\beta}_2\|}=\frac{1}{3\sqrt{5}}(-4,-2,5)^{\mathrm{T}},$$

$$\boldsymbol{\gamma}_3=\frac{\boldsymbol{\beta}_3}{\|\boldsymbol{\beta}_3\|}=\frac{1}{3}(2,1,2)^{\mathrm{T}}.$$

令

$$\boldsymbol{Q}=(\boldsymbol{\gamma}_1,\boldsymbol{\gamma}_2,\boldsymbol{\gamma}_3)=\begin{pmatrix}-\frac{\sqrt{5}}{5}&-\frac{4\sqrt{5}}{15}&\frac{2}{3}\\\frac{2\sqrt{5}}{5}&-\frac{2\sqrt{5}}{15}&\frac{1}{3}\\0&\frac{\sqrt{5}}{3}&\frac{2}{3}\end{pmatrix},$$

则 $\boldsymbol{Q}$ 为正交矩阵,且 $\boldsymbol{Q}^{\mathrm{T}}\boldsymbol{A}\boldsymbol{Q}=\begin{pmatrix}-3&&\\&-3&\\&&6\end{pmatrix}$.

典 型 题 型

题型一:求特征值与特征向量

【解题思路总述】

(1) n 阶矩阵 $\boldsymbol{A}$ 已知,利用特征方程 $|\lambda\boldsymbol{E}-\boldsymbol{A}|=0$ 求出特征值,然后将特征值反代回方程

$(\lambda \boldsymbol{E}-\boldsymbol{A})\boldsymbol{x}=\mathbf{0}$,利用齐次方程组的基础解系来求特征向量.

(2) 矩阵中含有参数,且已知一个特征向量,利用特征值和特征向量的定义:$\boldsymbol{A\alpha}=\lambda\boldsymbol{\alpha}$.

(3) 若 n 阶矩阵的各行元素之和为 λ,则 λ 为其特征值,$(1,1,\cdots,1)^{\mathrm{T}}$ 是特征值 λ 对应的特征向量.

(4) 利用相似的性质:相似矩阵的特征值相同.

(5) 实对称矩阵的不同特征值对应的特征向量相互正交.

【例 1】 设矩阵 $\boldsymbol{A}=\begin{pmatrix} a & -1 & c \\ 5 & b & 3 \\ 1-c & 0 & -a \end{pmatrix}$,其行列式 $|\boldsymbol{A}|=-1$,又 $\boldsymbol{A}$ 的伴随矩阵 $\boldsymbol{A}^*$ 有一个特征值 λ_0,属于 λ_0 的一个特征向量为 $\boldsymbol{\alpha}=(-1,-1,1)^{\mathrm{T}}$,求 a,b,c 及 λ_0 的值.

【例 2】 设 3 阶实对称矩阵 $\boldsymbol{A}$ 的各行元素之和均为 3,向量 $\boldsymbol{\alpha}_1=(-1,2,-1)^{\mathrm{T}}$,$\boldsymbol{\alpha}_2=(0,-1,1)^{\mathrm{T}}$ 是线性方程组 $\boldsymbol{Ax}=\mathbf{0}$ 的两个解.

(1) 求 $\boldsymbol{A}$ 的特征值及特征向量.

(2) 求正交矩阵 $\boldsymbol{Q}$ 和对角矩阵 $\boldsymbol{\Lambda}$,使得 $\boldsymbol{Q}^{\mathrm{T}}\boldsymbol{AQ}=\boldsymbol{\Lambda}$.

【例 3】 设 $\boldsymbol{\alpha}=\begin{pmatrix} a_1 \\ \vdots \\ a_n \end{pmatrix}$,$\boldsymbol{\beta}=\begin{pmatrix} b_1 \\ \vdots \\ b_n \end{pmatrix}$,$\boldsymbol{A}=\boldsymbol{\alpha\beta}^{\mathrm{T}}$,$(\boldsymbol{\alpha},\boldsymbol{\beta})=2$,求 $\boldsymbol{A}$ 的特征值及其重数.

【例 4】 设 $\boldsymbol{A}$ 为二阶矩阵,$\boldsymbol{\alpha}$ 为二维非零向量,且 $\boldsymbol{\alpha}$ 不是矩阵 $\boldsymbol{A}$ 的特征向量,又 $\boldsymbol{A}^2\boldsymbol{\alpha}-2\boldsymbol{A\alpha}-8\boldsymbol{\alpha}=\mathbf{0}$.

(1) 证明:$\boldsymbol{\alpha},\boldsymbol{A\alpha}$ 线性无关.

(2) 求 $\boldsymbol{A}$ 的特征值.

【例 5】 设 $\boldsymbol{A}$ 为 3 阶矩阵,$\boldsymbol{\alpha}_1,\boldsymbol{\alpha}_2,\boldsymbol{\alpha}_3$ 为 3 维线性无关的向量,且 $\boldsymbol{A\alpha}_1=\boldsymbol{\alpha}_1+2\boldsymbol{\alpha}_2$,$\boldsymbol{A\alpha}_2=2\boldsymbol{\alpha}_1+\boldsymbol{\alpha}_2$,$\boldsymbol{A\alpha}_3=\boldsymbol{\alpha}_1+\boldsymbol{\alpha}_2+4\boldsymbol{\alpha}_3$,求 $\boldsymbol{A}$ 的特征值及特征向量.

【例 6】 设 $\boldsymbol{A}$ 为 3 阶矩阵,$\boldsymbol{A}$ 的每行元素之和为 5,$\boldsymbol{Ax}=\mathbf{0}$ 的通解是 $k_1\begin{pmatrix} 2 \\ -1 \\ 3 \end{pmatrix}+k_2\begin{pmatrix} 1 \\ 3 \\ 4 \end{pmatrix}$($k_1$,$k_2$ 为任意常数),设 $\boldsymbol{\beta}=\begin{pmatrix} 4 \\ 3 \\ -3 \end{pmatrix}$,求 $\boldsymbol{A\beta}$.

题型二:判断矩阵是否可相似对角化

【解题思路总述】

(1) 设 $\boldsymbol{A}$ 是 n 阶矩阵,则矩阵 $\boldsymbol{A}$ 可相似对角化的两个充要条件:

① $\boldsymbol{A}$ 有 n 个线性无关的特征向量;

② 若 $\boldsymbol{A}$ 的特征值 λ_i 的重数为 k_i,则 $n-r(\lambda_i\boldsymbol{E}-\boldsymbol{A})=k_i$.

(2) 设 $\boldsymbol{A}$ 是 n 阶矩阵,则矩阵 $\boldsymbol{A}$ 可相似对角化的两个充分条件:

① $\boldsymbol{A}$ 有 n 个不同的特征值;

② $\boldsymbol{A}$ 是 n 阶实对称矩阵.

【例 7】 设矩阵 $\boldsymbol{A}=\begin{pmatrix}1 & -1 & 1\\ 2 & -2 & 2\\ -1 & 1 & -1\end{pmatrix}$,求 $\boldsymbol{A}$ 的特征值及特征向量,并判断 $\boldsymbol{A}$ 是否可相似对角化.

【例 8】 设矩阵 $\boldsymbol{A}=\begin{pmatrix}1 & 2 & -3\\ -1 & 4 & -3\\ 1 & a & 5\end{pmatrix}$ 的特征方程有一个二重根,求 a 的值,并讨论 $\boldsymbol{A}$ 是否可相似对角化.

【例 9】 设 $\boldsymbol{\alpha},\boldsymbol{\beta}$ 为正交的 3 维单位列向量,且 $\boldsymbol{A}=\boldsymbol{\alpha}\boldsymbol{\beta}^{\mathrm{T}}+\boldsymbol{\beta}\boldsymbol{\alpha}^{\mathrm{T}}$.

(1) 证明:$\boldsymbol{\alpha}+\boldsymbol{\beta}$ 与 $\boldsymbol{\alpha}-\boldsymbol{\beta}$ 都是矩阵 $\boldsymbol{A}$ 的特征向量.

(2) 证明:矩阵 $\boldsymbol{A}$ 可对角化.

题型三:相似矩阵的题型

【解题思路总述】

(1) 利用相似必要条件来排除不相似的矩阵.

若 $\boldsymbol{A}$ 相似于 $\boldsymbol{B}$,则

① $|\lambda\boldsymbol{E}-\boldsymbol{A}|=|\lambda\boldsymbol{E}-\boldsymbol{B}|$,即 $\boldsymbol{A},\boldsymbol{B}$ 的特征值相同;

② $r(\boldsymbol{A})=r(\boldsymbol{B})$;

③ $|\boldsymbol{A}|=|\boldsymbol{B}|$,$\mathrm{tr}(\boldsymbol{A})=\mathrm{tr}(\boldsymbol{B})$.

(2) 已知两矩阵相似,求未知参数,可以用以下两个重要结论求出参数:

① $\mathrm{tr}(\boldsymbol{A})=\mathrm{tr}(\boldsymbol{B})$;

② $|\boldsymbol{A}|=|\boldsymbol{B}|$.

(3) 利用相似的传递性来证明相似,即 $\boldsymbol{A}$ 相似于 $\boldsymbol{C}$,$\boldsymbol{B}$ 相似于 $\boldsymbol{C}$,则 $\boldsymbol{A}$ 相似于 $\boldsymbol{B}$,尤其对于实对称矩阵,以及秩为 1 的矩阵,通常采用这种方法.

(4) 定义法证相似,即存在可逆矩阵 $\boldsymbol{P}$,使得 $\boldsymbol{P}^{-1}\boldsymbol{A}\boldsymbol{P}=\boldsymbol{B}$,则 $\boldsymbol{A}$ 相似于 $\boldsymbol{B}$,此方法难度较大,考研极少考到.

【例 10】 已知矩阵 $\boldsymbol{A}=\begin{pmatrix}2 & 0 & 0\\ 0 & 2 & 1\\ 0 & 0 & 1\end{pmatrix}$,$\boldsymbol{B}=\begin{pmatrix}2 & 1 & 0\\ 0 & 2 & 1\\ 0 & 0 & 1\end{pmatrix}$,$\boldsymbol{C}=\begin{pmatrix}1 & 0 & 0\\ 0 & 2 & 0\\ 0 & 0 & 2\end{pmatrix}$,则(　　).

(A) $\boldsymbol{A}$ 与 $\boldsymbol{C}$ 相似,$\boldsymbol{B}$ 与 $\boldsymbol{C}$ 相似　　(B) $\boldsymbol{A}$ 与 $\boldsymbol{C}$ 相似,$\boldsymbol{B}$ 与 $\boldsymbol{C}$ 不相似

(C) $\boldsymbol{A}$ 与 $\boldsymbol{C}$ 不相似,$\boldsymbol{B}$ 与 $\boldsymbol{C}$ 相似　　(D) $\boldsymbol{A}$ 与 $\boldsymbol{C}$ 不相似,$\boldsymbol{B}$ 与 $\boldsymbol{C}$ 不相似

【例 11】 设矩阵 $\boldsymbol{A}=\begin{pmatrix}2 & 0 & 0\\ 0 & 0 & 1\\ 0 & 1 & x\end{pmatrix}$ 与矩阵 $\boldsymbol{B}=\begin{pmatrix}2 & 0 & 0\\ 0 & y & 0\\ 0 & 0 & -1\end{pmatrix}$ 相似.

(1) 求 x,y.

(2) 求一个可逆矩阵 $\boldsymbol{P}$,使得 $\boldsymbol{P}^{-1}\boldsymbol{A}\boldsymbol{P}=\boldsymbol{B}$.

【例 12】 设有矩阵 $A=\begin{pmatrix}2&-2&0\\-2&1&-2\\0&-2&0\end{pmatrix}$ 与矩阵 $B=\begin{pmatrix}1&-2&-2\\-2&2&0\\-2&0&0\end{pmatrix}$，判断 A,B 是否相似.

【例 13】 已知矩阵 $A=\begin{pmatrix}-2&-2&1\\2&x&-2\\0&0&-2\end{pmatrix}$ 与 $B=\begin{pmatrix}2&1&0\\0&-1&0\\0&0&y\end{pmatrix}$ 相似.

(1) 求 x,y.

(2) 求可逆矩阵 P 使得 $P^{-1}AP=B$.

【例 14】 证明：n 阶矩阵 $\begin{pmatrix}1&1&\cdots&1\\1&1&\cdots&1\\\vdots&\vdots&&\vdots\\1&1&\cdots&1\end{pmatrix}$ 与 $\begin{pmatrix}0&0&\cdots&1\\0&0&\cdots&2\\\vdots&\vdots&&\vdots\\0&0&\cdots&n\end{pmatrix}$ 相似.

题型四：由特征值、特征向量求矩阵

【解题思路总述】

(1) 利用 $f(A)=0\Rightarrow f(\lambda)=0$，解出特征值可能的取值，再通过所给的条件确定具体的取值.

(2) 利用相似对角化：若 n 阶矩阵 A 可相似对角化，则存在可逆矩阵 P，使得 $P^{-1}AP=\Lambda$，则 $A=P\Lambda P^{-1}$.

(3) 实对称矩阵不同特征值对应的特征向量正交，可以利用此条件，解出特征向量，最后利用 $Q^{-1}AQ=Q^{T}AQ=\Lambda$，则 $A=Q\Lambda Q^{T}$，其中 Q 为正交矩阵.

【例 15】 设 A 为 3 阶实对称矩阵，$A^2=2A$，齐次线性方程组 $Ax=0$ 的基础解系为 $\alpha_1=(1,1,0)^T$，$\alpha_2=(1,0,1)^T$，求矩阵 A.

【例 16】 设 A 为 3 阶实对称矩阵，$\lambda_1=-1$，$\lambda_2=\lambda_3=1$ 是 A 的特征值，且对应于 $\lambda_1=-1$ 的特征向量为 $\alpha_1=(0,1,1)^T$，求 A.

题型五：求方阵的幂

【解题思路总述】

(1) 若 $r(A)=1$，或者 $A=\alpha\beta^T$（其中 α,β 均为非零的单位向量），则 $A^n=l^{n-1}A$，其中 $l=\mathrm{tr}(A)=\alpha^T\beta=\beta^T\alpha$.

(2) 找规律，求出 A^2，A^3，总结规律，得到 A^n.

例如，$A=\begin{pmatrix}0&1&1\\0&0&1\\0&0&0\end{pmatrix}$，则 $A^2=\begin{pmatrix}0&0&1\\0&0&0\\0&0&0\end{pmatrix}$，$A^3=\begin{pmatrix}0&0&0\\0&0&0\\0&0&0\end{pmatrix}$，故 $A^n=O(n\geqslant 3)$.

(3) 若 $A=kE+B$，则 $A^n=\sum\limits_{i=0}^{n}C_n^iB^ik^{n-i}$，一般情况下 $B^n=O(n\geqslant 3)$.

(4) 利用相似对角化：若 n 阶矩阵 A 可相似对角化，则存在可逆矩阵 P，使得 $P^{-1}AP=\Lambda$，

则 $A=P\Lambda P^{-1}$，所以 $A^n=P\Lambda(P^{-1}P)\Lambda(P^{-1}P)\Lambda P^{-1}\cdots P\Lambda P^{-1}=P\Lambda^nP^{-1}$. 特别地，若 A 为实对称矩阵，则存在正交矩阵 Q，使得 $Q^{-1}AQ=Q^TAQ=\Lambda$，则 $A=Q\Lambda Q^T$，所以 $A^n=Q\Lambda^nQ^T$.

(5) 利用分块矩阵：$A=\begin{pmatrix}B & O\\ O & C\end{pmatrix}\Rightarrow A^n=\begin{pmatrix}B^n & O\\ O & C^n\end{pmatrix}$.

【例 17】 设 $A=\begin{pmatrix}2 & 0 & 0\\ 1 & 2 & -1\\ 1 & 0 & 1\end{pmatrix}$，求 A^n.

【例 18】 已知矩阵 $A=\begin{pmatrix}0 & -1 & 1\\ 2 & -3 & 0\\ 0 & 0 & 0\end{pmatrix}$.

(1) 求 A^{99}.

(2) 设 3 阶矩阵 $B=(\alpha_1,\alpha_2,\alpha_3)$ 满足 $B^2=BA$，$B^{100}=(\beta_1,\beta_2,\beta_3)$，将 β_1,β_2,β_3 分别表示为 $\alpha_1,\alpha_2,\alpha_3$ 的线性组合.

【例 19】 设 $A=\begin{pmatrix}1 & -2 & 0 & 0\\ -1 & 0 & 0 & 0\\ 0 & 0 & 2 & 1\\ 0 & 0 & 0 & 2\end{pmatrix}$，求 A^n.

【例 20】 已知 $\begin{cases}x_n=4x_{n-1}-5y_{n-1},\\ y_n=2x_{n-1}-3y_{n-1},\end{cases}$ 且 $\begin{cases}x_0=2,\\ y_0=1,\end{cases}$ 求 x_{100}.

典型题型答案

题型一：求特征值与特征向量

【例 1】 解析：

因为 $\alpha=(-1,-1,1)^T$ 为 A^* 的特征向量，则 $\alpha=(-1,-1,1)^T$ 也为 A 的特征向量，设对应的特征值为 λ_1，则 $A\alpha=\lambda_1\alpha$，故

$$\begin{pmatrix}a & -1 & c\\ 5 & b & 3\\ 1-c & 0 & -a\end{pmatrix}\begin{pmatrix}-1\\ -1\\ 1\end{pmatrix}=\lambda_1\begin{pmatrix}-1\\ -1\\ 1\end{pmatrix}\Rightarrow\begin{cases}-a+1+c=-\lambda_1,\\ -5-b+3=-\lambda_1,\Rightarrow b=-3,\\ c-1-a=\lambda_1\end{cases}$$

又 $|A|=\begin{vmatrix}a & -1 & c\\ 5 & b & 3\\ 1-c & 0 & -a\end{vmatrix}=\begin{vmatrix}a & -1 & a\\ 5 & -3 & 3\\ 1-a & 0 & -a\end{vmatrix}=-1\Rightarrow a=2=c,\lambda_0=\dfrac{|A|}{\lambda_1}=1$，则

$$\begin{cases}c=a=2,\\ b=-3,\\ \lambda_0=1.\end{cases}$$

【例 2】 解析：

(1)由题意可得 $A\begin{pmatrix}1\\1\\1\end{pmatrix}=3\begin{pmatrix}1\\1\\1\end{pmatrix}$，故 3 为 A 的特征值，$\begin{pmatrix}1\\1\\1\end{pmatrix}$ 为对应的特征向量，又 $Ax=0$ 的基础解系为 $\alpha_1=(-1,2,-1)^T,\alpha_2=(0,-1,1)^T$，则 α_1,α_2 为特征值 0 所对应的两个线性无关的特征向量. 故 A 的特征值为 0,0,3，对应的特征向量为

$$\alpha_1=(-1,2,-1)^T,\quad \alpha_2=(0,-1,1)^T,\quad \alpha_3=(1,1,1)^T.$$

(2) 施密特正交化：

$$\beta_1=\alpha_1=(-1,2,-1)^T,$$

$$\beta_2=\alpha_2-\frac{(\alpha_2,\beta_1)}{(\beta_1,\beta_1)}\beta_1=(0,-1,1)^T-\frac{-3}{6}(-1,2,-1)^T=\left(-\frac{1}{2},0,\frac{1}{2}\right)^T,$$

$$\beta_3=\alpha_3=(1,1,1)^T.$$

单位化：
$$\gamma_1=\frac{1}{\sqrt{6}}(-1,2,-1)^T,\quad \gamma_2=\frac{1}{\sqrt{2}}(-1,0,1)^T,\quad \gamma_3=\frac{1}{\sqrt{3}}(1,1,1)^T.$$

令
$$Q=(\gamma_1,\gamma_2,\gamma_3)=\begin{pmatrix}-\frac{1}{\sqrt{6}} & -\frac{1}{\sqrt{2}} & \frac{1}{\sqrt{3}}\\ \frac{2}{\sqrt{6}} & 0 & \frac{1}{\sqrt{3}}\\ -\frac{1}{\sqrt{6}} & \frac{1}{\sqrt{2}} & \frac{1}{\sqrt{3}}\end{pmatrix},$$

则
$$Q^TAQ=\Lambda,\quad 其中\ \Lambda=\begin{pmatrix}0 & & \\ & 0 & \\ & & 3\end{pmatrix}.$$

【注】 齐次线性方程组 $A_{n\times n}x=0$ 有非零解$\Leftrightarrow|A|=0\Leftrightarrow r(A)<n\Leftrightarrow A$ 的列向量组线性相关$\Leftrightarrow A$ 必有一个特征值为 0，且该方程组的非零解即为特征值 0 所对应的特征向量.

【例 3】 解析：

由 $r(A)=1$ 可得 $\lambda=0$ 为 A 的特征值，且 $(0E-A)x=0$ 对应的基础解系由 $(n-1)$ 个线性无关的向量组成，则可知 $\lambda=0$ 至少为 $(n-1)$ 重根，又 $\lambda_1+\lambda_2+\cdots+\lambda_n=\mathrm{tr}(A)=\alpha^T\beta$，则 $\lambda_1+\lambda_2+\cdots+\lambda_n=2$，故 $\lambda=2$ 为 A 的特征值，则 $\lambda=0$ 为 $(n-1)$ 重根，$\lambda=2$ 为单根.

【注】 设 $\alpha=(a_1,a_2,\cdots a_n)^T,\beta=(b_1,b_2,\cdots b_n)^T,a_1b_1\neq0$（保证矩阵 A 的主对角线元素之和不为 0 即可），矩阵 $A=\alpha\beta^T$，则有如下性质.

(1) $r(A)=1$.

(2) $A^n=l^{n-1}A$（其中 $l=a_1b_1+a_2b_2+\cdots+a_nb_n$）.

(3) A 一定可相似对角化且 $A\sim\begin{pmatrix}a_1b_1+a_2b_2+\cdots+a_nb_n & & & \\ & 0 & & \\ & & \ddots & \\ & & & 0\end{pmatrix}$，即有一个非零特征值 $\lambda_1=a_1b_1+a_2b_2+\cdots+a_nb_n,\lambda_2=\cdots=\lambda_n=0$（$n-1$ 个特征值为 0）.

(4) 非零特征值所对应的特征向量为 α，即 $A\alpha=(a_1b_1+a_2b_2+\cdots+a_nb_n)\alpha$.

【例 4】 解析：

(1) 假设 $\boldsymbol{\alpha},\boldsymbol{A\alpha}$ 线性相关，则 $\boldsymbol{A\alpha}=k\boldsymbol{\alpha}$（$k$ 为常数），$\boldsymbol{\alpha}$ 为 $\boldsymbol{A}$ 的特征向量，矛盾，故 $\boldsymbol{\alpha},\boldsymbol{A\alpha}$ 线性无关.

(2)
$$\boldsymbol{A}^2\boldsymbol{\alpha}-2\boldsymbol{A\alpha}-8\boldsymbol{\alpha}=\boldsymbol{0}\Rightarrow\boldsymbol{A}^2\boldsymbol{\alpha}=2\boldsymbol{A\alpha}+8\boldsymbol{\alpha},$$
$$\boldsymbol{A}(\boldsymbol{\alpha},\boldsymbol{A\alpha})=(\boldsymbol{A\alpha},\boldsymbol{A}^2\boldsymbol{\alpha})=(\boldsymbol{A\alpha},2\boldsymbol{A\alpha}+8\boldsymbol{\alpha})=(\boldsymbol{\alpha},\boldsymbol{A\alpha})\begin{pmatrix}0&8\\1&2\end{pmatrix}.$$

设 $\boldsymbol{P}=(\boldsymbol{\alpha},\boldsymbol{A\alpha})$，$\boldsymbol{B}=\begin{pmatrix}0&8\\1&2\end{pmatrix}$，则有 $\boldsymbol{P}^{-1}\boldsymbol{AP}=\boldsymbol{B}$，故 $\boldsymbol{A}$ 相似于 $\boldsymbol{B}$.

$$|\lambda\boldsymbol{E}-\boldsymbol{B}|=\begin{vmatrix}\lambda&-8\\-1&\lambda-2\end{vmatrix}=(\lambda-4)(\lambda+2)=0\Rightarrow\lambda_1=4,\lambda_2=-2,$$
则 $\boldsymbol{A}$ 的特征值为 $4,-2$.

【例 5】 解析：
$$(\boldsymbol{A\alpha}_1,\boldsymbol{A\alpha}_2,\boldsymbol{A\alpha}_3)=(\boldsymbol{\alpha}_1+2\boldsymbol{\alpha}_2,2\boldsymbol{\alpha}_1+\boldsymbol{\alpha}_2,\boldsymbol{\alpha}_1+\boldsymbol{\alpha}_2+4\boldsymbol{\alpha}_3),$$
则 $\boldsymbol{A}(\boldsymbol{\alpha}_1,\boldsymbol{\alpha}_2,\boldsymbol{\alpha}_3)=(\boldsymbol{\alpha}_1,\boldsymbol{\alpha}_2,\boldsymbol{\alpha}_3)\begin{pmatrix}1&2&1\\2&1&1\\0&0&4\end{pmatrix}$，又 $\boldsymbol{\alpha}_1,\boldsymbol{\alpha}_2,\boldsymbol{\alpha}_3$ 线性无关，令 $\boldsymbol{P}=(\boldsymbol{\alpha}_1,\boldsymbol{\alpha}_2,\boldsymbol{\alpha}_3)$，$\boldsymbol{B}=\begin{pmatrix}1&2&1\\2&1&1\\0&0&4\end{pmatrix}$，故 $\boldsymbol{P}$ 可逆，且 $\boldsymbol{P}^{-1}\boldsymbol{AP}=\boldsymbol{B}$，即 $\boldsymbol{A}$ 相似于 $\boldsymbol{B}$.

$$|\lambda\boldsymbol{E}-\boldsymbol{B}|=\begin{vmatrix}\lambda-1&-2&-1\\-2&\lambda-1&-1\\0&0&\lambda-4\end{vmatrix}=(\lambda-4)(\lambda-3)(\lambda+1)=0,$$
则
$$\lambda_1=-1,\quad\lambda_2=3,\quad\lambda_3=4.$$

当 $\lambda_1=-1$，$(-\boldsymbol{E}-\boldsymbol{B})\boldsymbol{x}=\boldsymbol{0}$ 对应的特征向量为 $\boldsymbol{\eta}_1=(-1,1,0)^{\mathrm{T}}$.

当 $\lambda_2=3$，$(3\boldsymbol{E}-\boldsymbol{B})\boldsymbol{x}=\boldsymbol{0}$ 对应的特征向量为 $\boldsymbol{\eta}_2=(1,1,0)^{\mathrm{T}}$.

当 $\lambda_3=4$，$(4\boldsymbol{E}-\boldsymbol{B})\boldsymbol{x}=\boldsymbol{0}$ 对应的特征向量为 $\boldsymbol{\eta}_3=(1,1,1)^{\mathrm{T}}$.

故 $\boldsymbol{A}$ 的特征值为 $-1,3,4$，对应的特征向量为 $\boldsymbol{\eta}_1,\boldsymbol{\eta}_2,\boldsymbol{\eta}_3$.

【例 6】 解析：

$\boldsymbol{A}$ 的每行元素之和为 5，则 $\boldsymbol{A}\begin{pmatrix}1\\1\\1\end{pmatrix}=5\begin{pmatrix}1\\1\\1\end{pmatrix}$，$\boldsymbol{\alpha}_1=\begin{pmatrix}1\\1\\1\end{pmatrix}$ 是 $\boldsymbol{A}$ 对应特征值为 5 的特征向量. 由题意可得 $\boldsymbol{A}$ 对应特征值为 0 的特征向量为
$$\boldsymbol{\alpha}_2=\begin{pmatrix}2\\-1\\3\end{pmatrix},\boldsymbol{\alpha}_3=\begin{pmatrix}1\\3\\4\end{pmatrix},$$
且
$$\boldsymbol{A\alpha}_2=\boldsymbol{0},\quad\boldsymbol{A\alpha}_3=\boldsymbol{0}.$$

设
$$\boldsymbol{\beta}=x_1\boldsymbol{\alpha}_1+x_2\boldsymbol{\alpha}_2+x_3\boldsymbol{\alpha}_3\Rightarrow\begin{pmatrix}4\\3\\-3\end{pmatrix}=x_1\begin{pmatrix}1\\1\\1\end{pmatrix}+x_2\begin{pmatrix}2\\-1\\3\end{pmatrix}+x_3\begin{pmatrix}1\\3\\4\end{pmatrix},$$

则
$$\begin{cases}x_1+2x_2+x_3=4,\\x_1-x_2+3x_3=3,\\x_1+3x_2+4x_3=-3\end{cases}\Rightarrow x_1=8,x_2=-1,x_3=-2.$$

故
$$\boldsymbol{\beta}=8\boldsymbol{\alpha}_1-\boldsymbol{\alpha}_2-2\boldsymbol{\alpha}_3,$$

$$\boldsymbol{A\beta}=\boldsymbol{A}(8\boldsymbol{\alpha}_1-\boldsymbol{\alpha}_2-2\boldsymbol{\alpha}_3)=8\boldsymbol{A\alpha}_1=40\boldsymbol{\alpha}_1=40\begin{pmatrix}1\\1\\1\end{pmatrix}.$$

题型二:判断矩阵是否可相似对角化

【例 7】 解析:

$$|\lambda\boldsymbol{E}-\boldsymbol{A}|=\begin{vmatrix}\lambda-1&1&-1\\-2&\lambda+2&-2\\1&-1&\lambda+1\end{vmatrix}=\lambda^2(\lambda+2)=0,$$

则
$$\lambda_1=\lambda_2=0,\quad\lambda_3=-2.$$

当 $\lambda_1=\lambda_2=0$ 时,$(0\boldsymbol{E}-\boldsymbol{B})\boldsymbol{x}=\boldsymbol{0}$ 对应的线性无关的特征向量为 $\boldsymbol{\alpha}_1=(1,1,0)^{\mathrm{T}}$,$\boldsymbol{\alpha}_2=(-1,0,1)^{\mathrm{T}}$.

当 $\lambda_3=-2$ 时,$(-2\boldsymbol{E}-\boldsymbol{B})\boldsymbol{x}=\boldsymbol{0}$ 对应的特征向量为 $\boldsymbol{\alpha}_3=(1,1,1)^{\mathrm{T}}$.

因为 $\boldsymbol{A}$ 有 3 个线性无关的特征向量,故 $\boldsymbol{A}$ 可相似对角化.

【例 8】 解析:

$$|\lambda\boldsymbol{E}-\boldsymbol{A}|=\begin{vmatrix}\lambda-1&-2&3\\1&\lambda-4&3\\-1&-a&\lambda-5\end{vmatrix}=(\lambda-2)\begin{vmatrix}\lambda-3&3\\-1-a&\lambda-5\end{vmatrix}=0,$$

可知 $\boldsymbol{A}$ 有一个特征值为 2.

当 $\lambda_1=\lambda_2=2$ 时,$\begin{vmatrix}2-3&3\\-1-a&2-5\end{vmatrix}=0\Rightarrow a=-2$,又 $\lambda_1+\lambda_2+\lambda_3=\mathrm{tr}(\boldsymbol{A})=10$,则 $\lambda_3=6$;当 $\lambda_1=\lambda_2=2$ 时,$r(2\boldsymbol{E}-\boldsymbol{A})=r\begin{pmatrix}1&-2&3\\1&-2&3\\-1&2&-3\end{pmatrix}=1$,则 $n-r(2\boldsymbol{E}-\boldsymbol{A})=2$,故 $\boldsymbol{A}$ 可相似对角化.

$$\begin{vmatrix}\lambda-3&3\\-1-a&\lambda-5\end{vmatrix}=\lambda^2-8\lambda+18+3a=(\lambda-4)^2=0,$$

则
$$a=-\frac{2}{3},\quad\lambda_1=\lambda_2=4\quad\lambda_3=2,$$

当 $\lambda_1=\lambda_2=4$ 时,$r(4\boldsymbol{E}-\boldsymbol{A})=r\begin{pmatrix}3&-2&3\\1&0&3\\-1&\frac{2}{3}&-1\end{pmatrix}=2$,则 $n-r(4\boldsymbol{E}-\boldsymbol{A})=1$,故 $\boldsymbol{A}$ 不可相似

对角化.

【例 9】 解析:

(1) 因为 $\boldsymbol{\alpha},\boldsymbol{\beta}$ 正交且为非零向量,所以 $\boldsymbol{\alpha},\boldsymbol{\beta}$ 线性无关,则 $\boldsymbol{\alpha}+\boldsymbol{\beta},\boldsymbol{\alpha}-\boldsymbol{\beta}$ 是非零向量.

$$\boldsymbol{A}(\boldsymbol{\alpha}+\boldsymbol{\beta})=(\boldsymbol{\alpha}\boldsymbol{\beta}^{\mathrm{T}}+\boldsymbol{\beta}\boldsymbol{\alpha}^{\mathrm{T}})(\boldsymbol{\alpha}+\boldsymbol{\beta})=\boldsymbol{\alpha}+\boldsymbol{\beta},$$

故 $\boldsymbol{\alpha}+\boldsymbol{\beta}$ 是 $\boldsymbol{A}$ 对应于特征值为 1 的特征向量.

$$\boldsymbol{A}(\boldsymbol{\alpha}-\boldsymbol{\beta})=(\boldsymbol{\alpha}\boldsymbol{\beta}^{\mathrm{T}}+\boldsymbol{\beta}\boldsymbol{\alpha}^{\mathrm{T}})(\boldsymbol{\alpha}-\boldsymbol{\beta})=-(\boldsymbol{\alpha}-\boldsymbol{\beta}),$$

故 $\boldsymbol{\alpha}-\boldsymbol{\beta}$ 是 $\boldsymbol{A}$ 对应于特征值为 -1 的特征向量.

(2) 由(1)可得 $\lambda_1=1,\lambda_2=-1$ 为 $\boldsymbol{A}$ 的特征值,又

$$r(\boldsymbol{A})=r(\boldsymbol{\alpha}\boldsymbol{\beta}^{\mathrm{T}}+\boldsymbol{\beta}\boldsymbol{\alpha}^{\mathrm{T}})\leqslant r(\boldsymbol{\alpha}\boldsymbol{\beta}^{\mathrm{T}})+r(\boldsymbol{\beta}\boldsymbol{\alpha}^{\mathrm{T}})=2\Rightarrow|\boldsymbol{A}|=0,$$

即 $\lambda_3=0$ 是 $\boldsymbol{A}$ 的特征值,故 $\boldsymbol{A}$ 有 3 个不同的特征值,则矩阵 $\boldsymbol{A}$ 可对角化.

题型三:相似矩阵的题型

【例 10】 解析:

$|\lambda\boldsymbol{E}-\boldsymbol{A}|=(\lambda-2)(\lambda-2)(\lambda-1)\Rightarrow\boldsymbol{A}$ 的特征值为 2,2,1,$|\lambda\boldsymbol{E}-\boldsymbol{B}|=(\lambda-2)(\lambda-2)(\lambda-1)\Rightarrow$ $\boldsymbol{B}$ 的特征值为 2,2,1,$\boldsymbol{C}$ 是对角矩阵,显然 $\boldsymbol{C}$ 的特征值为 2,2,1,则 $\boldsymbol{A},\boldsymbol{B},\boldsymbol{C}$ 的特征值相同. 又 $3-r(2\boldsymbol{E}-\boldsymbol{A})=2$,则 $\boldsymbol{A}$ 可相似对角化,故 $\boldsymbol{A}$ 与 $\boldsymbol{C}$ 相似,$3-r(2\boldsymbol{E}-\boldsymbol{B})=1$,则 $\boldsymbol{B}$ 不可相似对角化,故 $\boldsymbol{B}$ 与 $\boldsymbol{C}$ 不相似.

故选(B).

【例 11】 解析:

(1) 由 $\boldsymbol{A}$ 相似于 $\boldsymbol{B}$,则有 $\begin{cases}|\boldsymbol{A}|=|\boldsymbol{B}|,\\ \mathrm{tr}(\boldsymbol{A})=\mathrm{tr}(\boldsymbol{B})\end{cases}\Rightarrow\begin{cases}2+0+x=2+y-1,\\ -2=-2y,\end{cases}$ 则 $\begin{cases}x=0,\\ y=1.\end{cases}$

(2) 由题意可得 $\boldsymbol{A}$ 的特征值为 2,1,-1.

当 $\lambda_1=2$ 时,$(2\boldsymbol{E}-\boldsymbol{A})\boldsymbol{x}=\boldsymbol{0}$,对应的特征向量为 $\boldsymbol{\alpha}_1=(1,0,0)^{\mathrm{T}}$.

当 $\lambda_2=1$ 时,$(\boldsymbol{E}-\boldsymbol{A})\boldsymbol{x}=\boldsymbol{0}$,对应的特征向量为 $\boldsymbol{\alpha}_2=(0,1,1)^{\mathrm{T}}$.

当 $\lambda_3=-1$ 时,$(-\boldsymbol{E}-\boldsymbol{A})\boldsymbol{x}=\boldsymbol{0}$,对应的特征向量为 $\boldsymbol{\alpha}_3=(0,-1,1)^{\mathrm{T}}$.

则 $\boldsymbol{P}=(\boldsymbol{\alpha}_1,\boldsymbol{\alpha}_2,\boldsymbol{\alpha}_3)=\begin{pmatrix}1&0&0\\0&1&-1\\0&1&1\end{pmatrix}$,使得 $\boldsymbol{P}^{-1}\boldsymbol{A}\boldsymbol{P}=\boldsymbol{B}$.

【例 12】 解析:

$\boldsymbol{A},\boldsymbol{B}$ 均为实对称矩阵,则 $\boldsymbol{A},\boldsymbol{B}$ 均可对角化.

$$|\lambda\boldsymbol{E}-\boldsymbol{A}|=\begin{vmatrix}\lambda-2&2&0\\2&\lambda-1&2\\0&2&\lambda\end{vmatrix}=(\lambda-1)(\lambda-4)(\lambda+2)=0,$$

则 $\boldsymbol{A}$ 的特征值为 1,4,-2,故 $\boldsymbol{A}$ 相似于

$$\boldsymbol{\Lambda}=\begin{pmatrix}1&&\\&4&\\&&-2\end{pmatrix}.$$

$$|\lambda\boldsymbol{E}-\boldsymbol{B}|=\begin{vmatrix}\lambda-1 & 2 & 2\\ 2 & \lambda-2 & 0\\ 2 & 0 & \lambda\end{vmatrix}=(\lambda-1)(\lambda-4)(\lambda+2)=0,$$

则 $\boldsymbol{B}$ 的特征值为 $1,4,-2$，故 $\boldsymbol{B}$ 相似于

$$\boldsymbol{A}=\begin{pmatrix}1 & & \\ & 4 & \\ & & -2\end{pmatrix}.$$

根据相似的传递性可知 $\boldsymbol{A}$ 相似于 $\boldsymbol{B}$.

【例 13】 解析：

(1) 相似矩阵有相同的特征值，因此有

$$\begin{cases}\mathrm{tr}(\boldsymbol{A})=\mathrm{tr}(\boldsymbol{B}),\\ |\boldsymbol{A}|=|\boldsymbol{B}|,\end{cases}$$

即

$$\begin{cases}x-4=y+1,\\ -2(4-2x)=-2y.\end{cases}$$

所以

$$x=3,\quad y=-2.$$

(2) 易知 $\boldsymbol{A},\boldsymbol{B}$ 的特征值均为 $\lambda_1=2,\lambda_2=-1,\lambda_3=-2$，解齐次线性方程组 $(\lambda_i\boldsymbol{E}-\boldsymbol{A})\boldsymbol{x}=\boldsymbol{0}$ 及 $(\lambda_i\boldsymbol{E}-\boldsymbol{B})\boldsymbol{x}=\boldsymbol{0}\ (i=1,2,3)$，分别求 $\boldsymbol{A},\boldsymbol{B}$ 的特征向量.

当 $\lambda_1=2$ 时，由 $2\boldsymbol{E}-\boldsymbol{A}=\begin{pmatrix}4 & 2 & -1\\ -2 & -1 & 2\\ 0 & 0 & 4\end{pmatrix}\xrightarrow{r}\begin{pmatrix}2 & 1 & 0\\ 0 & 0 & 1\\ 0 & 0 & 0\end{pmatrix}$，取 $\boldsymbol{\xi}_1=(-1,2,0)^{\mathrm{T}}$；

当 $\lambda_2=-1$ 时，由 $-\boldsymbol{E}-\boldsymbol{A}=\begin{pmatrix}1 & 2 & -1\\ -2 & -4 & 2\\ 0 & 0 & 1\end{pmatrix}\xrightarrow{r}\begin{pmatrix}1 & 2 & 0\\ 0 & 0 & 1\\ 0 & 0 & 0\end{pmatrix}$，取 $\boldsymbol{\xi}_2=(-2,1,0)^{\mathrm{T}}$；

当 $\lambda_3=-2$ 时，由 $-2\boldsymbol{E}-\boldsymbol{A}=\begin{pmatrix}0 & 2 & -1\\ -2 & -5 & 2\\ 0 & 0 & 0\end{pmatrix}\xrightarrow{r}\begin{pmatrix}4 & 0 & 1\\ 0 & 2 & -1\\ 0 & 0 & 0\end{pmatrix}$，取 $\boldsymbol{\xi}_3=(-1,2,4)^{\mathrm{T}}$.

令 $\boldsymbol{P}_1=(\boldsymbol{\xi}_1,\boldsymbol{\xi}_2,\boldsymbol{\xi}_3)$，则有

$$\boldsymbol{P}_1^{-1}\boldsymbol{A}\boldsymbol{P}_1=\begin{pmatrix}2 & 0 & 0\\ 0 & -1 & 0\\ 0 & 0 & -2\end{pmatrix}.$$

同理可得，对于矩阵 $\boldsymbol{B}$，有矩阵

$$\boldsymbol{P}_2=\begin{pmatrix}1 & -1 & 0\\ 0 & 3 & 0\\ 0 & 0 & 1\end{pmatrix},\quad \boldsymbol{P}_2^{-1}\boldsymbol{B}\boldsymbol{P}_2=\begin{pmatrix}2 & 0 & 0\\ 0 & -1 & 0\\ 0 & 0 & -2\end{pmatrix},$$

所以

$$\boldsymbol{P}_1^{-1}\boldsymbol{A}\boldsymbol{P}_1=\boldsymbol{P}_2^{-1}\boldsymbol{B}\boldsymbol{P}_2,\quad 即\quad \boldsymbol{B}=\boldsymbol{P}_2\boldsymbol{P}_1^{-1}\boldsymbol{A}\boldsymbol{P}_1\boldsymbol{P}_2^{-1},$$

所以

$$\boldsymbol{P}=\boldsymbol{P}_1\boldsymbol{P}_2^{-1}=\begin{pmatrix}-1 & -1 & -1\\ 2 & 1 & 2\\ 0 & 0 & 4\end{pmatrix}.$$

【例 14】 解析：

设
$$A=\begin{pmatrix}1&1&\cdots&1\\1&1&\cdots&1\\\vdots&\vdots&&\vdots\\1&1&\cdots&1\end{pmatrix},\quad B=\begin{pmatrix}0&0&\cdots&1\\0&0&\cdots&2\\\vdots&\vdots&&\vdots\\0&0&\cdots&n\end{pmatrix},$$
由 $r(\boldsymbol{A})=1$ 可知 $\lambda=0$ 为 $\boldsymbol{A}$ 的特征值，且 $n-r(0\boldsymbol{E}-\boldsymbol{A})=n-r(\boldsymbol{A})=n-1$，则 $\lambda=0$ 对应有 $n-1$ 个线性无关的特征向量，故 $\lambda=0$ 至少为 $n-1$ 重根，且 $\boldsymbol{A}$ 的全部特征值之和满足
$$\lambda_1+\lambda_2+\cdots+\lambda_n=\mathrm{tr}(\boldsymbol{A})=n,$$
则可知
$$\lambda_1=\lambda_2=\cdots=\lambda_{n-1}=0,\lambda_n=n,$$
因为 $\boldsymbol{A}$ 为实对称矩阵，故 $\boldsymbol{A}$ 相似于对角矩阵
$$\boldsymbol{\Lambda}=\begin{pmatrix}0&&&\\&0&&\\&&\ddots&\\&&&n\end{pmatrix},$$
同理 $r(\boldsymbol{B})=1$，可知 $\lambda=0$ 为 $\boldsymbol{B}$ 的特征值，且
$$n-r(0\boldsymbol{E}-\boldsymbol{B})=n-r(\boldsymbol{B})=n-1,$$
则 $\lambda'=0$ 对应有 $n-1$ 个线性无关的特征向量，故 $\lambda'=0$ 至少为 $n-1$ 重根，且 $\boldsymbol{B}$ 的全部特征值之和满足
$$\lambda'_1+\lambda'_2+\cdots+\lambda'_n=\mathrm{tr}(\boldsymbol{B})=n,$$
则可知 $\lambda'_1=\lambda'_2=\cdots=\lambda'_{n-1}=0,\lambda'_n=n$，且 $\lambda'_n=n$ 为单根，故必对应有一个线性无关的特征向量，则 $\boldsymbol{B}$ 有 n 个线性无关的特征向量，故 $\boldsymbol{B}$ 相似于对角矩阵 $\boldsymbol{\Lambda}=\begin{pmatrix}0&&&\\&0&&\\&&\ddots&\\&&&n\end{pmatrix}$，根据相似的传递性质，可得 $\boldsymbol{A}$ 相似于 $\boldsymbol{B}$.

【注】 设 λ_i 为 r_i 重根，则 λ_i 对应的线性无关的特征向量的个数小于或等于重根数 r_i，即 $n-r(\lambda_i\boldsymbol{E}-\boldsymbol{A})\leqslant r_i$，单根有且仅有一个线性无关的特征向量.

题型四:由特征值、特征向量求矩阵

【例 15】 解析：

由 $\boldsymbol{A}^2=2\boldsymbol{A}\Rightarrow\lambda^2-2\lambda=0$，则 $\lambda=0$ 或者 $\lambda=2$，又由 $r(\boldsymbol{A})=1$ 可得 $\lambda_1=\lambda_2=0,\lambda_3=2$，$\boldsymbol{Ax}=\boldsymbol{0}$ 的基础解系为 $\boldsymbol{\alpha}_1=(1,1,0)^{\mathrm{T}},\boldsymbol{\alpha}_2=(1,0,1)^{\mathrm{T}}$，则可得 $\lambda_1=\lambda_2=0$ 对应的线性无关的特征向量为 $\boldsymbol{\alpha}_1=(1,1,0)^{\mathrm{T}},\boldsymbol{\alpha}_2=(1,0,1)^{\mathrm{T}}$.

设 $\lambda_3=2$ 对应的特征向量为 $\boldsymbol{\alpha}_3=(x_1,x_2,x_3)^{\mathrm{T}}$，则有
$$\begin{cases}\boldsymbol{\alpha}_3^{\mathrm{T}}\boldsymbol{\alpha}_1=0,\\\boldsymbol{\alpha}_3^{\mathrm{T}}\boldsymbol{\alpha}_2=0\end{cases}\Rightarrow\begin{cases}x_1+x_2=0,\\x_1+x_3=0,\end{cases}$$
可得 $\boldsymbol{\alpha}_3=(-1,1,1)^{\mathrm{T}}$.

设
$$P=(\boldsymbol{\alpha}_1,\boldsymbol{\alpha}_2,\boldsymbol{\alpha}_3)=\begin{pmatrix}1&1&-1\\1&0&1\\0&1&1\end{pmatrix},$$
则
$$P^{-1}AP=\Lambda=\begin{pmatrix}0&&\\&0&\\&&2\end{pmatrix},$$
所以
$$A=P\Lambda P^{-1}=\begin{pmatrix}1&1&-1\\1&0&1\\0&1&1\end{pmatrix}\begin{pmatrix}0&&\\&0&\\&&2\end{pmatrix}\begin{pmatrix}\frac{1}{3}&\frac{2}{3}&-\frac{1}{3}\\\frac{1}{3}&-\frac{1}{3}&\frac{2}{3}\\-\frac{1}{3}&\frac{1}{3}&\frac{1}{3}\end{pmatrix}$$
$$=\frac{2}{3}\begin{pmatrix}1&-1&-1\\-1&1&1\\-1&1&1\end{pmatrix}.$$

【例 16】 解析：

设 $\lambda_2=\lambda_3=1$ 对应的特征向量为 $\boldsymbol{\alpha}=(x_1,x_2,x_3)^{\mathrm{T}}$，则有 $\boldsymbol{\alpha}^{\mathrm{T}}\boldsymbol{\alpha}_1=0\Rightarrow x_2+x_3=0$，基础解系为 $(1,0,0)^{\mathrm{T}},(0,-1,1)^{\mathrm{T}}$，则 $\lambda_2=\lambda_3=1$ 对应的特征向量为
$$\boldsymbol{\alpha}_2=(1,0,0)^{\mathrm{T}},\quad \boldsymbol{\alpha}_3=(0,-1,1)^{\mathrm{T}},$$
单位化：
$$\boldsymbol{\gamma}_1=\frac{1}{\sqrt{2}}(0,1,1)^{\mathrm{T}},\quad \boldsymbol{\gamma}_2=(1,0,0)^{\mathrm{T}},\quad \boldsymbol{\gamma}_3=\frac{1}{\sqrt{2}}(0,-1,1)^{\mathrm{T}}.$$
令
$$Q=(\boldsymbol{\gamma}_1,\boldsymbol{\gamma}_2,\boldsymbol{\gamma}_3)=\begin{pmatrix}0&1&0\\\frac{1}{\sqrt{2}}&0&-\frac{1}{\sqrt{2}}\\\frac{1}{\sqrt{2}}&0&\frac{1}{\sqrt{2}}\end{pmatrix},\Lambda=\begin{pmatrix}-1&&\\&1&\\&&1\end{pmatrix},$$
使得
$$Q^{\mathrm{T}}AQ=\Lambda,$$
所以
$$A=Q\Lambda Q^{\mathrm{T}}=\begin{pmatrix}1&0&0\\0&0&-1\\0&-1&0\end{pmatrix}.$$

题型五：求方阵的幂

【例 17】 解析：
$$|\lambda E-A|=\begin{vmatrix}\lambda-2&0&0\\-1&\lambda-2&1\\-1&0&\lambda-1\end{vmatrix}=(\lambda-2)^2(\lambda-1)=0\Rightarrow\lambda_1=\lambda_2=2,\lambda_3=1.$$

当 $\lambda_1=\lambda_2=2$ 时，$(2E-A)x=\mathbf{0}$ 得 $\lambda_1=\lambda_2=2$ 对应的特征向量为
$$\boldsymbol{\alpha}_1=(0,1,0)^{\mathrm{T}},\quad \boldsymbol{\alpha}_2=(1,0,1)^{\mathrm{T}},$$
当 $\lambda_3=1$ 时，$(E-A)x=\mathbf{0}$ 得 $\lambda_3=1$ 对应的特征向量为 $\boldsymbol{\alpha}_3=(0,1,1)^{\mathrm{T}}$，则存在可逆矩阵

$$P=\begin{pmatrix}0&1&0\\1&0&1\\0&1&1\end{pmatrix},$$

使得
$$P^{-1}AP=\Lambda=\begin{pmatrix}2&&\\&2&\\&&1\end{pmatrix},$$

所以
$$A=P\Lambda P^{-1}\Rightarrow A^n=P\Lambda^nP^{-1}=\begin{pmatrix}2^n&0&0\\2^n-1&2^n&1-2^n\\2^n-1&0&1\end{pmatrix}.$$

【例 18】 解析：

(1) $|\lambda E-A|=\begin{vmatrix}\lambda&1&-1\\-2&\lambda+3&0\\0&0&\lambda\end{vmatrix}=\lambda(\lambda+1)(\lambda+2)=0\Rightarrow\lambda_1=0,\lambda_2=-1,\lambda_3=-2.$

当 $\lambda_1=0$ 时，$(0E-A)x=0$ 得 $\lambda_1=0$ 对应的特征向量为 $\alpha_1=\left(\frac{3}{2},1,1\right)^T$，

当 $\lambda_2=-1$ 时，$(-E-A)x=0$ 得 $\lambda_2=-1$ 对应的特征向量为 $\alpha_2=(1,1,0)^T$，

当 $\lambda_3=-2$ 时，$(-2E-A)x=0$ 得 $\lambda_3=-2$ 对应的特征向量为 $\alpha_3=\left(\frac{1}{2},1,0\right)^T$，

则存在可逆矩阵

$$P=\begin{pmatrix}\frac{3}{2}&1&\frac{1}{2}\\1&1&1\\1&0&0\end{pmatrix},$$

使得
$$P^{-1}AP=\Lambda=\begin{pmatrix}0&&\\&-1&\\&&-2\end{pmatrix},$$

则
$$A=P\Lambda P^{-1}\Rightarrow A^{99}=\begin{pmatrix}\frac{3}{2}&1&\frac{1}{2}\\1&1&1\\1&0&0\end{pmatrix}\begin{pmatrix}0&&\\&-1&\\&&-2^{99}\end{pmatrix}\begin{pmatrix}0&0&1\\2&-1&-2\\-2&2&1\end{pmatrix}$$

$$=\begin{pmatrix}2^{99}-2&1-2^{99}&2-2^{98}\\2^{100}-2&1-2^{100}&2-2^{99}\\0&0&0\end{pmatrix}.$$

(2)
$$B^2=BA\Rightarrow B^3=B\cdot B^2=B^2A=BA^2,$$

则
$$B^{100}=BA^{99}.$$

$$(\beta_1,\beta_2,\beta_3)=B^{100}=BA^{99}=(\alpha_1,\alpha_2,\alpha_3)\begin{pmatrix}2^{99}-2&1-2^{99}&2-2^{98}\\2^{100}-2&1-2^{100}&2-2^{99}\\0&0&0\end{pmatrix},$$

故
$$\begin{cases}\boldsymbol{\beta}_1=(2^{99}-2)\boldsymbol{\alpha}_1+(2^{100}-2)\boldsymbol{\alpha}_2,\\ \boldsymbol{\beta}_2=(1-2^{99})\boldsymbol{\alpha}_1+(1-2^{100})\boldsymbol{\alpha}_2,\\ \boldsymbol{\beta}_2=(2-2^{98})\boldsymbol{\alpha}_1+(2-2^{99})\boldsymbol{\alpha}_2.\end{cases}$$

【例 19】 解析：

令

$$\boldsymbol{B}=\begin{pmatrix}1&-2\\-1&0\end{pmatrix},\quad \boldsymbol{C}=\begin{pmatrix}2&1\\0&2\end{pmatrix},\quad \boldsymbol{A}=\begin{pmatrix}\boldsymbol{B}&\boldsymbol{O}\\\boldsymbol{O}&\boldsymbol{C}\end{pmatrix}\Rightarrow\boldsymbol{A}^n=\begin{pmatrix}\boldsymbol{B}^n&\boldsymbol{O}\\\boldsymbol{O}&\boldsymbol{C}^n\end{pmatrix},$$

$$|\lambda\boldsymbol{E}-\boldsymbol{B}|=\begin{vmatrix}\lambda-1&2\\1&\lambda\end{vmatrix}=(\lambda-2)(\lambda+1)=0\Rightarrow\lambda_1=2,\lambda_2=-1.$$

当 $\lambda_1=2$ 时，$(2\boldsymbol{E}-\boldsymbol{B})\boldsymbol{x}=\boldsymbol{0}$ 得 $\lambda_1=2$ 对应的特征向量为 $\boldsymbol{\alpha}_1=(-2,1)^{\mathrm{T}}$.

当 $\lambda_2=-1$ 时，$(-\boldsymbol{E}-\boldsymbol{B})\boldsymbol{x}=\boldsymbol{0}$ 得 $\lambda_2=-1$ 对应的特征向量为 $\boldsymbol{\alpha}_2=(1,1)^{\mathrm{T}}$.

则存在可逆矩阵

$$\boldsymbol{P}_1=(\boldsymbol{\alpha}_1,\boldsymbol{\alpha}_2)=\begin{pmatrix}-2&1\\1&1\end{pmatrix},$$

使得
$$\boldsymbol{P}_1^{-1}\boldsymbol{B}\boldsymbol{P}_1=\boldsymbol{\Lambda}_1=\begin{pmatrix}2&\\&-1\end{pmatrix},$$

则
$$\boldsymbol{B}=\boldsymbol{P}_1\boldsymbol{\Lambda}_1\boldsymbol{P}_1^{-1}\Rightarrow\boldsymbol{B}^n=\boldsymbol{P}_1\boldsymbol{\Lambda}_1^n\boldsymbol{P}_1^{-1}=\begin{pmatrix}-2&1\\1&1\end{pmatrix}\begin{pmatrix}2^n&\\&(-1)^n\end{pmatrix}\begin{pmatrix}-\frac{1}{3}&\frac{1}{3}\\\frac{1}{3}&\frac{2}{3}\end{pmatrix},$$

所以
$$\boldsymbol{B}^n=\begin{pmatrix}\frac{2^{n+1}}{3}+\frac{(-1)^n}{3}&-\frac{2^{n+1}}{3}+\frac{2(-1)^n}{3}\\-\frac{2^n}{3}+\frac{(-1)^n}{3}&\frac{2^n}{3}+\frac{2(-1)^n}{3}\end{pmatrix},$$

$$\boldsymbol{C}=\begin{pmatrix}2&1\\0&2\end{pmatrix}=2\begin{pmatrix}1&\\&1\end{pmatrix}+\begin{pmatrix}0&1\\&0\end{pmatrix}=2\boldsymbol{E}+\begin{pmatrix}0&1\\&0\end{pmatrix},$$

$$\boldsymbol{C}^n=\sum_{k=0}^{n}\mathrm{C}_n^k\begin{pmatrix}0&1\\0&0\end{pmatrix}^k2^{n-k}\boldsymbol{E}=2^n\begin{pmatrix}1&\\&1\end{pmatrix}+n2^{n-1}\begin{pmatrix}0&1\\0&0\end{pmatrix}=\begin{pmatrix}2^n&n2^{n-1}\\0&2^n\end{pmatrix},$$

则
$$\boldsymbol{A}^n=\begin{pmatrix}\frac{2^{n+1}}{3}+\frac{(-1)^n}{3}&-\frac{2^{n+1}}{3}+\frac{2(-1)^n}{3}&0&0\\-\frac{2^n}{3}+\frac{(-1)^n}{3}&\frac{2^n}{3}+\frac{2(-1)^n}{3}&0&0\\0&0&2^n&n2^{n-1}\\0&0&0&2^n\end{pmatrix}.$$

【例 20】 解析：

$$\begin{pmatrix}x_n\\y_n\end{pmatrix}=\begin{pmatrix}4&-5\\2&-3\end{pmatrix}\begin{pmatrix}x_{n-1}\\y_{n-1}\end{pmatrix},$$

则
$$\begin{pmatrix}x_n\\y_n\end{pmatrix}=\begin{pmatrix}4&-5\\2&-3\end{pmatrix}\begin{pmatrix}4&-5\\2&-3\end{pmatrix}\begin{pmatrix}x_{n-2}\\y_{n-2}\end{pmatrix}=\begin{pmatrix}4&-5\\2&-3\end{pmatrix}^2\begin{pmatrix}x_{n-2}\\y_{n-2}\end{pmatrix},$$

$$\begin{pmatrix} x_{100} \\ y_{100} \end{pmatrix} = \begin{pmatrix} 4 & -5 \\ 2 & -3 \end{pmatrix}^{100} \begin{pmatrix} x_0 \\ y_0 \end{pmatrix} = \begin{pmatrix} 4 & -5 \\ 2 & -3 \end{pmatrix}^{100} \begin{pmatrix} 2 \\ 1 \end{pmatrix}.$$

令
$$\boldsymbol{A} = \begin{pmatrix} 4 & -5 \\ 2 & -3 \end{pmatrix},$$

$$|\lambda \boldsymbol{E} - \boldsymbol{A}| = \begin{vmatrix} \lambda-4 & 5 \\ -2 & \lambda+3 \end{vmatrix} = (\lambda-2)(\lambda+1) = 0 \Rightarrow \lambda_1 = 2, \lambda_2 = -1.$$

当 $\lambda_1 = 2$ 时，$(2\boldsymbol{E}-\boldsymbol{A})\boldsymbol{x} = \boldsymbol{0}$ 得 $\lambda_1 = 2$ 对应的特征向量为 $\boldsymbol{\alpha}_1 = (5,2)^{\mathrm{T}}$，

当 $\lambda_2 = -1$ 时，$(-\boldsymbol{E}-\boldsymbol{A})\boldsymbol{x} = \boldsymbol{0}$ 得 $\lambda_2 = -1$ 对应的特征向量为 $\boldsymbol{\alpha}_2 = (1,1)^{\mathrm{T}}$，

则存在可逆矩阵

$$\boldsymbol{P} = (\boldsymbol{\alpha}_1, \boldsymbol{\alpha}_2) = \begin{pmatrix} 5 & 1 \\ 2 & 1 \end{pmatrix},$$

使得
$$\boldsymbol{P}^{-1}\boldsymbol{A}\boldsymbol{P} = \boldsymbol{\Lambda} = \begin{pmatrix} 2 & \\ & -1 \end{pmatrix},$$

所以由 $\boldsymbol{A} = \boldsymbol{P}\boldsymbol{\Lambda}\boldsymbol{P}^{-1}$ 得

$$\boldsymbol{A}^n = \boldsymbol{P}\boldsymbol{\Lambda}^n\boldsymbol{P}^{-1} = \begin{pmatrix} 5 & 1 \\ 2 & 1 \end{pmatrix} \begin{pmatrix} 2 & \\ & -1 \end{pmatrix}^{100} \begin{pmatrix} 5 & 1 \\ 2 & 1 \end{pmatrix}^{-1} = \begin{pmatrix} \frac{5}{3}2^{100} - \frac{2}{3} & -\frac{5}{3}2^{100} + \frac{5}{3} \\ \frac{2}{3}2^{100} - \frac{2}{3} & -\frac{2}{3}2^{100} + \frac{5}{3} \end{pmatrix},$$

则
$$\begin{pmatrix} x_{100} \\ y_{100} \end{pmatrix} = \boldsymbol{A}^{100} \begin{pmatrix} 2 \\ 1 \end{pmatrix} = \begin{pmatrix} \frac{5}{3}2^{100} - \frac{2}{3} & -\frac{5}{3}2^{100} + \frac{5}{3} \\ \frac{2}{3}2^{100} - \frac{2}{3} & -\frac{2}{3}2^{100} + \frac{5}{3} \end{pmatrix} \begin{pmatrix} 2 \\ 1 \end{pmatrix} = \begin{pmatrix} \frac{5}{3}2^{100} + \frac{1}{3} \\ \frac{2}{3}2^{100} + \frac{1}{3} \end{pmatrix},$$

故
$$x_{100} = \frac{5}{3}2^{100} + \frac{1}{3}.$$

第6章 二 次 型

考试内容

二次型及其矩阵表示，合同变换与合同矩阵，二次型的秩，惯性定理，二次型的标准形和规范形，用正交变换和配方法化二次型为标准形，二次型及其矩阵的正定性.

考试要求

(1) 掌握二次型及其矩阵表示，了解二次型秩的概念，了解合同变换与合同矩阵的概念，了解二次型的标准形、规范形的概念以及惯性定理.

(2) 掌握用正交变换化二次型为标准形的方法，会用配方法化二次型为标准形.

(3) 理解正定二次型、正定矩阵的概念，并掌握其判别法.

一、二次型的概念及标准形与规范形

1. 二次型的概念

1) 二次型的定义

n 个变量的二次齐次函数

$$f(x_1,x_2,\cdots x_n)=a_{11}x_1^2+a_{22}x_2^2+\cdots+a_{nn}x_n^2+2a_{12}x_1x_2+2a_{13}x_1x_3+\cdots+2a_{n-1,n}x_{n-1}x_n \qquad ①$$

称为 n 元二次型，当系数 a_{ij} 均为实数时，则称为 n 元实二次型，简称二次型.

如 $f(x_1,x_2,x_3)=x_1^2+2x_1x_2+4x_1x_3+x_2^2+x_2x_3+x_3^2$ 称为三元二次型.

2) 二次型矩阵

为了用矩阵来研究二次型，可以将二次型写成矩阵相乘的形式，又因为 $x_ix_j=x_jx_i$，故令 $a_{ij}=a_{ji}\,(i<j)$，则有 $2a_{ij}x_ix_j=a_{ij}x_ix_j+a_{ji}x_jx_i$，故二次型①式可以写成矩阵形式：

$$f(x_1,x_2,\cdots,x_n)=\sum_{i=1}^{n}\sum_{j=1}^{n}a_{ij}x_ix_j=(x_1,x_2,\cdots,x_n)\begin{pmatrix}a_{11}&a_{12}&\cdots&a_{1n}\\a_{21}&a_{22}&\cdots&a_{2n}\\\vdots&\vdots&&\vdots\\a_{n1}&a_{n2}&\cdots&a_{nn}\end{pmatrix}\begin{pmatrix}x_1\\x_2\\\vdots\\x_n\end{pmatrix}=\boldsymbol{x}^{\mathrm{T}}\boldsymbol{A}\boldsymbol{x},$$

其中 $\boldsymbol{x}=\begin{pmatrix}x_1\\x_2\\\vdots\\x_n\end{pmatrix}$，$\boldsymbol{A}=\begin{pmatrix}a_{11}&a_{12}&\cdots&a_{1n}\\a_{21}&a_{22}&\cdots&a_{2n}\\\vdots&\vdots&&\vdots\\a_{n1}&a_{n2}&\cdots&a_{nn}\end{pmatrix}$，对称矩阵 $\boldsymbol{A}$ 称为二次型 f 的矩阵，$\boldsymbol{A}$ 的秩称为二次型

f 的秩，即 $r(f)=r(\boldsymbol{A})$.

【例 6.1】 求二次型 $f(x,y,z)=x^2+2xy+2xz+z^2$ 的矩阵 $\boldsymbol{A}$.

【解析】 $\boldsymbol{A}=\begin{pmatrix}1&1&1\\1&0&0\\1&0&1\end{pmatrix}$.

【注】 (1) 二次型矩阵是对称矩阵，且唯一.

(2) 任意一个二次型都有一个矩阵与之对应.

(3) 二次型 f 的秩即为二次型矩阵的秩.

2. 二次型研究的问题

对于二次型，我们讨论的主要问题是：寻求可逆的线性变换

$$\begin{cases}x_1=c_{11}y_1+c_{12}y_2+\cdots+c_{1n}y_n,\\x_2=c_{21}y_1+c_{22}y_2+\cdots+c_{2n}y_n,\\\quad\vdots\\x_n=c_{n1}y_1+c_{n2}y_2+\cdots+c_{nn}y_n,\end{cases}$$

即 $\boldsymbol{x}=\boldsymbol{C}\boldsymbol{y}\left(\boldsymbol{C}=\begin{pmatrix}c_{11}&c_{12}&\cdots&c_{1n}\\c_{21}&c_{22}&\cdots&c_{2n}\\\vdots&\vdots&&\vdots\\c_{n1}&c_{n2}&\cdots&c_{nn}\end{pmatrix}\right)$，将二次型 $f=\boldsymbol{x}^{\mathrm{T}}\boldsymbol{A}\boldsymbol{x}$ 化成只含平方项的形式，形如

$$f=k_1y_1^2+k_2y_2^2+\cdots+k_ny_n^2.$$

1）标准形

只含平方项的二次型 $f=k_1y_1^2+k_2y_2^2+\cdots+k_ny_n^2$ 称为标准形.

2）规范形

通过可逆的线性变换将二次型化为只含有平方项，且平方项前的系数 $k_1,k_2,\cdots,k_n$ 只取 $-1,0,1$ 的二次型称为规范形，形如 $f=y_1^2+y_2^2+\cdots+y_p^2-y_{p+1}^2-\cdots-y_r^2$ 称为规范形.

3）惯性定理

设有二次型 $f(x_1,x_2,\cdots,x_n)=\boldsymbol{x}^{\mathrm{T}}\boldsymbol{A}\boldsymbol{x}$，它的秩为 r，对任意的两个可逆的线性变换

$$\boldsymbol{x}=\boldsymbol{C}\boldsymbol{y} \quad 及 \quad \boldsymbol{x}=\boldsymbol{P}\boldsymbol{z},$$

使
$$f=k_1y_1^2+k_2y_2^2+\cdots+k_ry_r^2(k_i\neq0)$$

及
$$f=\lambda_1z_1^2+\lambda_2z_2^2+\cdots+\lambda_rz_r^2(\lambda_i\neq0),$$

则 $k_1,k_2,\cdots,k_r$ 中正数的个数与 $\lambda_1,\lambda_2,\cdots,\lambda_r$ 中正数的个数相等，这个定理称为惯性定理.

二次型的标准形中正系数的个数称为正惯性指数，负系数的个数称为负惯性指数.

3. 化二次型为标准形的方法

n 元实二次型 $f(x_1,x_2,\cdots,x_n)=\boldsymbol{x}^{\mathrm{T}}\boldsymbol{A}\boldsymbol{x}$，存在可逆矩阵 $\boldsymbol{C}$，令 $\boldsymbol{x}=\boldsymbol{C}\boldsymbol{y}$ 使得

$$f(x_1,x_2,\cdots,x_n)=\boldsymbol{x}^{\mathrm{T}}\boldsymbol{A}\boldsymbol{x}\xlongequal{\boldsymbol{x}=\boldsymbol{C}\boldsymbol{y}}\boldsymbol{y}^{\mathrm{T}}\boldsymbol{C}^{\mathrm{T}}\boldsymbol{A}\boldsymbol{C}\boldsymbol{y}.$$

若
$$C^{\mathrm{T}}AC=\Lambda=\begin{pmatrix}k_1 & & & \\ & k_2 & & \\ & & \ddots & \\ & & & k_n\end{pmatrix},$$
则
$$f(x_1,x_2,\cdots,x_n)=\boldsymbol{y}^{\mathrm{T}}\Lambda\boldsymbol{y}=k_1y_1^2+k_2y_2^2+\cdots+k_ny_n^2.$$
即需要找到可逆矩阵 C,使得 $C^{\mathrm{T}}AC=\Lambda$,则可使二次型化为标准形. 在第5章中已经介绍过实对称矩阵可以通过正交变换进行对角化,本章还将介绍另一种化标准形的方法,即配方法.

1）正交变换法化二次型为标准形

定理 6.1 任给二次型 $f(x_1,x_2,\cdots,x_n)=\sum_{i=1}^{n}\sum_{j=1}^{n}a_{ij}x_ix_j\ (a_{ij}=a_{ji})$,总有正交变换 $\boldsymbol{x}=P\boldsymbol{y}$,使得 f 化为标准形 $f=\lambda_1y_1^2+\lambda_2y_2^2+\cdots+\lambda_ny_n^2$,其中 $\lambda_1,\lambda_2,\cdots,\lambda_n$ 为 A 的特征值.

2）正交变换化二次型为标准形的步骤

第一步:由 $|\lambda E-A|=0$ 求出 A 的特征值 $\lambda_1,\lambda_2,\cdots,\lambda_n$.

第二步:求方程组 $(\lambda_iE-A)\boldsymbol{x}=\boldsymbol{0}\ (i=1,2,\cdots,n)$ 的基础解系,从而得到各个特征值对应的线性无关的特征向量,设为 $\boldsymbol{\xi}_1,\boldsymbol{\xi}_2,\cdots,\boldsymbol{\xi}_n$.

第三步:将 $\boldsymbol{\xi}_1,\boldsymbol{\xi}_2,\cdots,\boldsymbol{\xi}_n$ 进行施密特正交化和单位化处理得到 $\boldsymbol{\gamma}_1,\boldsymbol{\gamma}_2,\cdots,\boldsymbol{\gamma}_n$.

第四步:令 $Q=(\boldsymbol{\gamma}_1,\boldsymbol{\gamma}_2,\cdots,\boldsymbol{\gamma}_n)$,作正交变换 $\boldsymbol{x}=Q\boldsymbol{y}$,将二次型化成标准形
$$f=\lambda_1y_1^2+\lambda_2y_2^2+\cdots+\lambda_ny_n^2.$$

【例 6.2】 三元二次型 $f(x_1,x_2,x_3)=17x_1^2+14x_2^2+14x_3^2-4x_1x_2-2x_1x_3-8x_2x_3$,利用正交变换化二次型为标准形.

【解析】 二次型矩阵 $A=\begin{pmatrix}17 & -2 & -2\\ -2 & 14 & -4\\ -2 & -4 & 14\end{pmatrix}$,则
$$|\lambda E-A|=\begin{vmatrix}\lambda-17 & 2 & 2\\ 2 & \lambda-14 & 4\\ 2 & 4 & \lambda-14\end{vmatrix}=(\lambda-18)^2(\lambda-9)=0,$$
$$\lambda_1=\lambda_2=18,\quad \lambda_3=9.$$
当 $\lambda_1=\lambda_2=18$ 时,$(18E-A)\boldsymbol{x}=\boldsymbol{0}$ 解得 $\lambda_1=\lambda_2=18$ 对应的特征向量为
$$\boldsymbol{\alpha}_1=(-2,0,1)^{\mathrm{T}},\quad \boldsymbol{\alpha}_2=(-2,1,0)^{\mathrm{T}}.$$
当 $\lambda_3=9$ 时,$(9E-A)\boldsymbol{x}=\boldsymbol{0}$ 解得 $\lambda_3=9$ 对应的特征向量为
$$\boldsymbol{\alpha}_3=(1,2,2)^{\mathrm{T}}.$$
施密特正交化:
$$\boldsymbol{\beta}_1=\boldsymbol{\alpha}_1=(-2,0,1)^{\mathrm{T}},$$
$$\boldsymbol{\beta}_2=\boldsymbol{\alpha}_2-\frac{(\boldsymbol{\alpha}_2,\boldsymbol{\beta}_1)}{(\boldsymbol{\beta}_1,\boldsymbol{\beta}_1)}\boldsymbol{\beta}_1=\frac{1}{5}(-2,5,-4)^{\mathrm{T}},$$
$$\boldsymbol{\beta}_3=\boldsymbol{\alpha}_3=(1,2,2)^{\mathrm{T}}.$$
单位化:

$$\boldsymbol{\gamma}_1=\frac{1}{\sqrt{5}}(-2,0,1)^{\mathrm{T}},\quad \boldsymbol{\gamma}_2=\frac{1}{3\sqrt{5}}(-2,5,-4)^{\mathrm{T}},\quad \boldsymbol{\gamma}_3=\frac{1}{3}(1,2,2)^{\mathrm{T}}.$$

则存在正交矩阵

$$\boldsymbol{Q}=(\boldsymbol{\gamma}_1,\boldsymbol{\gamma}_2,\boldsymbol{\gamma}_3)=\begin{pmatrix}-\frac{2}{\sqrt{5}} & -\frac{2}{3\sqrt{5}} & \frac{1}{3}\\ 0 & \frac{5}{3\sqrt{5}} & \frac{2}{3}\\ \frac{1}{\sqrt{5}} & -\frac{4}{3\sqrt{5}} & \frac{2}{3}\end{pmatrix},$$

使得

$$\boldsymbol{Q}^{\mathrm{T}}\boldsymbol{A}\boldsymbol{Q}=\boldsymbol{\Lambda}=\begin{pmatrix}18 & & \\ & 18 & \\ & & 9\end{pmatrix},$$

即通过正交变换 $\boldsymbol{x}=\boldsymbol{Q}\boldsymbol{y}$,二次型 $f=\boldsymbol{x}^{\mathrm{T}}\boldsymbol{A}\boldsymbol{x}=18y_1^2+18y_2^2+9y_3^2$.

【注】 (1) 经正交变换化二次型为标准形,标准形前面的系数由二次型矩阵 $\boldsymbol{A}$ 的特征值组成.

(2) 标准形前面的系数必须与正交矩阵 $\boldsymbol{Q}$ 的列向量顺序保持一一对应.

3) 配方法化二次型为标准形

配方法的一般步骤如下.

(1) 若二次型含有 x_i 的平方项,则先把含有 x_i 的乘积项合在一起,然后配方;再对其余的变量进行同样的过程,直到所有变量都配成平方项为止,经过可逆线性变换,就得到标准形.

(2) 若二次型中不含有平方项,但是 $a_{ij}\neq 0\,(i\neq j)$,则先进行可逆的线性变换:

$$\begin{cases}x_i=y_i+y_j,\\ x_j=y_i-y_j,\\ x_k=y_k\,(k=1,2,\cdots,n;k\neq i,j).\end{cases}$$

化二次型为含有平方项的二次型,然后再按步骤(1)配方.

【例 6.3】 三元二次型 $f(x_1,x_2,x_3)=x_1^2+x_2^2+x_3^2+2x_1x_2+2x_1x_3-2x_2x_3$,利用配方法化二次型为标准形.

【解析】 以 x_1 为主元,将含有 x_1 的项放在一起,将其他未知数看成系数,对 x_1 进行配方,以此类推对 x_2,x_3 继续实行此方法.

$$\begin{aligned}f(x_1,x_2,x_3)&=x_1^2+2x_2^2+2x_3^2+2x_1x_2+2x_1x_3-2x_2x_3\\&=(x_1+x_2+x_3)^2-(x_2+x_3)^2+2x_2^2+2x_3^2-2x_2x_3\\&=(x_1+x_2+x_3)^2+x_2^2+x_3^2-4x_2x_3\\&=(x_1+x_2+x_3)^2+(x_2-2x_3)^2-3x_3^2.\end{aligned}$$

令

$$\begin{cases}y_1=x_1+x_2+x_3,\\ y_2=x_2-2x_3,\\ y_3=x_3,\end{cases}$$

则
$$\begin{cases}x_1=y_1-y_2-3y_3,\\x_2=y_2+2y_3,\\x_3=y_3.\end{cases}$$

所以

$$\begin{pmatrix}x_1\\x_2\\x_3\end{pmatrix}=\begin{pmatrix}1&-1&-3\\0&1&2\\0&0&1\end{pmatrix}\begin{pmatrix}y_1\\y_2\\y_3\end{pmatrix},$$

可逆矩阵 $\boldsymbol{C}=\begin{pmatrix}1&-1&-3\\0&1&2\\0&0&1\end{pmatrix}$,经可逆线性变换 $\boldsymbol{x}=\boldsymbol{C}\boldsymbol{y}$,得

$$f=\boldsymbol{x}^{\mathrm{T}}\boldsymbol{A}\boldsymbol{x}\xlongequal{\boldsymbol{x}=\boldsymbol{C}\boldsymbol{y}}y_1^2+y_2^2-3y_3^2.$$

二、合同矩阵

1. 合同矩阵的定义

定义 6.1 设 n 阶矩阵 $\boldsymbol{A},\boldsymbol{B}$,存在可逆矩阵 $\boldsymbol{C}$,使得 $\boldsymbol{C}^{\mathrm{T}}\boldsymbol{A}\boldsymbol{C}=\boldsymbol{B}$,则称 $\boldsymbol{A}$ 合同于 $\boldsymbol{B}$.

【注】 $\boldsymbol{A},\boldsymbol{B}$ 合同不一定要求 $\boldsymbol{A},\boldsymbol{B}$ 是实对称矩阵.

定义 6.2 设 n 阶矩阵 $\boldsymbol{A},\boldsymbol{B}$,若 $\boldsymbol{A}$ 合同于 $\boldsymbol{B}$,则二次型 $\boldsymbol{x}^{\mathrm{T}}\boldsymbol{A}\boldsymbol{x},\boldsymbol{x}^{\mathrm{T}}\boldsymbol{B}\boldsymbol{x}$ 合同.

2. 合同的判别方法

定理 6.2 若有 n 阶实对称矩阵 $\boldsymbol{A},\boldsymbol{B}$,则 $\boldsymbol{A}$ 与 $\boldsymbol{B}$ 合同的充分必要条件是二次型 $\boldsymbol{x}^{\mathrm{T}}\boldsymbol{A}\boldsymbol{x}$ 与二次型 $\boldsymbol{x}^{\mathrm{T}}\boldsymbol{B}\boldsymbol{x}$ 的正负惯性指数相同.

定理 6.3 若有 n 阶实对称矩阵 $\boldsymbol{A},\boldsymbol{B}$,则 $\boldsymbol{A}$ 与 $\boldsymbol{B}$ 合同的充分必要条件是 $\boldsymbol{A},\boldsymbol{B}$ 的特征值正负个数相同.

【注】 在探讨矩阵合同的时候,一般只考虑实对称矩阵.

3. 矩阵合同的性质

性质 6.1 反身性:$\boldsymbol{A}$ 合同于 $\boldsymbol{A}$.

性质 6.2 对称性:若 $\boldsymbol{A}$ 合同于 $\boldsymbol{B}$,则 $\boldsymbol{B}$ 合同于 $\boldsymbol{A}$.

性质 6.3 传递性:若 $\boldsymbol{A}$ 合同于 $\boldsymbol{B}$,$\boldsymbol{B}$ 合同于 $\boldsymbol{C}$,则 $\boldsymbol{A}$ 合同于 $\boldsymbol{C}$.

4. 矩阵合同的必要条件

若有 n 阶实对称矩阵 $\boldsymbol{A},\boldsymbol{B}$,则 $\boldsymbol{A}$ 与 $\boldsymbol{B}$ 合同的必要条件是 $\boldsymbol{A},\boldsymbol{B}$ 的秩相等,即 $r(\boldsymbol{A})=r(\boldsymbol{B})$.

5. 矩阵合同的充分条件

若有 n 阶实对称矩阵 $\boldsymbol{A},\boldsymbol{B}$,则 $\boldsymbol{A}$ 与 $\boldsymbol{B}$ 合同的充分条件是 $\boldsymbol{A},\boldsymbol{B}$ 的特征值相同.

三、正定二次型与正定矩阵

定义 6.3 若对于任意的非零向量 $\boldsymbol{x}=(x_1,x_2,\cdots,x_n)^{\mathrm{T}}$，恒有

$$f(x_1,x_2,\cdots,x_n)=\sum_{i=1}^{n}\sum_{j=1}^{n}a_{ij}x_ix_j=\boldsymbol{x}^{\mathrm{T}}\boldsymbol{A}\boldsymbol{x}>0,$$

则称二次型 f 为正定二次型，对应的矩阵 $\boldsymbol{A}$ 为正定矩阵.

【注】 正定矩阵一定是对称矩阵.

(1) 二次型 f 正定的充要条件.

$f=\boldsymbol{x}^{\mathrm{T}}\boldsymbol{A}\boldsymbol{x}$ 为正定二次型(或对称矩阵 $\boldsymbol{A}$ 为正定矩阵)

$\Leftrightarrow$ 对任何 $x_n\neq 0$，都有 $\boldsymbol{x}^{\mathrm{T}}\boldsymbol{A}\boldsymbol{x}>0$

$\Leftrightarrow f$ 的正惯性指数为 n

$\Leftrightarrow \boldsymbol{A}$ 的所有特征值全为正

$\Leftrightarrow$ 存在可逆阵 $\boldsymbol{C}$，使得 $\boldsymbol{A}=\boldsymbol{C}^{\mathrm{T}}\boldsymbol{C}$，即 $\boldsymbol{A}$ 与 $\boldsymbol{E}$ 合同

$\Leftrightarrow \boldsymbol{A}$ 的各阶顺序主子式全大于零.

如 $\boldsymbol{A}=\begin{pmatrix}a_{11}&a_{12}&a_{13}\\a_{21}&a_{22}&a_{23}\\a_{31}&a_{32}&a_{33}\end{pmatrix}$ 正定 $\Leftrightarrow a_{11}>0$，$\begin{vmatrix}a_{11}&a_{12}\\a_{21}&a_{22}\end{vmatrix}>0$，$|\boldsymbol{A}|>0$.

(2) 二次型 f 正定的必要条件.

若二次型 $f(x_1,x_2,\cdots x_n)=\boldsymbol{x}^{\mathrm{T}}\boldsymbol{A}\boldsymbol{x}$ 正定，则

① $\boldsymbol{A}$ 的主对角线元素全大于零；

② $\boldsymbol{A}$ 的行列式大于零.

【例 6.4】 判定二次型 $f(x_1,x_2,x_3)=2x_1^2+2x_2^2+2x_3^2-2x_1x_2+2x_1x_3-2x_2x_3$ 的正定性.

【解析】 **方法一** 求二次型矩阵 $\boldsymbol{A}$ 的特征值.

$$\boldsymbol{A}=\begin{pmatrix}2&-1&1\\-1&2&-1\\1&-1&2\end{pmatrix},$$

故 $\boldsymbol{A}$ 为对称矩阵.

$$|\lambda\boldsymbol{E}-\boldsymbol{A}|=\begin{vmatrix}\lambda-2&1&-1\\1&\lambda-2&1\\-1&1&\lambda-2\end{vmatrix}=(\lambda-1)^2(\lambda-4)=0.$$

则 $\lambda_1=\lambda_2=1$，$\lambda_3=4$，特征值全大于 0，故二次型正定.

方法二 求二次型矩阵 $\boldsymbol{A}$ 的各阶顺序主子式.

因为 $2>0$，
$$\begin{vmatrix}2&-1\\-1&2\end{vmatrix}=3>0,$$

所以
$$|\boldsymbol{A}|=\begin{vmatrix}2&-1&1\\-1&2&-1\\1&-1&2\end{vmatrix}=4>0.$$

因为 $\boldsymbol{A}$ 的各阶顺序主子式都大于 0,故二次型正定.

典型题型

题型一:二次型的秩

【解题思路总述】 二次型的秩即为二次型矩阵的秩. 利用二次型矩阵乘法的定义 $f=\boldsymbol{x}^{\mathrm{T}}\boldsymbol{A}\boldsymbol{x}$,其中 $\boldsymbol{A}$ 即为二次型矩阵,$\boldsymbol{A}$ 中对角线上的元素对应平方项的系数,对角线以上的元素 a_{ij} $(i<j)$对应 x_ix_j 前面的系数的一半,且 $\boldsymbol{A}$ 是对称矩阵.

【例 1】 将二次型 $f(x_1,x_2,x_3)=(x_1+2x_2+3x_3)^2$ 表示成矩阵的形式,并求 $r(f)$.

题型二:正交变换化二次型为标准形及规范形

【解题思路总述】

(1)求特征值和特征向量,然后施密特正交化、单位化处理,得到正交矩阵 $\boldsymbol{Q}$,令 $\boldsymbol{x}=\boldsymbol{Q}\boldsymbol{y}$,则可将 f 化成标准形.

(2) 正交变换下标准形前面的系数由二次型矩阵 $\boldsymbol{A}$ 的特征值组成.

(3) 含参数情况下常用到特征值之和等于 $\boldsymbol{A}$ 的对角线元素之和,特征值之积等于 $\boldsymbol{A}$ 的行列式.

(4) 若 n 阶矩阵 $\boldsymbol{A},\boldsymbol{B}$ 可对角化,且 $\boldsymbol{P}^{-1}\boldsymbol{A}\boldsymbol{P}=\boldsymbol{B}$,求可逆矩阵 $\boldsymbol{P}$,可将 $\boldsymbol{A},\boldsymbol{B}$ 分别进行对角化处理,构造等式,即 $\boldsymbol{P}_1^{-1}\boldsymbol{A}\boldsymbol{P}_1=\boldsymbol{\Lambda}=\boldsymbol{P}_2^{-1}\boldsymbol{B}\boldsymbol{P}_2\Rightarrow\boldsymbol{P}=\boldsymbol{P}_1\boldsymbol{P}_2^{-1}$.

【例 2】 设二次型 $f(x_1,x_2,x_3)$在正交变换 $\boldsymbol{x}=\boldsymbol{P}\boldsymbol{y}$ 下的标准形为 $2y_1^2+y_2^2-y_3^2$,其中 $\boldsymbol{P}=(\boldsymbol{e}_1,\boldsymbol{e}_2,\boldsymbol{e}_3)$,若 $\boldsymbol{Q}=(\boldsymbol{e}_1,-\boldsymbol{e}_3,\boldsymbol{e}_2)$,则 $f(x_1,x_2,x_3)$在正交变换 $\boldsymbol{x}=\boldsymbol{Q}\boldsymbol{y}$ 下的标准形为(　　).

(A) $2y_1^2-y_2^2+y_3^2$　　(B) $2y_1^2+y_2^2-y_3^2$　　(C) $2y_1^2-y_2^2-y_3^2$　　(D) $2y_1^2+y_2^2+y_3^2$

【例 3】 设 $f(x_1,x_2,x_3)=x_1^2+x_2^2+x_3^2+2ax_1x_2+2x_1x_3+2bx_2x_3$,经正交变换 $\boldsymbol{x}=\boldsymbol{Q}\boldsymbol{y}$ 化为 $f=y_2^2+2y_3^2$.

(1) 求常数 a,b 的值.

(2) 求正交矩阵 $\boldsymbol{Q}$.

【例 4】 设二次型 $f(x_1,x_2,x_3)=ax_1^2+2x_2^2-2x_3^2+2bx_1x_3(b>0)$,其中二次型矩阵 $\boldsymbol{A}$ 的特征值之和为 1,特征值之积为 -12.

(1) 求常数 a,b 的值.

(2) 利用正交变换化二次型为标准形,并写出所作的正交变换和对应的正交矩阵.

【例 5】 设二次型 $f(x_1,x_2,x_3)=2(a_1x_1+a_2x_2+a_3x_3)^2+(b_1x_1+b_2x_2+b_3x_3)^2$,记

$$\boldsymbol{\alpha}=\begin{pmatrix}a_1\\a_2\\a_3\end{pmatrix},\quad\boldsymbol{\beta}=\begin{pmatrix}b_1\\b_2\\b_3\end{pmatrix}.$$

(1) 证明:二次型 f 对应的矩阵为 $2\boldsymbol{\alpha}\boldsymbol{\alpha}^{\mathrm{T}}+\boldsymbol{\beta}\boldsymbol{\beta}^{\mathrm{T}}$.

(2) 设 $\boldsymbol{\alpha},\boldsymbol{\beta}$ 正交且均为单位向量,证明:f 在正交变换下的标准形为 $2y_1^2+y_2^2$.

【例 6】 设二次型 $f(x_1,x_2,x_3)=x_1^2+x_2^2+x_3^2-2x_1x_2-2x_1x_3+2ax_2x_3$,通过正交变换

化二次型为标准形 $f=2y_1^2+2y_2^2+by_3^2$.

(1) 求常数 a,b 及所用的正交矩阵 $\boldsymbol{Q}$.

(2) 如果 $\boldsymbol{x}^{\mathrm{T}}\boldsymbol{x}=3$,求二次型 $f(x_1,x_2,x_3)$的最大值.

【例 7】 设二次型 $f(x_1,x_2,x_3)=x_1^2-4x_1x_2+4x_2^2$,通过正交变换化 $\begin{pmatrix}x_1\\x_2\end{pmatrix}=\boldsymbol{Q}\begin{pmatrix}y_1\\y_2\end{pmatrix}$ 化为二次型 $g(y_1,y_2)=ay_1^2+4y_1y_2+by_2^2$,其中 $a\geqslant b$.

(1) 求常数 a,b 的值.

(2) 求正交矩阵 $\boldsymbol{Q}$.

题型三:配方法化二次型为标准形及规范形

【解题思路总述】

(1) 不缺平方项时,按照第一个平方项开始配方,直到最后一个,按照这样的操作得到的即是可逆变换.

(2) 缺少平方项时,可先通过可逆变换产生平方项,一般使用 $\begin{cases}x_1=y_1+y_2,\\x_2=y_1-y_2,\\x_3=y_3,\end{cases}$ 再按照配方法的步骤操作.

(3) 若特征值不容易求,则可转换思路利用配方法计算.

【例 8】 设二次型 $f(x_1,x_2,x_3)=2x_1^2+2x_2^2-2x_3^2+4x_1x_2+4x_1x_3$,利用配方法化二次型为标准形,并写出可逆变换.

【例 9】 设二次型 $f(x_1,x_2,x_3)=2x_1x_2+2x_1x_3+2x_2x_3$,利用配方法化二次型为标准形,并写出可逆变换.

【例 10】 设二次型 $f(x_1,x_2,x_3)=(x_1-x_2+x_3)^2+(x_2+x_3)^2+(x_1+ax_3)^2$,其中 a 是参数.

(1) 求 $f(x_1,x_2,x_3)=0$ 的解.

(2) 求 $f(x_1,x_2,x_3)$的规范形.

【例 11】 二次型 $f(x_1,x_2,x_3)=x_1^2+x_2^2+x_3^2+2ax_1x_2+2ax_1x_3+2ax_2x_3$ 经可逆线性变换 $\boldsymbol{x}=\boldsymbol{P}\boldsymbol{y}$ 变换为 $g(y_1,y_2,y_3)=y_1^2+y_2^2+4y_3^2+2y_1y_2$.

(1) 求 a 的值.

(2) 求可逆矩阵 $\boldsymbol{P}$.

题型四:合同矩阵

【解题思路总述】

(1) 求出矩阵特征值,比较特征值的正、负个数是否相同.

(2) 若 $\boldsymbol{A},\boldsymbol{B}$ 为实对称矩阵,则相似一定合同.

(3) 比较 $\boldsymbol{A},\boldsymbol{B}$ 标准形中系数的正、负个数是否相同.

【例 12】 设矩阵 $A=\begin{pmatrix}2&-1&-1\\-1&2&-1\\-1&-1&2\end{pmatrix}$，$B=\begin{pmatrix}1&&\\&1&\\&&0\end{pmatrix}$，则 A 与 B（　　）.

(A) 合同，且相似　　(B) 合同，但不相似

(C) 不合同，但相似　　(D) 既不合同，也不相似

题型五：正定矩阵、正定二次型的判别及证明

【解题思路总述】

(1) 不含参数可以直接求特征值来判断：特征值全大于零，则为正定矩阵.

(2) 含参数的情况一般采用求顺序主子式来判断：各阶顺序主子式全大于零，则为正定矩阵.

(3) 正定二次型可以与标准形构建起来作为考题，标准形系数全大于零，可说明为正定矩阵.

(4) 二次型的证明题一般利用定义来证明，即 $\forall x\neq 0, x^{T}Ax>0$，结合齐次方程有无非零解来证明.

【例 13】 设二次型 $f(x_1,x_2,x_3)=x_1^2+2x_2^2+2x_3^2+2x_1x_2-2tx_2x_3$ 正定，求 t 的取值范围.

【例 14】 设 A 是 n 阶正定矩阵，证明：$|A+E|>1$.

【例 15】 设 A 为 m 阶的正定矩阵，B 为 $m\times n$ 实矩阵. 证明：若 $r(B)=n$，则 $B^{T}(AB)$ 是正定矩阵.

【例 16】 设 n 元二次型

$$f(x_1,x_2,\cdots,x_n)=(ax_1+bx_2)^2+(ax_2+bx_3)^2+\cdots+(ax_n+bx_1)^2,$$

问 a,b 满足什么条件时，二次型 $f(x_1,x_2,\cdots,x_n)$ 正定.

题型六：二次型的应用

【解题思路总述】

(1) 利用二次型与特征值之间的关系来解题.

(2) 利用二次型正定的定义来解题.

(3) 二次型所表示的几何意义（二次曲面）.

【例 17】 设 A 为 3 阶实对称矩阵 $A^2+3A=O$，又 $r(A)=2$.

(1) 求 A 的特征值及重数.

(2) 当 k 取何值时，$A+kE$ 为正定矩阵.

【例 18】 设 A 为 n 阶正定矩阵，$\xi_1,\xi_2,\cdots,\xi_n$ 是 n 维非零列向量，满足 $\xi_i^{T}A\xi_j=0\ (i\neq j)$，证明：$B=(\xi_1,\xi_2,\cdots,\xi_n)$ 是可逆矩阵.

【例 19】（数学一） 设二次型 $f(x_1,x_2,x_3)=x_1^2+x_2^2+x_3^2+4x_1x_2+4x_1x_3+4x_2x_3$，则 $f(x_1,x_2,x_3)=2$ 在空间直角坐标系下表示的二次曲面为（　　）.

(A) 单叶双曲面　(B) 双叶双曲面　(C) 椭球面　(D) 柱面

典型题型答案

题型一:二次型的秩

【例 1】 解析:

解法一 展开

$$f(x_1,x_2,x_3)=x_1^2+4x_2^2+9x_3^2+4x_1x_2+6x_1x_3+12x_2x_3,$$

$$f(x_1,x_2,x_3)=\boldsymbol{x}^{\mathrm{T}}\boldsymbol{A}\boldsymbol{x},$$

其中 $\boldsymbol{A}=\begin{pmatrix}1&2&3\\2&4&6\\3&6&9\end{pmatrix}$,则 $r(\boldsymbol{A})=1=r(f)$.

解法二 $f(x_1,x_2,x_3)=(x_1,x_2,x_3)\begin{pmatrix}1\\2\\3\end{pmatrix}(1,2,3)\begin{pmatrix}x_1\\x_2\\x_3\end{pmatrix}$,则

$$\boldsymbol{A}=\begin{pmatrix}1\\2\\3\end{pmatrix}(1,2,3)=\begin{pmatrix}1&2&3\\2&4&6\\3&6&9\end{pmatrix},$$

故

$$r(\boldsymbol{A})=1=r(f).$$

题型二:正交变换化二次型为标准形及规范形

【例 2】 解析:

方法一 $f(x_1,x_2,x_3)=\boldsymbol{x}^{\mathrm{T}}\boldsymbol{A}\boldsymbol{x}\xlongequal{\boldsymbol{x}=\boldsymbol{P}\boldsymbol{y}}\boldsymbol{y}^{\mathrm{T}}\boldsymbol{P}^{\mathrm{T}}\boldsymbol{A}\boldsymbol{P}\boldsymbol{y}$,则

$$\boldsymbol{P}^{\mathrm{T}}\boldsymbol{A}\boldsymbol{P}=\begin{pmatrix}2&&\\&1&\\&&-1\end{pmatrix}=\boldsymbol{\Lambda},$$

$$\boldsymbol{Q}=\boldsymbol{P}\begin{pmatrix}1&0&0\\0&0&1\\0&-1&0\end{pmatrix},$$

令

$$\boldsymbol{C}=\begin{pmatrix}1&0&0\\0&0&1\\0&-1&0\end{pmatrix},$$

则 $\boldsymbol{Q}=\boldsymbol{P}\boldsymbol{C}$,故

$$f(x_1,x_2,x_3)=\boldsymbol{x}^{\mathrm{T}}\boldsymbol{A}\boldsymbol{x}\xlongequal{\boldsymbol{x}=\boldsymbol{Q}\boldsymbol{y}}\boldsymbol{y}^{\mathrm{T}}\boldsymbol{Q}^{\mathrm{T}}\boldsymbol{A}\boldsymbol{Q}\boldsymbol{y}=\boldsymbol{y}^{\mathrm{T}}\boldsymbol{C}^{\mathrm{T}}\boldsymbol{P}^{\mathrm{T}}\boldsymbol{A}\boldsymbol{P}\boldsymbol{C}\boldsymbol{y}=\boldsymbol{y}^{\mathrm{T}}\boldsymbol{C}^{\mathrm{T}}\boldsymbol{\Lambda}\boldsymbol{C}\boldsymbol{y},$$

又 $\boldsymbol{C}^{\mathrm{T}}\boldsymbol{\Lambda}\boldsymbol{C}=\begin{pmatrix}2&0&0\\0&-1&0\\0&0&1\end{pmatrix}$,则

$$f(x_1,x_2,x_3)=\boldsymbol{x}^{\mathrm{T}}\boldsymbol{A}\boldsymbol{x}\xlongequal{\boldsymbol{x}=\boldsymbol{Q}\boldsymbol{y}}2y_1^2-y_2^2+y_3^2.$$

故选(A).

方法二 $f(x_1,x_2,x_3)$在正交变换 $\boldsymbol{x}=\boldsymbol{P}\boldsymbol{y}$ 下标准形为 $2y_1^2+y_2^2-y_3^2$,则特征值为 2,1,−1,对应的特征向量为 $\boldsymbol{e}_1,\boldsymbol{e}_2,\boldsymbol{e}_3$,而 $f(x_1,x_2,x_3)$在正交变换 $\boldsymbol{x}=\boldsymbol{Q}\boldsymbol{y}$ 下,特征向量为 $\boldsymbol{e}_1,-\boldsymbol{e}_3,\boldsymbol{e}_2$,故对应的特征值为 2,−1,1,则 $f(x_1,x_2,x_3)$在正交变换 $\boldsymbol{x}=\boldsymbol{Q}\boldsymbol{y}$ 下的标准形为 $2y_1^2-y_2^2+y_3^2$.

【例 3】 解析:

二次型经正交变换化为标准形,标准形的系数即为二次型矩阵 $\boldsymbol{A}$ 的特征值.通过标准形可得二次型矩阵 $\boldsymbol{A}$ 的特征值为 0,1,2.

(1) 二次型矩阵 $\boldsymbol{A}=\begin{pmatrix}1 & a & 1\\ a & 1 & b\\ 1 & b & 1\end{pmatrix}$,则

$$|\lambda\boldsymbol{E}-\boldsymbol{A}|=\begin{vmatrix}\lambda-1 & -a & -1\\ -a & \lambda-1 & -b\\ -1 & -b & \lambda-1\end{vmatrix},$$

$$|0\boldsymbol{E}-\boldsymbol{A}|=\begin{vmatrix}-1 & -a & -1\\ -a & -1 & -b\\ -1 & -b & -1\end{vmatrix}=(b-a)^2=0\Rightarrow a=b,$$

$$|\boldsymbol{E}-\boldsymbol{A}|=\begin{vmatrix}0 & -a & -1\\ -a & 0 & -b\\ -1 & -b & 0\end{vmatrix}=-2a^2=0\Rightarrow a=0,$$

故

$$a=b=0.$$

(2) 当 $\lambda_1=0$ 时,$(0\boldsymbol{E}-\boldsymbol{A})\boldsymbol{x}=\boldsymbol{0}$,对应的特征向量为 $\boldsymbol{\alpha}_1=(-1,0,1)^{\mathrm{T}}$.

当 $\lambda_2=1$ 时,$(\boldsymbol{E}-\boldsymbol{A})\boldsymbol{x}=\boldsymbol{0}$,对应的特征向量为 $\boldsymbol{\alpha}_2=(0,1,0)^{\mathrm{T}}$.

当 $\lambda_3=2$ 时,$(2\boldsymbol{E}-\boldsymbol{A})\boldsymbol{x}=\boldsymbol{0}$,对应的特征向量为 $\boldsymbol{\alpha}_3=(1,0,1)^{\mathrm{T}}$.

已知 $\boldsymbol{\alpha}_1,\boldsymbol{\alpha}_2,\boldsymbol{\alpha}_3$ 正交,故只需要单位化:

$$\boldsymbol{\gamma}_1=\frac{1}{\sqrt{2}}(-1,0,1)^{\mathrm{T}},\quad \boldsymbol{\gamma}_2=(0,1,0)^{\mathrm{T}},\quad \boldsymbol{\gamma}_3=\frac{1}{\sqrt{2}}(1,0,1)^{\mathrm{T}},$$

则正交矩阵为

$$\boldsymbol{Q}=(\boldsymbol{\gamma}_1,\boldsymbol{\gamma}_2,\boldsymbol{\gamma}_3)=\begin{pmatrix}-\frac{1}{\sqrt{2}} & 0 & \frac{1}{\sqrt{2}}\\ 0 & 1 & 0\\ \frac{1}{\sqrt{2}} & 0 & \frac{1}{\sqrt{2}}\end{pmatrix}.$$

令 $\boldsymbol{x}=\boldsymbol{Q}\boldsymbol{y}$,则

$$f(x_1,x_2,x_3)=\boldsymbol{x}^{\mathrm{T}}\boldsymbol{A}\boldsymbol{x}=y_2^2+2y_3^2.$$

【例 4】 解析:

(1) 由题意可得 $A=\begin{pmatrix} a & 0 & b \\ 0 & 2 & 0 \\ b & 0 & -2 \end{pmatrix}$, $\lambda_1+\lambda_2+\lambda_3=a+2-2=1\Rightarrow a=1$.

又 $\lambda_1\lambda_2\lambda_3=2(-2a-b^2)=-12\Rightarrow b=\pm 2$, 且 $b>0$, 则 $b=2$.

(2) $A=\begin{pmatrix} 1 & 0 & 2 \\ 0 & 2 & 0 \\ 2 & 0 & -2 \end{pmatrix}$, $|\lambda E-A|=\begin{vmatrix} \lambda-1 & 0 & -2 \\ 0 & \lambda-2 & 0 \\ -2 & 0 & \lambda+2 \end{vmatrix}=(\lambda+3)(\lambda-2)^2=0$, 所以 $\lambda_1=\lambda_2=2$, $\lambda_3=-3$.

当 $\lambda_1=\lambda_2=2$ 时, $(2E-A)x=0$, 对应的特征向量为 $\boldsymbol{\alpha}_1=(0,1,0)^T$, $\boldsymbol{\alpha}_2=(2,0,1)^T$.

当 $\lambda_3=-3$ 时, $(-3E-A)x=0$, 对应的特征向量为 $\boldsymbol{\alpha}_3=(-1,0,2)^T$.

已知 $\boldsymbol{\alpha}_1, \boldsymbol{\alpha}_2, \boldsymbol{\alpha}_3$ 正交, 故只需要单位化, $\boldsymbol{\gamma}_1=(0,1,0)^T$, $\boldsymbol{\gamma}_2=\frac{1}{\sqrt{5}}(2,0,1)^T$, $\boldsymbol{\gamma}_2=\frac{1}{\sqrt{5}}(-1,0,2)^T$, 则正交矩阵为

$$Q=(\boldsymbol{\gamma}_1,\boldsymbol{\gamma}_2,\boldsymbol{\gamma}_3)=\begin{pmatrix} 0 & \frac{2}{\sqrt{5}} & -\frac{1}{\sqrt{5}} \\ 1 & 0 & 0 \\ 0 & \frac{1}{\sqrt{5}} & \frac{2}{\sqrt{5}} \end{pmatrix}.$$

令 $x=Qy$, 则

$$f(x_1,x_2,x_3)=x^T Ax=2y_1^2+2y_2^2-3y_3^2.$$

【例 5】 解析:

(1) $f(x_1,x_2,x_3)=2(x_1,x_2,x_3)\begin{pmatrix} a_1 \\ a_2 \\ a_3 \end{pmatrix}(a_1,a_2,a_3)\begin{pmatrix} x_1 \\ x_2 \\ x_3 \end{pmatrix}+(x_1,x_2,x_3)\begin{pmatrix} b_1 \\ b_2 \\ b_3 \end{pmatrix}(b_1,b_2,b_3)\begin{pmatrix} x_1 \\ x_2 \\ x_3 \end{pmatrix}$,

则

$$f(x_1,x_2,x_3)=2x^T\boldsymbol{\alpha}\boldsymbol{\alpha}^T x+x^T\boldsymbol{\beta}\boldsymbol{\beta}^T x=x^T(2\boldsymbol{\alpha}\boldsymbol{\alpha}^T+\boldsymbol{\beta}\boldsymbol{\beta}^T)x,$$

故二次型对应的矩阵为 $2\boldsymbol{\alpha}\boldsymbol{\alpha}^T+\boldsymbol{\beta}\boldsymbol{\beta}^T$.

(2) 设 $A=2\boldsymbol{\alpha}\boldsymbol{\alpha}^T+\boldsymbol{\beta}\boldsymbol{\beta}^T$, 则 $r(A)=r(2\boldsymbol{\alpha}\boldsymbol{\alpha}^T+\boldsymbol{\beta}\boldsymbol{\beta}^T)\leqslant r(2\boldsymbol{\alpha}\boldsymbol{\alpha}^T)+r(\boldsymbol{\beta}\boldsymbol{\beta}^T)=2<3$, 则 $|A|=0$, 故 $\lambda_1=0$ 为 A 的特征值. 又

$$A\boldsymbol{\alpha}=(2\boldsymbol{\alpha}\boldsymbol{\alpha}^T+\boldsymbol{\beta}\boldsymbol{\beta}^T)\boldsymbol{\alpha}=2\boldsymbol{\alpha},$$

则 $\lambda_2=2$ 为 A 的特征值. 同理

$$A\boldsymbol{\beta}=(2\boldsymbol{\alpha}\boldsymbol{\alpha}^T+\boldsymbol{\beta}\boldsymbol{\beta}^T)\boldsymbol{\beta}=\boldsymbol{\beta},$$

则 $\lambda_3=1$ 为 A 的特征值, 所以 f 在正交变换下的标准形为 $2y_1^2+y_2^2$.

【例 6】 解析:

(1) 由题意可知二次型矩阵 $A=\begin{pmatrix} 1 & -1 & -1 \\ -1 & 1 & a \\ -1 & a & 1 \end{pmatrix}$, 且特征值为 $2,2,b$, 则

$$2+2+b=3\Rightarrow b=-1,\quad 2\boldsymbol{E}-\boldsymbol{A}=\begin{pmatrix}1&1&1\\1&1&-a\\1&-a&1\end{pmatrix},$$

又 $\boldsymbol{A}$ 可对角化，故

$$r(2\boldsymbol{E}-\boldsymbol{A})=1\Rightarrow r\begin{pmatrix}1&1&1\\0&0&-a-1\\0&-a-1&0\end{pmatrix}=1\Rightarrow a=-1.$$

当 $\lambda_1=\lambda_2=2$ 时，$(2\boldsymbol{E}-\boldsymbol{A})\boldsymbol{x}=\boldsymbol{0}$，对应的特征向量为 $\boldsymbol{\alpha}_1=(-1,1,0)^{\mathrm{T}}$，$\boldsymbol{\alpha}_2=(-1,0,1)^{\mathrm{T}}$.

当 $\lambda_3=-1$ 时，$(-\boldsymbol{E}-\boldsymbol{A})\boldsymbol{x}=\boldsymbol{0}$，对应的特征向量为 $\boldsymbol{\alpha}_3=(1,1,1)^{\mathrm{T}}$.

对 $\boldsymbol{\alpha}_1,\boldsymbol{\alpha}_2$ 正交化，得

$$\boldsymbol{\beta}_1=\boldsymbol{\alpha}_1=(-1,1,0)^{\mathrm{T}},\quad \boldsymbol{\beta}_2=\boldsymbol{\alpha}_2-\frac{(\boldsymbol{\alpha}_2,\boldsymbol{\beta}_1)}{(\boldsymbol{\beta}_1,\boldsymbol{\beta}_1)}\boldsymbol{\beta}_1=-\frac{1}{2}(1,1,-2)^{\mathrm{T}},$$

单位化：

$$\boldsymbol{\gamma}_1=\frac{1}{\sqrt{2}}(-1,1,0)^{\mathrm{T}},\quad \boldsymbol{\gamma}_2=\frac{1}{\sqrt{6}}(1,1,-2)^{\mathrm{T}},\quad \boldsymbol{\gamma}_3=\frac{1}{\sqrt{3}}(1,1,1)^{\mathrm{T}},$$

则正交矩阵为

$$\boldsymbol{Q}=(\boldsymbol{\gamma}_1,\boldsymbol{\gamma}_2,\boldsymbol{\gamma}_3)=\begin{pmatrix}-\frac{1}{\sqrt{2}}&\frac{1}{\sqrt{6}}&\frac{1}{\sqrt{3}}\\\frac{1}{\sqrt{2}}&\frac{1}{\sqrt{6}}&\frac{1}{\sqrt{3}}\\0&-\frac{2}{\sqrt{6}}&\frac{1}{\sqrt{3}}\end{pmatrix}.$$

(2)
$$\boldsymbol{x}^{\mathrm{T}}\boldsymbol{x}\xlongequal{\boldsymbol{x}=\boldsymbol{Q}\boldsymbol{y}}\boldsymbol{y}^{\mathrm{T}}\boldsymbol{Q}^{\mathrm{T}}\boldsymbol{Q}\boldsymbol{y}=\boldsymbol{y}^{\mathrm{T}}\boldsymbol{y}=3\Rightarrow y_1^2+y_2^2+y_3^2=3,$$

则
$$f=2y_1^2+2y_2^2-y_3^2=6-3y_3^2.$$

当 $y_3=0$ 时，$f(x_1,x_2,x_3)$ 取最大值，且最大值为 6.

【例 7】 解析：

(1) 由题意可得二次型 f 矩阵为 $\boldsymbol{A}=\begin{pmatrix}1&-2\\-2&4\end{pmatrix}$，二次型 g 的矩阵为 $\boldsymbol{B}=\begin{pmatrix}a&2\\2&b\end{pmatrix}$，又 f 经过正交变换 $\begin{pmatrix}x_1\\x_2\end{pmatrix}=\boldsymbol{Q}\begin{pmatrix}y_1\\y_2\end{pmatrix}$ 得到 g，则 $\boldsymbol{Q}^{\mathrm{T}}\boldsymbol{A}\boldsymbol{Q}=\boldsymbol{B}$，故 $\boldsymbol{A},\boldsymbol{B}$ 相似. 则

$$\begin{cases}1+4=a+b,\\0=ab-4,\end{cases}$$

结合 $a\geqslant b$，故 $a=4,b=1$.

(2) $|\lambda\boldsymbol{E}-\boldsymbol{A}|=\begin{vmatrix}\lambda-1&2\\2&\lambda-4\end{vmatrix}=\lambda(\lambda-5)=0$，则 $\lambda_1=0,\lambda_2=5$.

当 $\lambda_1=0$ 时，$(0\boldsymbol{E}-\boldsymbol{A})\boldsymbol{x}=\boldsymbol{0}$，对应的特征向量为 $\boldsymbol{\alpha}_1=(2,1)^{\mathrm{T}}$.

当 $\lambda_2=5$ 时，$(5\boldsymbol{E}-\boldsymbol{A})\boldsymbol{x}=\boldsymbol{0}$，对应的特征向量为 $\boldsymbol{\alpha}_2=(-1,2)^{\mathrm{T}}$.

$\boldsymbol{\alpha}_1,\boldsymbol{\alpha}_2$ 已正交，故只需要单位化得到 $\boldsymbol{\gamma}_1=\frac{1}{\sqrt{5}}(2,1)^{\mathrm{T}}$，$\boldsymbol{\gamma}_2=\frac{1}{\sqrt{5}}(-1,2)^{\mathrm{T}}$，则存在正交矩阵

$$Q_1=(\boldsymbol{\gamma}_1,\boldsymbol{\gamma}_2)=\begin{pmatrix}\frac{2}{\sqrt{5}} & -\frac{1}{\sqrt{5}}\\ \frac{1}{\sqrt{5}} & \frac{2}{\sqrt{5}}\end{pmatrix},$$

使得
$$Q_1^{\mathrm{T}}AQ_1=\boldsymbol{\Lambda}_1=\begin{pmatrix}0 & \\ & 5\end{pmatrix}.$$

同理,$\boldsymbol{B}$ 的特征值为 $\lambda_3=0,\lambda_4=5$.

当 $\lambda_3=0$ 时,$(0\boldsymbol{E}-\boldsymbol{B})\boldsymbol{x}=\boldsymbol{0}$,对应的特征向量为 $\boldsymbol{\alpha}_3=(-1,2)^{\mathrm{T}}$.

当 $\lambda_4=5$ 时,$(5\boldsymbol{E}-\boldsymbol{B})\boldsymbol{x}=\boldsymbol{0}$,对应的特征向量为 $\boldsymbol{\alpha}_4=(2,1)^{\mathrm{T}}$.

$\boldsymbol{\alpha}_3,\boldsymbol{\alpha}_4$ 已正交,故只需要单位化得到

$$\boldsymbol{\gamma}_3=\frac{1}{\sqrt{5}}(-1,2)^{\mathrm{T}},\quad \boldsymbol{\gamma}_4=\frac{1}{\sqrt{5}}(2,1)^{\mathrm{T}}.$$

则存在正交矩阵

$$Q_2=(\boldsymbol{\gamma}_3,\boldsymbol{\gamma}_4)=\begin{pmatrix}-\frac{1}{\sqrt{5}} & \frac{2}{\sqrt{5}}\\ \frac{2}{\sqrt{5}} & \frac{1}{\sqrt{5}}\end{pmatrix},$$

使得
$$Q_2^{\mathrm{T}}BQ_2=\boldsymbol{\Lambda}_2=\begin{pmatrix}0 & \\ & 5\end{pmatrix},$$

$$Q_1^{\mathrm{T}}AQ_1=Q_2^{\mathrm{T}}BQ_2\Rightarrow(Q_1Q_2^{\mathrm{T}})^{\mathrm{T}}AQ_1Q_2^{\mathrm{T}}=B,$$

所以
$$Q=Q_1Q_2^{\mathrm{T}}=\begin{pmatrix}\frac{2}{\sqrt{5}} & -\frac{1}{\sqrt{5}}\\ \frac{1}{\sqrt{5}} & \frac{2}{\sqrt{5}}\end{pmatrix}\begin{pmatrix}-\frac{1}{\sqrt{5}} & \frac{2}{\sqrt{5}}\\ \frac{2}{\sqrt{5}} & \frac{1}{\sqrt{5}}\end{pmatrix}^{\mathrm{T}}=\begin{pmatrix}-\frac{4}{5} & \frac{3}{5}\\ \frac{3}{5} & \frac{4}{5}\end{pmatrix}.$$

题型三:配方法化二次型为标准形及规范形

【例 8】 解析:

$$\begin{aligned}f(x_1,x_2,x_3)&=2x_1^2+2x_2^2-2x_3^2+4x_1x_2+4x_1x_3\\&=2[x_1^2+2(x_2+x_3)x_1]+2x_2^2-2x_3^2\\&=2[(x_1+x_2+x_3)^2-(x_2+x_3)^2]+2x_2^2-2x_3^2\\&=2(x_1+x_2+x_3)^2-4x_3^2-4x_2x_3\\&=2(x_1+x_2+x_3)^2-4(x_3^2+x_2x_3)\\&=2(x_1+x_2+x_3)^2-4\left[\left(x_3+\frac{x_2}{2}\right)^2-\frac{1}{4}x_2^2\right]\\&=2(x_1+x_2+x_3)^2+x_2^2-4\left(x_3+\frac{x_2}{2}\right)^2,\end{aligned}$$

令
$$\begin{cases}y_1=x_1+x_2+x_3,\\ y_2=x_2,\\ y_3=\frac{x_2}{2}+x_3,\end{cases}$$

所以
$$\begin{pmatrix}x_1\\x_2\\x_3\end{pmatrix}=\begin{pmatrix}1&-\frac{1}{2}&-1\\0&1&0\\0&-\frac{1}{2}&1\end{pmatrix}\begin{pmatrix}y_1\\y_2\\y_3\end{pmatrix}.$$

得可逆矩阵 $\boldsymbol{P}=\begin{pmatrix}1&-\frac{1}{2}&-1\\0&1&0\\0&-\frac{1}{2}&1\end{pmatrix}$,经可逆变换 $\boldsymbol{x}=\boldsymbol{P}\boldsymbol{y}$ 使得
$$f(x_1,x_2,x_3)=2y_1^2+y_2^2-4y_3^2.$$

【例 9】 解析:
$$\begin{cases}x_1=y_1+y_2,\\x_2=y_1-y_2,\\x_3=y_3\end{cases}\Rightarrow\begin{pmatrix}x_1\\x_2\\x_3\end{pmatrix}=\begin{pmatrix}1&1&0\\1&-1&0\\0&0&1\end{pmatrix}\begin{pmatrix}y_1\\y_2\\y_3\end{pmatrix},$$

即
$$\boldsymbol{x}=\boldsymbol{P}_1\boldsymbol{y},\quad 其中\ \boldsymbol{P}_1=\begin{pmatrix}1&1&0\\1&-1&0\\0&0&1\end{pmatrix}.$$

则
$$\begin{aligned}f(x_1,x_2,x_3)&=2x_1x_2+2x_1x_3+2x_2x_3\\&=2(y_1+y_2)(y_1-y_2)+2(y_1+y_2)y_3+2(y_1-y_2)y_3\\&=2y_1^2-2y_2^2+2y_1y_3=2\left(y_1+\frac{y_2}{2}\right)^2-2y_2^2-\frac{1}{2}y_3^2.\end{aligned}$$

令
$$\begin{cases}z_1=y_1+\frac{y_2}{2},\\z_2=y_2,\\z_3=y_3\end{cases}\Rightarrow\begin{pmatrix}y_1\\y_2\\y_3\end{pmatrix}=\begin{pmatrix}1&-\frac{1}{2}&0\\0&1&0\\0&0&1\end{pmatrix}\begin{pmatrix}z_1\\z_2\\z_3\end{pmatrix},$$

则
$$\boldsymbol{y}=\boldsymbol{P}_2\boldsymbol{z},$$

其中
$$\boldsymbol{P}_2=\begin{pmatrix}1&-\frac{1}{2}&0\\0&1&0\\0&0&1\end{pmatrix}.$$

使得 $f(x_1,x_2,x_3)=2z_1^2-2z_2^2+\frac{1}{2}z_3^2$,且对应的可逆变换为 $\boldsymbol{x}=\boldsymbol{P}_1\boldsymbol{P}_2\boldsymbol{z}=\begin{pmatrix}1&\frac{1}{2}&0\\1&-\frac{3}{2}&0\\0&0&1\end{pmatrix}\boldsymbol{z}.$

【例 10】 解析:

(1) $f(x_1,x_2,x_3)=0$,则 $\begin{cases}x_1-x_2+x_3=0,\\x_2+x_3=0,\\x_1+ax_3=0,\end{cases}$ 所以系数矩阵为

$$A=\begin{pmatrix}1&-1&1\\0&1&1\\1&0&a\end{pmatrix},$$

$$A=\begin{pmatrix}1&-1&1\\0&1&1\\1&0&a\end{pmatrix}\xrightarrow{\text{初等行变换}}\begin{pmatrix}1&-1&1\\0&1&1\\0&0&a-2\end{pmatrix}.$$

① 当 $a=2$ 时,$A\xrightarrow{\text{初等行变换}}\begin{pmatrix}1&-1&1\\0&1&1\\0&0&0\end{pmatrix}$,则通解为 $\boldsymbol{x}=k(-2,-1,1)^{\mathrm{T}}$,其中 k 为任意常数.

② 当 $a\neq 2$ 时,$A\xrightarrow{\text{初等行变换}}\begin{pmatrix}1&-1&1\\0&1&1\\0&0&1\end{pmatrix}$,则 $\boldsymbol{x}=(0,0,0)^{\mathrm{T}}$.

(2) 当 $a\neq 2$ 时,$\begin{cases}z_1=x_1-x_2+x_3,\\z_2=x_2+x_3,\\z_3=x_1+ax_3\end{cases}\Rightarrow\begin{pmatrix}z_1\\z_2\\z_3\end{pmatrix}=\begin{pmatrix}1&-1&1\\0&1&1\\1&0&a\end{pmatrix}\begin{pmatrix}x_1\\x_2\\x_3\end{pmatrix}$.

由(1)知 $A=\begin{pmatrix}1&-1&1\\0&1&1\\1&0&a\end{pmatrix}$可逆,故 $f(x_1,x_2,x_3)=z_1^2+z_2^2+z_3^2$.

当 $a=2$ 时,

$$\begin{aligned}f(x_1,x_2,x_3)&=(x_1-x_2+x_3)^2+(x_2+x_3)^2+(x_1+ax_3)^2\\&=2x_1^2+2x_2^2+6x_3^2-2x_1x_2+6x_1x_3\\&=2\left(x_1-\frac{1}{2}x_2+\frac{3}{2}x_3\right)^2+\frac{3}{2}(x_2+x_3)^2.\end{aligned}$$

令
$$\begin{cases}z_1=\sqrt{2}\left(x_1-\dfrac{1}{2}x_2+\dfrac{3}{2}x_3\right),\\z_2=\dfrac{\sqrt{6}}{2}(x_2+x_3),\\z_3=x_3,\end{cases}$$

则
$$f=z_1^2+z_2^2.$$

【例 11】 解析:

(1) $f(x_1,x_2,x_3)$的二次型矩阵 $A=\begin{pmatrix}1&a&a\\a&1&a\\a&a&1\end{pmatrix}$,$g(y_1,y_2,y_3)$的二次型矩阵 $B=\begin{pmatrix}1&1&0\\1&1&0\\0&0&4\end{pmatrix}$,显然 $r(B)=2$,经可逆线性变换 $\boldsymbol{x}=P\boldsymbol{y}$,则 $r(A)=r(B)=2$.

$$|\boldsymbol{A}|=\begin{vmatrix}1&a&a\\a&1&a\\a&a&1\end{vmatrix}=(1+2a)\begin{vmatrix}1&a&a\\1&1&a\\1&a&1\end{vmatrix}$$

$$=(1+2a)\begin{vmatrix}1&a&a\\0&1-a&0\\0&0&1-a\end{vmatrix}=(1+2a)(1-a)^2=0,$$

$$a=1\quad 或\quad a=-\frac{1}{2}.$$

当 $a=1$ 时，$r(\boldsymbol{A})=1$，舍去.

故
$$a=-\frac{1}{2}.$$

(2)
$$f(x_1,x_2,x_3)=x_1^2+x_2^2+x_3^2-x_1x_2-x_1x_3-x_2x_3$$
$$=\left(x_1-\frac{1}{2}x_2-\frac{1}{2}x_3\right)^2+\frac{3}{4}(x_2-x_3)^2,$$

令
$$\begin{cases}z_1=x_1-\dfrac{1}{2}x_2-\dfrac{1}{2}x_3,\\ z_2=\dfrac{\sqrt{3}}{2}(x_2-x_3),\\ z_3=x_3,\end{cases}$$

得
$$\begin{cases}x_1=z_1+\dfrac{1}{\sqrt{3}}z_2+z_3,\\ x_2=\dfrac{2}{\sqrt{3}}z_2+z_3,\\ x_3=z_3,\end{cases}$$

即
$$\begin{pmatrix}x_1\\x_2\\x_3\end{pmatrix}=\begin{pmatrix}1&\dfrac{1}{\sqrt{3}}&1\\0&\dfrac{2}{\sqrt{3}}&1\\0&0&1\end{pmatrix}\begin{pmatrix}z_1\\z_2\\z_3\end{pmatrix}.$$

令 $\boldsymbol{P}_1=\begin{pmatrix}1&\dfrac{1}{\sqrt{3}}&1\\0&\dfrac{2}{\sqrt{3}}&1\\0&0&1\end{pmatrix}$，经可逆变换

$$\boldsymbol{x}=\boldsymbol{P}_1\boldsymbol{z},\quad f=z_1^2+z_2^2,$$

$$g(y_1,y_2,y_3)=y_1^2+y_2^2+4y_3^2+2y_1y_2=(y_1+y_2)^2+4y_3^2.$$

令 $\begin{cases}z_1=y_1+y_2,\\ z_2=y_2,\\ z_3=2y_3,\end{cases}$ 得

$$\begin{pmatrix} z_1 \\ z_2 \\ z_3 \end{pmatrix} = \begin{pmatrix} 1 & 1 & 0 \\ 0 & 1 & 0 \\ 0 & 0 & 2 \end{pmatrix} \begin{pmatrix} y_1 \\ y_2 \\ y_3 \end{pmatrix}.$$

令 $\boldsymbol{P}_2 = \begin{pmatrix} 1 & 1 & 0 \\ 0 & 1 & 0 \\ 0 & 0 & 2 \end{pmatrix}$,经可逆变换

$$\boldsymbol{z} = \boldsymbol{P}_2 \boldsymbol{y}, \quad g = z_1^2 + z_2^2,$$

$$\boldsymbol{x} = \boldsymbol{P}_1 \boldsymbol{P}_2 \boldsymbol{y}, \quad f = g,$$

则
$$\begin{pmatrix} x_1 \\ x_2 \\ x_3 \end{pmatrix} = \begin{pmatrix} 1 & \frac{1}{\sqrt{3}} & 1 \\ 0 & \frac{2}{\sqrt{3}} & 1 \\ 0 & 0 & 1 \end{pmatrix} \begin{pmatrix} 1 & 1 & 0 \\ 0 & 1 & 0 \\ 0 & 0 & 2 \end{pmatrix} \begin{pmatrix} y_1 \\ y_2 \\ y_3 \end{pmatrix},$$

即
$$\begin{pmatrix} x_1 \\ x_2 \\ x_3 \end{pmatrix} = \begin{pmatrix} 1 & 1+\frac{1}{\sqrt{3}} & 2 \\ 0 & \frac{2}{\sqrt{3}} & 2 \\ 0 & 0 & 2 \end{pmatrix} \begin{pmatrix} y_1 \\ y_2 \\ y_3 \end{pmatrix},$$

所求可逆矩阵
$$\boldsymbol{P} = \begin{pmatrix} 1 & 1+\frac{1}{\sqrt{3}} & 2 \\ 0 & \frac{2}{\sqrt{3}} & 2 \\ 0 & 0 & 2 \end{pmatrix}.$$

【注】 若题目中出现“正交变换”,则通过求特征值和特征向量的方法,化二次型为标准形或规范形;若题目中出现“可逆变换”,则一般通过配方法化二次型为标准形或规范形.

题型四:合同矩阵

【例 12】 解析:

$$|\lambda \boldsymbol{E} - \boldsymbol{A}| = \begin{vmatrix} \lambda-2 & 1 & 1 \\ 1 & \lambda-2 & 1 \\ 1 & 1 & \lambda-2 \end{vmatrix} = \lambda(\lambda-3)^2 = 0 \Rightarrow \lambda_1 = \lambda_2 = 3, \lambda_3 = 0.$$

而 $\boldsymbol{B}$ 的特征值为 1,1,0,又 $\boldsymbol{A}$ 与 $\boldsymbol{B}$ 都是实对称矩阵,且 $\boldsymbol{A}$ 与 $\boldsymbol{B}$ 特征值的正、负个数相同,故合同,但 $\boldsymbol{A}$ 与 $\boldsymbol{B}$ 特征值不相同,故不相似,选(B).

题型五:正定矩阵、正定二次型的判别及证明

【例 13】 解析:

$$\boldsymbol{A} = \begin{pmatrix} 1 & 1 & -t \\ 1 & 2 & 0 \\ -t & 0 & 2 \end{pmatrix},$$

则
$$1>0,\quad \begin{vmatrix}1&1\\1&2\end{vmatrix}=2-1=1>0,$$

$$|\boldsymbol{A}|=\begin{vmatrix}1&1&-t\\1&2&0\\-t&0&2\end{vmatrix}=-(2t^2-2)>0\Rightarrow(2t^2-2)<0\Rightarrow-1<t<1.$$

当$-1<t<1$时，二次型正定.

【例 14】 解析：

$\boldsymbol{A}$正定，则$\boldsymbol{A}$为对称矩阵，故$(\boldsymbol{A}+\boldsymbol{E})^{\mathrm{T}}=\boldsymbol{A}^{\mathrm{T}}+\boldsymbol{E}=\boldsymbol{A}+\boldsymbol{E}$，则$\boldsymbol{A}+\boldsymbol{E}$为对称矩阵.

已知$\boldsymbol{A}$正定，则$\boldsymbol{A}$的特征值全大于0，即$\lambda_i>0(i=1,2,\cdots,n)$，所以$\boldsymbol{A}+\boldsymbol{E}$的特征值为$\lambda_i+1>1(i=1,2,\cdots,n)$，故$|\boldsymbol{A}+\boldsymbol{E}|=(\lambda_1+1)(\lambda_2+1)\cdots(\lambda_n+1)>1$.

【例 15】 解析：

因为$\boldsymbol{A}$为正定矩阵，则$\boldsymbol{A}^{\mathrm{T}}=\boldsymbol{A}$，进而
$$(\boldsymbol{B}^{\mathrm{T}}\boldsymbol{A}\boldsymbol{B})^{\mathrm{T}}=\boldsymbol{B}^{\mathrm{T}}\boldsymbol{A}^{\mathrm{T}}\boldsymbol{B}=\boldsymbol{B}^{\mathrm{T}}\boldsymbol{A}\boldsymbol{B},$$
故$\boldsymbol{B}^{\mathrm{T}}\boldsymbol{A}\boldsymbol{B}$是对称矩阵.因为$r(\boldsymbol{B})=n$，故$\forall\,\boldsymbol{x}\neq\boldsymbol{0}$，有$\boldsymbol{B}\boldsymbol{x}\neq\boldsymbol{0}$.所以
$$\boldsymbol{x}^{\mathrm{T}}\boldsymbol{B}^{\mathrm{T}}\boldsymbol{A}\boldsymbol{B}\boldsymbol{x}=(\boldsymbol{B}\boldsymbol{x})^{\mathrm{T}}\boldsymbol{A}\boldsymbol{B}\boldsymbol{x}>0,$$
故$\boldsymbol{B}^{\mathrm{T}}\boldsymbol{A}\boldsymbol{B}$是正定矩阵.

【例 16】 解析：

由正定的定义，$\forall\,\boldsymbol{x}\neq\boldsymbol{0}$，$f>0$.又$f\geqslant0$，故只需要证明$f=0$没有非零解.

令 $$f(x_1,x_2,\cdots,x_n)=(ax_1+bx_2)^2+(ax_2+bx_3)^2+\cdots+(ax_n+bx_1)^2=0,$$

则
$$\begin{cases}ax_1+bx_2=0,\\ax_2+bx_3=0,\\\quad\vdots\\ax_n+bx_1=0\end{cases}$$

只有零解，故系数行列式$|\boldsymbol{A}|=\begin{vmatrix}a&b&0&\cdots&0\\0&a&b&\cdots&0\\\vdots&\vdots&\vdots&&\vdots\\0&0&0&a&b\\b&0&0&0&a\end{vmatrix}\neq0$，则$(-1)^{n+1}b^n+a^n\neq0$，故当$(-1)^{n+1}b^n+a^n\neq0$时，二次型$f(x_1,x_2,\cdots,x_n)$正定.

题型六：二次型的应用

【例 17】 解析：

(1) 设λ为$\boldsymbol{A}$的特征值，则由题意可得$\lambda^2+3\lambda=0$，故
$$\lambda=-3\quad\text{或}\quad\lambda=0.$$

因为$\boldsymbol{A}$相似于对角矩阵$\boldsymbol{\Lambda}$，故$r(\boldsymbol{A})=r(\boldsymbol{\Lambda})$，且$\boldsymbol{\Lambda}$是由特征值组成的，故
$$\lambda_1=\lambda_2=-3,\quad \lambda_3=0.$$
$\lambda=-3$为二重根，$\lambda=0$为单根.

(2) 因为$\boldsymbol{A}$为对称矩阵，显然$\boldsymbol{A}+k\boldsymbol{E}$也是对称矩阵.

$\boldsymbol{A}$ 相似于对角矩阵 $\boldsymbol{\Lambda}=\begin{pmatrix}-3 & & \\ & -3 & \\ & & 0\end{pmatrix}$,则 $\boldsymbol{A}+k\boldsymbol{E}$ 相似于对角矩阵

$$\boldsymbol{\Lambda}+k\boldsymbol{E}=\begin{pmatrix}k-3 & & \\ & k-3 & \\ & & k\end{pmatrix},$$

故 $\boldsymbol{A}+k\boldsymbol{E}$ 的特征值为 $k-3,k-3,k$,则

$$\begin{cases}k-3>0,\\ k-3>0,\\ k>0,\end{cases}$$

故 $k>3$.

【例 18】 解析:

设存在一组数 $k_1,k_2,\cdots,k_n$,使得

$$k_1\boldsymbol{\xi}_1+k_2\boldsymbol{\xi}_2+\cdots+k_n\boldsymbol{\xi}_n=\boldsymbol{0} \qquad ①$$

对①式两边左乘 $\boldsymbol{\xi}_1^{\mathrm{T}}\boldsymbol{A}$,可得

$\boldsymbol{\xi}_1^{\mathrm{T}}\boldsymbol{A}(k_1\boldsymbol{\xi}_1+k_2\boldsymbol{\xi}_2+\cdots+k_n\boldsymbol{\xi}_n)=k_1\boldsymbol{\xi}_1^{\mathrm{T}}\boldsymbol{A}\boldsymbol{\xi}_1+k_2\boldsymbol{\xi}_1^{\mathrm{T}}\boldsymbol{A}\boldsymbol{\xi}_2+\cdots+k_n\boldsymbol{\xi}_1^{\mathrm{T}}\boldsymbol{A}\boldsymbol{\xi}_n=0\Rightarrow k_1\boldsymbol{\xi}_1^{\mathrm{T}}\boldsymbol{A}\boldsymbol{\xi}_1=0.$

因为 $\boldsymbol{A}$ 为 n 阶正定矩阵,$\boldsymbol{\xi}_1$ 为 n 维非零列向量,故可得 $\boldsymbol{\xi}_1^{\mathrm{T}}\boldsymbol{A}\boldsymbol{\xi}_1>0$,则 $k_1=0$.

同理对①式两边左乘 $\boldsymbol{\xi}_i^{\mathrm{T}}\boldsymbol{A}(i=2,3,\cdots,n)$,可得 $k_i=0(i=2,3,\cdots,n)$.

故 $\boldsymbol{\xi}_1,\boldsymbol{\xi}_2,\cdots,\boldsymbol{\xi}_n$ 线性无关,$\boldsymbol{B}=(\boldsymbol{\xi}_1,\boldsymbol{\xi}_2,\cdots,\boldsymbol{\xi}_n)$是可逆矩阵.

【例 19】 解析:

由题意可知二次型矩阵为

$$\boldsymbol{A}=\begin{pmatrix}1 & 2 & 2\\ 2 & 1 & 2\\ 2 & 2 & 1\end{pmatrix},$$

则

$$|\lambda\boldsymbol{E}-\boldsymbol{A}|=\begin{vmatrix}\lambda-1 & -2 & -2\\ -2 & \lambda-1 & -2\\ -2 & -2 & \lambda-1\end{vmatrix}=(\lambda+1)^2(\lambda-5)=0$$

$$\Rightarrow\lambda_1=5,\lambda_2=\lambda_3=-1,$$

则存在正交矩阵 $\boldsymbol{Q}$,使得

$$f(x_1,x_2,x_3)\xlongequal{\boldsymbol{x}=\boldsymbol{Q}\boldsymbol{y}}5y_1^2-y_2^2-y_3^2=2\Rightarrow\frac{y_1^2}{2/5}-\frac{y_2^2+y_3^2}{2}=1,$$

故 $f(x_1,x_2,x_3)=2$ 在空间直角坐标系下表示的二次曲面为双叶双曲面.

故选(B).

【注】 在向量代数与空间几何一章中介绍过二次曲面方程,设双曲线$\dfrac{x^2}{a^2}-\dfrac{z^2}{b^2}=1$,绕 x 轴旋转,x 不变,z 则变成$\pm\sqrt{y^2+z^2}$,故所得旋转曲面方程为$\dfrac{x^2}{a^2}-\dfrac{y^2+z^2}{b^2}=1$.